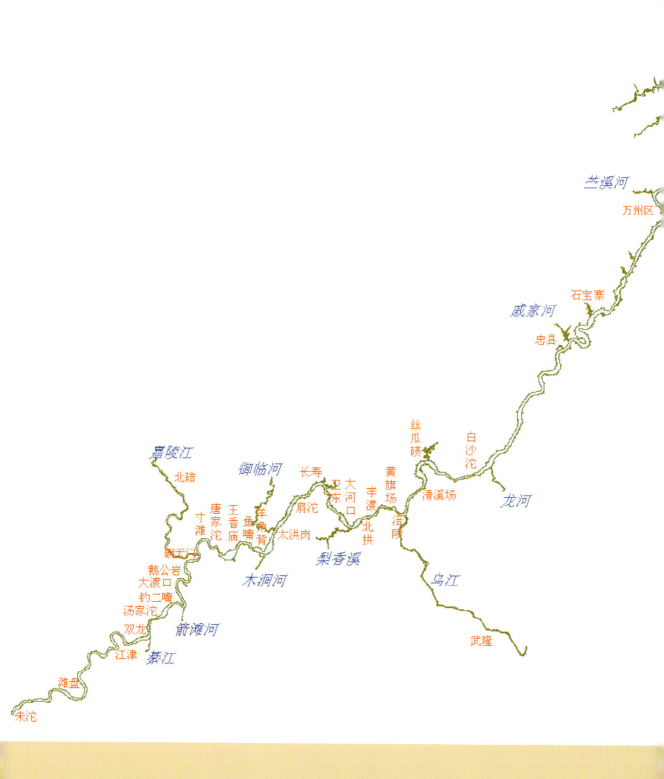

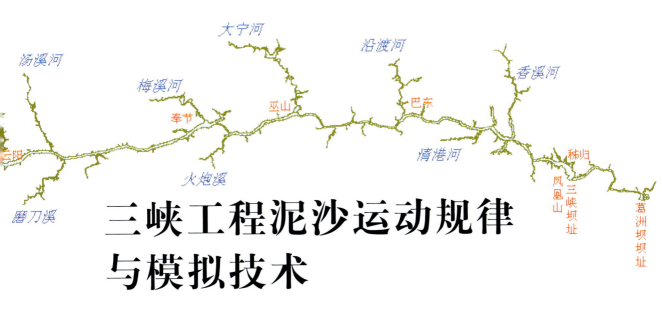

三峡工程泥沙运动规律与模拟技术

胡春宏　方春明　陈绪坚　吉祖稳　王延贵　王　敏　著

科学出版社
北京

内 容 简 介

本书由"十二五"国家科技支撑计划课题"三峡水库及下游河道泥沙模拟关键技术研究"（编号：2012BAB04B02）等研究成果系统总结而成。基于2003年三峡水库蓄水运用以来水库和下游河道泥沙冲淤的实测资料，采用现场观测、试验研究、理论分析和数学模型模拟等相结合的研究方法，揭示水库非均匀不平衡输沙、泥沙絮凝、水库排沙比、库区淤积及下游河道冲刷等规律，改进和完善三峡水库及下游河道泥沙模拟技术，提高了模拟精度，预测三峡水库和下游河道未来50年的冲淤变化趋势，为三峡水库优化调度和长江综合治理提供科技支撑。

本书可供从事泥沙运动力学、河床演变与河道治理、水库调度、防洪减灾、长江治理等方面研究、规划、设计和管理的科技人员及高等院校相关专业的师生参考。

图书在版编目(CIP)数据

三峡工程泥沙运动规律与模拟技术 / 胡春宏等著. —北京：科学出版社，2017.3
ISBN 978-7-03-051503-2

Ⅰ. ①三⋯ Ⅱ. ①胡⋯ Ⅲ. ①三峡水利工程–水库泥沙–泥沙运动–研究 Ⅳ. ①TV145

中国版本图书馆 CIP 数据核字（2016）第 324157 号

责任编辑：李　敏　杨逢渤 / 责任校对：张凤琴
责任印制：肖　兴 / 封面设计：黄华斌

科学出版社 出版
北京东黄城根北街 16 号
邮政编码：100717
http://www.sciencep.com

北京新华印刷有限公司 印刷
科学出版社发行　各地新华书店经销

*

2017 年 3 月第 一 版　开本：787×1092 1/16
2017 年 3 月第一次印刷　印张：18 1/4　插页：2
字数：450 000

定价：148.00 元
（如有印装质量问题，我社负责调换）

前　言

  长江三峡水利枢纽工程是治理和开发长江的关键性骨干工程，具有防洪、发电、航运、水资源利用等综合效益，工程坝址位于湖北省宜昌市三斗坪镇。三峡水库于 2003 年 6 月开始蓄水运行，蓄水至 135m，进入围堰发电期，2008 年进入 175m 试验性蓄水期，2010 年达到了正常蓄水位 175m，相应库容为 393 亿 m^3。三峡水库蓄水位达到 175m 时库区回水影响长度约为 660km，水流流速减缓，导致进入库区泥沙淤积。据实测资料统计，2003 年 6 月~2013 年 12 月，三峡库区泥沙淤积总量为 15.31 亿 t，水库平均排沙比为 24.5%。三峡库区泥沙淤积分布，总体上，越往坝前淤积强度越大，且泥沙颗粒较细。三峡水库蓄水运用至今，下游河道冲刷主要发生在宜昌至湖口的长江中游河段，2002 年 10 月~2013 年 10 月，平滩河槽冲刷量为 11.90 亿 m^3，而湖口以下的长江下游河段，输沙量也大幅度减少，冲刷影响直至长江河口。

  泥沙问题是影响三峡工程安全运行的关键技术问题之一，也事关长江中下游防洪、航运、供水和生态安全等热点问题。针对三峡工程 2003 年蓄水运用以来出现的一些新情况和新问题，"十二五"国家科技支撑计划开展了"三峡水库和下游河道泥沙模拟与调控技术"项目研究。本书为项目第 2 课题"三峡水库及下游河道泥沙模拟关键技术研究"的成果，其研究目标是：进一步研究三峡水库泥沙运动规律及其对下游河道的影响，改进和提高泥沙数学模型模拟技术，解决三峡工程运行和管理中的泥沙问题，为保障三峡工程长期安全运行和持续发挥综合效益以及重庆主城区港口与航道治理提供科技支撑。课题以三峡水库蓄水运用以来实测水文泥沙观测资料为基础，采用现场观测、试验研究、理论分析和数学模型模拟相结合的技术手段，系统地研究三峡水库不平衡非均匀泥沙输移、水库排沙比变化、水库泥沙絮凝、重庆主城区河道走沙、水库淤积和下游河道冲刷规律等，并将相关成果应用于三峡水库和下游河道泥沙数学模型的改进，提高了模拟精度，预测新水沙条件下三峡水库和下游河道泥沙冲淤变化趋势。经过 4 年的系统研究，在三峡水库大水深强不平衡泥沙输移规律、水库泥沙絮凝机理、重庆主城区河道走沙临界条件等方面取得了创新性理论成果；改进和完善了三峡水库及下游河道泥沙数学模型，在模拟技术方面取得了创新进展，提高了模拟精度。

本课题由多家科研单位共同承担，课题参加单位和主要完成人如下，中国水利水电科学研究院：胡春宏、方春明、吉祖稳、毛继新、陈绪坚、关见朝、王党伟、董占地、邓安军、胡海华、陆琴、张磊、王大宇、何芳娇；长江科学院：范北林、张细兵、王敏、葛华、黄仁勇、胡向阳、崔占峰、蔺秋生、赵瑾琼、毛冰、申康、邓春艳、胡德超、张杰、宫平；国际泥沙研究培训中心：王延贵、史红玲、张燕菁、曾险、刘成。课题组全体成员密切配合，相互支持，圆满完成了课题研究任务，在此对他们的辛勤劳动表示诚挚的感谢。

本书是在课题研究成果的基础上总结撰写而成，共分7章，撰写分工如下：第1章三峡工程概况，由胡春宏、方春明执笔；第2章三峡工程运用后水库淤积与下游河道冲刷，由胡春宏、方春明执笔；第3章三峡水库泥沙运动规律，由陈绪坚、胡春宏、吉祖稳、王党伟执笔；第4章重庆主城区河段泥沙冲淤规律与航道碍航调控措施，由王延贵、胡春宏、史红玲执笔；第5章三峡水库泥沙絮凝形成机理与影响，由吉祖稳、王党伟等执笔；第6章三峡水库泥沙数学模型改进与水库淤积预测，由方春明、毛继新、关见朝等执笔；第7章三峡水库下游河道泥沙数学模型改进与河道冲淤预测，由王敏、黄仁勇等执笔。全书由胡春宏审定统稿。

泥沙的冲淤变化及影响是一个逐步累积的长期过程，并具有偶然性和随机性，随着三峡水库的运行，三峡工程泥沙问题将不断发展变化，书中涉及的一些内容仍需要深入研究。书中存在欠妥和不足之处，敬请读者批评指正。

作　者

2016年7月

目 录

前言

第1章 三峡工程概况 ··· 1
  1.1 三峡工程基本情况 ····································· 2
  1.2 三峡水库调度运行情况 ································· 4

第2章 三峡工程运用后水库淤积与下游河道冲刷 ··············· 10
  2.1 三峡水库泥沙淤积变化 ································ 11
  2.2 三峡水库下游河道冲刷变化 ···························· 24
  2.3 小结 ·· 55

第3章 三峡水库泥沙运动规律 ································ 57
  3.1 三峡水库泥沙运动基本规律 ···························· 58
  3.2 三峡水库排沙比 ······································ 65
  3.3 三峡水库恢复饱和系数 ································ 80
  3.4 小结 ·· 94

第4章 重庆主城区河段泥沙冲淤规律与航道碍航调控措施 ······· 95
  4.1 重庆河段输沙特征 ···································· 96
  4.2 重庆主城区河段冲淤和走沙规律 ······················ 113
  4.3 重庆主城区河段航运条件与调控措施 ·················· 141
  4.4 小结 ··· 157

第5章 三峡水库泥沙絮凝形成机理与影响 ····················· 159
  5.1 泥沙絮凝研究现状 ··································· 160
  5.2 三峡水库泥沙絮凝现场观测与分析 ···················· 169
  5.3 三峡水库泥沙絮凝形成机理分析 ······················ 183
  5.4 三峡水库泥沙絮凝沉降室内试验 ······················ 190
  5.5 三峡水库泥沙絮凝及影响综合分析 ···················· 199
  5.6 小结 ··· 200

第6章 三峡水库泥沙数学模型改进与水库淤积预测 ············· 202
  6.1 三峡水库泥沙数学模型简介 ··························· 203
  6.2 三峡水库泥沙数学模型改进方法 ······················ 206

6.3 三峡水库泥沙模型单因素改进效果分析 ··· 212
6.4 三峡水库泥沙模型验证与综合改进效果分析 ····································· 220
6.5 新水沙条件下三峡水库泥沙淤积预测 ·· 234
6.6 小结 ·· 244

第 7 章 三峡水库下游河道泥沙数学模型改进与河道冲淤预测 ················· 245
7.1 三峡水库下游河道泥沙数学模型简介 ·· 246
7.2 三峡水库下游河道泥沙数学模型改进 ·· 249
7.3 三峡水库下游河道泥沙数学模型改进效果分析 ································· 264
7.4 三峡水库下游河道泥沙数学模型验证 ·· 267
7.5 新水沙条件下三峡水库下游河道冲淤预测 ·· 275
7.6 小结 ·· 282

参考文献 ··· 283

第 1 章
Chapter 1

三峡工程概况

1.1 三峡工程基本情况

长江三峡水利枢纽工程是治理和开发长江的关键性骨干工程，开发任务是防洪、发电、航运和水资源等综合利用。通过修建三峡水库，减轻和防止长江中下游、特别是荆江河段的洪水灾害，向华中、华东和重庆提供电力，改善长江重庆至宜昌河段及中游航道的通航条件。三峡工程具有防洪、发电、航运等巨大综合效益，是举世瞩目的特大型水利水电工程。三峡工程采用坝式开发，坝址位于湖北省宜昌市三斗坪镇，距下游已建成的葛洲坝水利枢纽约40km。坝址控制流域面积约为100万km^2，多年平均径流量为4510亿m^3，多年平均输沙量为5.3亿t。三峡工程主要建筑物由拦江大坝、水电站和通航建筑物三大部分组成，工程建设总工期17年，按"一级开发、一次建成、分期蓄水、连续移民"的方案实施。

1994年12月14日，三峡工程正式开工建设；2003年11月，首批6台机组相继投产发电；2006年5月20日，三峡大坝全线建成，达到185m设计高程；2006年11月27日，三峡工程蓄水至156m；2008年，三峡工程试验性蓄水至172.8m，防洪达到防御百年一遇洪水条件，电站26台机组全部投产发电；2009年8月，三峡工程通过了国务院长江三峡三期工程验收委员会关于正常蓄水位蓄至175m水位的验收；2010年10月26日，三峡工程首次达到175m正常蓄水位，标志着其防洪、发电、通航、水资源利用等各项功能达到设计要求。

三峡水库正常蓄水位为175m，汛限水位为145m，死水位为145m。相应于正常蓄水位，水库全长为660km，水面平均宽度为1.1km，总面积为1084km^2，库容为393亿m^3，其中防洪库容为221.5亿m^3，调节性能为季调节。

三峡工程拦河大坝为混凝土重力坝，坝轴线全长为2309.5m，底部宽为115m，顶部宽为40m，坝顶高程为185m，最大坝高181m。泄洪坝段位于河床中部，前缘总长为483m，设有22个表孔和23个泄洪深孔，其中深孔进口高程为90m，孔口尺寸为7m×9m；表孔孔口宽为8m，溢流堰顶高程为158m，表孔和深孔均采用鼻坎挑流方式进行消能。三峡工程的设计标准是可防御千年一遇洪水，校核标准是可防御万年一遇洪水再加10%。即当峰值为98 800m^3/s的千年一遇洪水来临时，大坝本身仍能正常运行；当峰值流量为113 000m^3/s的万年一遇洪水再加10%时，大坝主体建筑物不会遭到破坏。三峡工程可将下游荆江河段的防洪标准提高到百年一遇，遇到超过百年一遇至千年一遇洪水，配合分蓄洪工程，也可保障荆江河段安全。

电站坝段位于泄洪坝段两侧，设有电站进水口，进水口底板高程为108m。压力输水管道为背管式，内直径为12.4m，采用钢衬钢筋混凝土联合受力的结构形式。三峡水电站共安装32台单机容量为700MW的水轮发电机组，其中左岸14台、右岸12台、地下6台，另外还有2台50 MW的电源机组，总装机容量为22 500MW，年平均发电量为882亿kW·h。

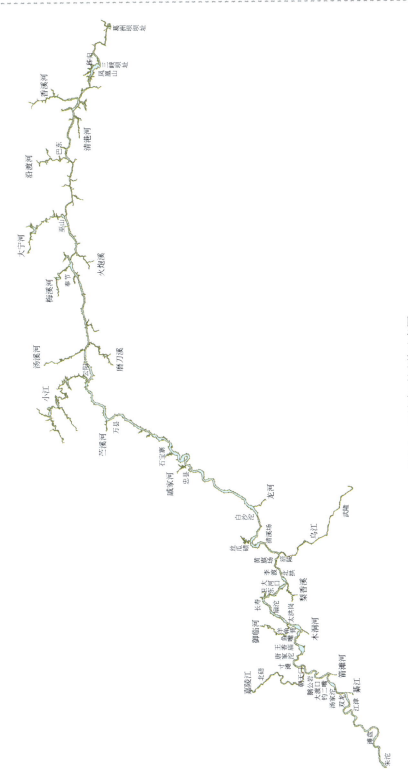

图 1-1 三峡库区河道示意图

船闸位于左岸山体内，为双线五级连续梯级船闸。单级闸室有效尺寸为280m×34m×5m（长×宽×坎上水深），可通过万吨级船队，年单向通过能力为5000万t。升船机为单线一级垂直升船机，可通过3000t级客货轮，单向年通过能力为350万t。在靠左岸岸坡设有一条单线一级临时船闸，满足施工期通航的需要，其闸室有效尺寸为240m×24m×4m。临时通航船闸停止运用后，该坝段改建成两个冲沙孔。三峡垂直升船机与三峡主体工程同步设计施工，1995年经国务院批准缓建，2013年2月28日，升船机工程进入全面建设阶段，计划于2015年建成。

三峡水库泥沙问题涉及的范围大，三峡库区175m蓄水位的回水影响长度（大坝至江津）约为660km（图1-1），其中大坝至涪陵库段为常年回水区，长约为500km，涪陵至江津库段为变动回水区，长约为160km。

三峡水库兴建后，水库常年回水区水深增大，水流流速减缓，滩险消除，航道条件得到根本改善。变动回水区上段的航道、港区较建库前也有明显改善，局部库段在枯季库水位消落时出现淤积碍航情况，通过疏浚等措施保证了通航条件。库区万县（现万州）、涪陵等港口将可建成深水港，有充足的水域为干、支流直达或中转提供编队作业区。

三峡工程对下游河道的影响直至河口，目前冲刷主要发生在宜昌至湖口的长江中游河段，长约为955km；湖口以下的长江下游河段，长约为938km，输沙量也大幅度减少。三峡水库的调节作用增加了下游河道枯水流量，试验性蓄水以后枯期流量在5500m³/s以上，且流量、水位的波动幅度明显减小，对航运有利。由于淹没了滩险，扩大了航道尺度，改善了航运水流条件，航道维护费用减少，船舶运输效益明显提高，运输周转加快，为保证航运安全及促进长江航运事业的发展创造了极为有利的条件，对加速西南地区经济发展具有积极的促进作用。

1.2 三峡水库调度运行情况

1.2.1 初步设计水库运行方式

三峡水库运行调度的基本原则是满足防洪、发电、航运、水资源利用和排沙的综合要求。每年的5月末至6月初，为了腾出防洪库容，坝前水位降至汛期防洪限制水位145m；汛期6~9月，水库维持此低水位运行，水库下泄流量与天然情况相同。在遇大洪水时，根据下游防洪需要，水库拦洪蓄水，库水位抬高，洪峰过后，仍降至防洪限制水位145m运行。三峡工程可研报告将"蓄清排浑"运用方式作为长期保留水库有效库容的基本措施，即在汛期多沙季节，水库水位绝大多数时间维持在防洪限制水位145m，有利于泥沙排出库外，汛后在泥沙较少的10月才蓄水至175m。

汛末10月，水库蓄水，下泄流量有所减少，水位逐步升高至正常蓄水位175m，只有在枯水年份，这一蓄水过程延续到11月。12月至次年4月，水电站按电网调峰要求运行，水库尽量维持在较高水位。1~4月，当入库流量低于电站保证出力对流量的要求时，动用调节库容，此时出库流量大于入库流量，库水位逐渐降低，但4月末以前水位最低高程不低于枯水季消落低水位155m，以保证发电水头和上游航道必要的航深。每年5月开始进一步降低库水位。三峡水库初步设计调度运行方式如图1-2所示。

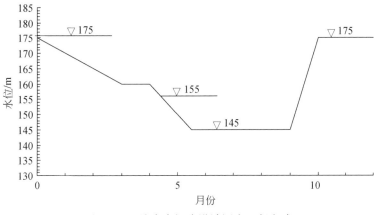

图1-2　三峡水库初步设计调度运行方式

1.2.2　蓄水以来水库运行情况

1. 运行方式

2003年6月，三峡水库蓄水至135m，进入围堰发电期。同年11月，水库蓄水至139m，围堰发电期运行水位为135m（汛限水位）至139m（蓄水期）。2006年10月，水库蓄水至156m，较初步设计提前1年进入初期运行期。初期运行期运行水位为144~156m。2008年汛后，三峡水库开始进行175m试验性蓄水，当年最高蓄水位达到了172.8m，较初步设计提前5年进行三峡水库175m的试验性蓄水。

2009年，针对三峡水库蓄水以来运行条件发生的较大改变，为满足水利部门和航运部门从提高下游供水、防洪、航运等方面对三峡水库调度提出的更高需求，水利部等有关部门组织对三峡水库进行了优化调度研究。同年10月，国务院批准了《三峡水库优化调度方案》（以下简称《方案》），将三峡水库汛后蓄水时间由初步设计时的10月初提前到了9月中旬，《方案》提出的蓄水调度方式为：一般情况下9月15日开始兴利蓄水；蓄水期间库水位按分段控制上升的原则，9月30日水位不超过156m（视来水情况，经防汛部门批准后可蓄至158m），10月底可蓄至汛后最高水位175m；蓄水期间下泄流量9月按8000~10 000m³/s控制，10月上旬、中旬、下旬分别按不小于8000m³/s、7000m³/s、6500m³/s控制，11月按保证葛洲坝枢纽下游（庙嘴站）水位不低于39m和三峡水电站保证出力对应的流量控制；《方案》允许汛限水位上浮至146.5m。2009年汛末，三峡水库从9月15日开始蓄水，由于遭遇了上游来水偏枯与下游持续干旱的情况，水库蓄水至171.43m。

2010年国家防汛抗旱总指挥部《关于三峡–葛洲坝水利枢纽2010年汛期调度运用方案的批复》（国汛〔2010〕6号）中明确了"当长江上游发生中小洪水，根据实时雨水情和预测预报，在三峡水库尚不需要实施对荆江河段或城陵矶地区进行防洪补偿调度，且有充分把握保障防洪安全时，三峡水库可以相机进行调洪运用"，第一次明确提出了"中小洪水调度"的运用方式，并予以实施。根据2009年调度的经验，2010年以后，三峡水库在提前蓄水时间方面，采取了汛末蓄水与前期防洪运用相结合的方式，根据国家防汛抗旱总指挥部办公室批复意见，汛末蓄水时间进一步提前至9月10日，从2010～2015年，连续6年实现了175m蓄水目标。

2011年消落期，三峡水库根据下游河道抗旱补水需求，实施了抗旱补水调度。根据四大家鱼繁殖条件研究，汛初开展了生态调度试验。2012年消落期，三峡水库实施了库尾泥沙减淤调度试验，并在汛前和汛初实施了两次生态调度试验。为提高水库排沙比，汛期实施了沙峰排沙调度，汛期成功经受了建库以来最大洪峰71 200m³/s的洪水考验。2013年消落期，三峡水库再次实施了库尾减淤调度，并在汛前再次实施了生态调度试验，汛期实施了沙峰调度。

2. 水库蓄水位变化过程

2003年6月～2006年9月为三峡水库围堰发电期，坝前水位按135m（汛期）至139m（非汛期）运行，水库回水末端达到重庆市涪陵区李渡镇，回水长度约为498km；2006年9月～2008年9月为三峡水库初期运行期，汛期在水库没有防洪任务时水位按143.9～145m控制，枯季水位按156m控制，水库回水末端达到重庆铜锣峡，回水长度约为598km。

2008年汛末开始实施175m试验性蓄水，水库回水末端达到重庆江津附近，回水长度约为660km。2008年和2009年水库最高蓄水位分别为172.80m和171.43m，2010～2015年三峡水库实现了175m蓄水目标。三峡水库蓄水以来，坝前水位变化过程如图1-3所示，水库蓄水期各年特征水位和流量见表1-1。

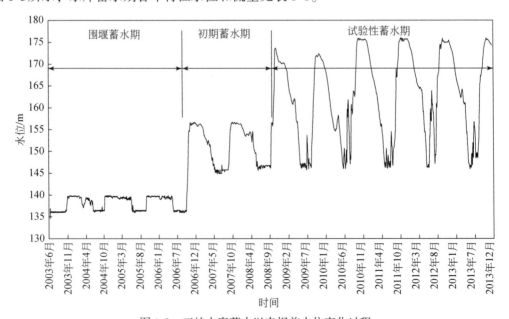

图1-3 三峡水库蓄水以来坝前水位变化过程

表 1-1 三峡水库蓄水运用以来各年特征水位和流量统计表

年份	汛前最低水位/m	汛期水位/m			汛期入库最大洪峰（月.日）/（m³/s）	汛期出库最大洪峰（月.日）/（m³/s）	汛后最高蓄水位（月.日）/m
		最低	最高	平均			
2003	135.07	135.04	135.37	135.18	46 000（9.4）	44 900（9.5）	138.66（11.6）
2004	135.33	135.14	136.29	135.53	60 500（9.8）	56 800（9.9）	138.99（11.26）
2005	135.08	135.33	135.62	135.50	45 200（7.12）	45 100（7.23）	138.93（12.15）
2006	135.19	135.04	141.61	135.80	29 500（7.10）	29 200（7.10）	155.77（12.4）
2007	143.97	143.91	146.17	144.70	52 500（7.30）	47 300（7.31）	155.81（10.31）
2008	144.66	144.96	145.96	145.61	39 000（8.17）	38 700（8.16）	172.80（11.10）
2009	145.94	144.77	152.88	146.38	55 000（8.6）	40 400（8.5）	171.43（11.25）
2010	146.55	145.05	161.24	151.69	70 000（7.20）	41 500（7.27）	175.05（11.02）
2011	145.94	145.10	153.62	147.94	46 500（9.21）	28 700（6.25）	175.07（10.31）
2012	145.84	145.05	163.11	152.78	71 200（7.24）	45 600（7.30）	175.02（10.30）
2013	145.19	145.06	155.78	148.66	49 000（7.21）	35 700（7.25）	175.00（11.11）

2008~2013年汛期，长江上游多次发生较大洪水，水库进行了中小洪水调度。如2010年汛期，三峡水库先后3次对入库大于50 000m³/s的洪水进行调度，累计拦蓄水量为260多亿立方米，其中对最大入库流量70 000m³/s 的洪水，控制出库流量为40 000 m³/s，拦蓄水量约为80亿 m³，库水位最高达161.24m；2012年汛期，先后4次对大于50 000m³/s的洪水进行调度，累计拦蓄水量为228.2亿 m³，其中对三峡水库建库以来最大入库流量71 200m³/s的洪水，控制出库流量为44 100m³/s，拦蓄水量为51.75亿 m³，库水位最高达163.11m。

3. 不同阶段水库运行调度

（1）围堰发电期

2003年6月~2006年9月为三峡水库围堰发电期，坝前水位按135m（汛期）至139m（非汛期）控制。为确保三峡水利枢纽（围堰发电期）-葛洲坝水利枢纽工程安全，逐步发挥综合效益，三峡工程实施了三峡（围堰发电期）-葛洲坝梯级调度。围堰发电期的主要任务是在保证工程安全的前提下，逐步发挥发电、通航效益。葛洲坝水利枢纽是三峡的航运反调节枢纽，主要任务是对三峡水利枢纽日调节下泄的非恒定流过程进行反调节，在保证航运安全和通畅的条件下充分发挥发电效益。

围堰发电期防洪调度以确保三峡水利枢纽工程及其施工安全为前提条件。围堰发电期三峡水库没有为长江中下游设置防洪库容。在非常情况下，确保围堰安全运行的同时，可以适度发挥滞洪错峰作用，每年6~9月汛期，水库水位一般维持在防洪限制水位135m；10月水库开始蓄水，一般年份10月末水库蓄水至139m；枯水期11月至次年4月底维持139m运行，4月底至5月中旬水库水位消落至低水位135m。

围堰发电期间的三峡水库运行情况见表1-2。由表1-2可见，坝前平均水位为137.21m，最高水位为138.99m（2003年12月30日），最低水位为135.07m（2006年8

月 30 日），最高与最低水位差为 3.92m；入库平均流量为 13 700 m³/s，最大入库流量为 59 100 m³/s（2004 年 9 月 8 日），最小入库流量为 3680 m³/s（2004 年 1 月 30 日）；出库平均流量为 13 700 m³/s，最大出库流量为 55 200 m³/s（2004 年 9 月 9 日），最小出库流量为 3760 m³/s（2004 年 2 月 1 日）。

表 1-2 围堰发电期三峡水库运行特征值统计表

项目	入库/（m³/s）	出库/（m³/s）	坝前水位（吴淞）/m	坝下水位（吴淞）/m
平均值	13 700	13 700	137.21	66.11
最大值 （出现时间）	59 100 （2004 年 9 月 8 日）	55 200 （2004 年 9 月 9 日）	138.99 （2003 年 12 月 30 日）	73.50 （2004 年 9 月 9 日）
最小值 （出现时间）	3 680 （2004 年 1 月 30 日）	3 760 （2004 年 2 月 1 日）	135.07 （2006 年 8 月 30 日）	63.49 （2006 年 2 月 13 日）

（2）初期运行期

2006 年 10 月～2008 年 9 月为三峡水库初期运行期，水库最高蓄水位达到初期蓄水位 156m。三峡水库初期运行期的主要任务是在保证已建工程及施工安全的前提下，逐步发挥防洪、发电、航运、水资源利用等综合效益。葛洲坝水利枢纽是三峡水利枢纽的航运反调节枢纽，主要任务是对三峡水利枢纽日调节下泄的非恒定流过程进行反调节，在保证航运安全和通畅的条件下充分发挥发电效益。防洪调度的主要任务是在保证三峡水利枢纽工程及施工安全和葛洲坝水利枢纽度汛安全的前提下，利用水库拦蓄洪水，提高荆江河段防洪标准；特殊情况下，适当考虑城陵矶附近的防洪要求。当发挥防洪作用与保证枢纽工程安全有矛盾时，服从枢纽建筑物和工程施工安全进行调度。

根据初期运行期调度规程，全年库水位控制分为 4 个阶段：供水期（1～4 月、11 月、12 月）、汛前消落期（5 月 1 日～6 月 10 日）、汛期（6 月 11 日～9 月 24 日）、蓄水期（9 月 25 日～10 月 23 日）。水位控制范围：汛期在水库没有防洪任务时控制在 143.9～145m，其他阶段控制在 143.9～156m。

三峡水库初期运行期情况见表 1-3。由表可见，坝前平均水位为 150.28m，最高水位为 155.82m（2007 年 10 月 31 日），最低水位为 143.99m（2007 年 7 月 8 日），最高水位与最低水位差为 11.83m；三峡水库入库平均流量为 12 700 m³/s，最大入库流量为 50 500 m³/s（2007 年 7 月 30 日），最小入库流量为 2770 m³/s（2007 年 2 月 27 日）；出库平均流量为 12 600 m³/s，最大出库流量为 45 400 m³/s（2007 年 7 月 30 日），最小出库流量为 4510 m³/s（2006 年 12 月 27 日）。

表 1-3 初期运行期三峡水库运行特征值统计表

项目	入库/（m³/s）	出库/（m³/s）	坝前水位（吴淞）/m	坝下水位（吴淞）/m
平均值	12 700	12 600	150.28	66.03
最大值 （出现时间）	50 500 （2007 年 7 月 30 日）	45 400 （2007 年 7 月 30 日）	155.82 （2007 年 10 月 31 日）	71.34 （2007 年 7 月 31 日）
最小值 （出现时间）	2 770 （2007 年 2 月 27 日）	4 510 （2006 年 12 月 27 日）	143.99 （2007 年 7 月 8 日）	63.92 （2007 年 5 月 21 日）

(3) 试验性蓄水期

2008 年汛后，三峡水库开始 175m 试验性蓄水，2008 年 11 月蓄水至 172.8m，2009 年 11 月蓄水至 171.43m，2010 年 10 月蓄水至正常蓄水位 175m。试验性蓄水期运行水位为 145m（汛限水位）至 175m（正常蓄水位）。三峡水库试验性蓄水期的主要任务是全面发挥防洪、发电、航运、水资源利用等综合效益。葛洲坝水利枢纽是三峡水利枢纽的航运反调节枢纽，主要任务是对三峡水利枢纽日调节下泄的非恒定流过程进行反调节，在保证航运安全和通畅（按设计标准）的条件下充分发挥发电效益。

2009 年 9 月~2012 年 9 月，坝前水位在 145m（汛期）至 175m（非汛期）运行，见表 1-4。由表可见，坝前平均水位为 161.76m，最高水位为 175.04m（2011 年 11 月 1 日），最低水位为 144.84m（2009 年 8 月 3 日），水位变幅为 30.20m；三峡水库入库平均流量为 12 547 m^3/s，最大入库流量为 67 900 m^3/s（2012 年 7 月 24 日），最小入库流量为 3320m^3/s（2010 年 2 月 17 日）；出库平均流量为 12 398 m^3/s，最大出库流量为 45 200 m^3/s（2012 年 7 月 28 日），最小出库流量为 5370 m^3/s（2009 年 1 月 16 日）。

表 1-4 试验性运行期三峡水库运行特征值统计表

项目	入库/（m^3/s）	出库/（m^3/s）	坝前水位（吴淞）/m	坝下水位（吴淞）/m
平均值	12 547	12 398	161.76	65.75
最大值	67 900	45 200	175.04	71.36
（出现时间）	（2012 年 7 月 24 日）	（2012 年 7 月 28 日）	（2011 年 11 月 1 日）	（2012 年 7 月 30 日）
最小值	3 320	5 370	144.84	63.96
（出现时间）	（2010 年 2 月 17 日）	（2009 年 1 月 16 日）	（2009 年 8 月 3 日）	（2011 年 12 月 9 日）

2009~2012 年，三峡水库根据运行条件的变化，以及防洪、航运、供水等各方面对三峡水库调度提出的更高要求，采取了提前蓄水、中小洪水调度、汛限水位上浮等优化调度措施，得到了国家有关部门的批准。与初步设计的水库调度运行方式相比，三峡水库试验性蓄水后执行的运用方式虽然使汛期水位有所抬高，蓄水时间有所提前，但仍基本遵循了"蓄清排浑"的运用方式。

第 2 章
Chapter 2

三峡工程运用后水库淤积与下游河道冲刷

第 2 章 三峡工程运用后水库淤积与下游河道冲刷

本章根据三峡水库水文泥沙原型观测资料和已有研究成果①（三峡工程泥沙专家组，2013a），分析三峡水库入库水沙变化、库区泥沙淤积变化过程、泥沙淤积的时空分布、年淤积量与来水来沙的关系等。根据下游河道水文泥沙观测资料，分析三峡工程运用后水沙变化、河道冲淤变化过程、主要水文站水位流量关系变化等。

2.1 三峡水库泥沙淤积变化

2.1.1 入库水沙变化

三峡水库入库水沙主要来自干流和库区的大支流，如嘉陵江、乌江等，库区其他小支流入库水量约占总入库水量的 10%。20 世纪 90 年代以来，长江上游径流量变化不大，受水利工程拦沙、水土保持减沙、河道采砂以及降水条件变化等影响，输沙量减少趋势明显。三峡上游干、支流水文控制站分时期水沙量变化如图 2-1 和图 2-2 所示，长江朱沱水文站、嘉陵江北碚水文站、乌江武隆水文站的年水沙量变化过程如图 2-3 ~ 图 2-5 所示。1991 ~ 2002 年三峡入库（朱沱+北碚+武隆）年平均水沙量分别为 3733 亿 m^3 和 3.51 亿 t，与 1990 年前均值相比，分别减少 126 亿 m^3 和 1.3 亿 t，减幅分别为 3% 和 27%。

三峡水库蓄水以来，2003 ~ 2012 年入库年平均水量和沙量分别为 3606 亿 m^3 和 2.03 亿 t，比 1991 ~ 2002 年平均值分别减少 3% 和 42%，与 1990 年前平均值相比，减幅分别为 7% 和 58%。沙量减幅最大的是嘉陵江，2003 ~ 2012 年北碚站年平均水沙量分别为 660 亿 m^3 和 0.292 亿 t，与 1990 年前相比，水量和沙量分别减少 6% 和 78%。嘉陵江沙量的减少与其干、支流建库拦沙、流域水土保持、径流量减少等有关。嘉陵江在总体沙量减少的同时，支流渠江出现大洪水时也能产生较大沙量，如 2003 年、2004 年、2011 年 9 月渠江出现较大洪水，输沙量高度集中，7 天左右的输沙量最大达 1200 万 t，占全年的比例最高达 86%。

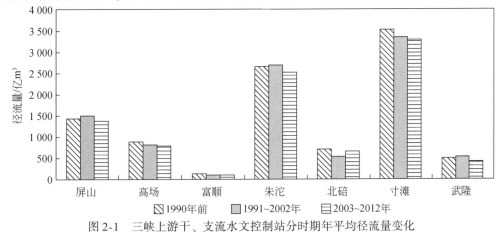

图 2-1 三峡上游干、支流水文控制站分时期年平均径流量变化

---

① 参考长江三峡工程论证泥沙专家组在 1988 年的《长江三峡工程泥沙与航运专题泥沙论证报告》；长江水利委员会水文局在 2014 年的《长江三峡水利枢纽工程竣工环境保护验收调查水文泥沙情势专题报告》；中国水利水电科学研究院在 2014 年的《长江三峡水利枢纽工程竣工环境保护验收调查水文泥沙情势影响专题报告》。

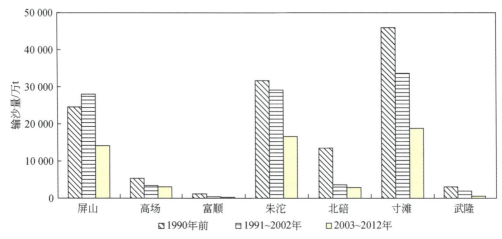

图 2-2 三峡上游干支流水文控制站分时期年平均输沙量变化

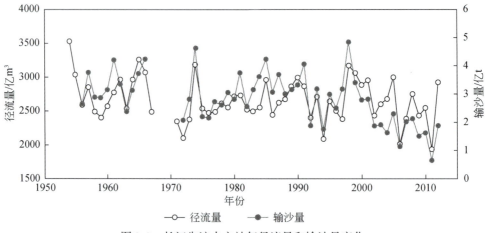

图 2-3 长江朱沱水文站年径流量和输沙量变化

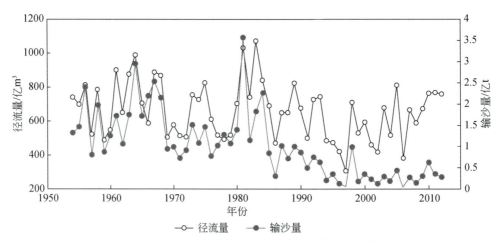

图 2-4 嘉陵江北碚水文站年径流量和输沙量变化

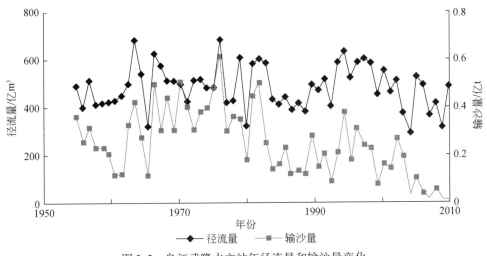

图 2-5 乌江武隆水文站年径流量和输沙量变化

长江上游寸滩水文站早在 20 世纪 60 年代初就开始进行砾卵石推移质测验;1974 年起,相继在朱沱、奉节水文站开展观测;2002 年起,又在嘉陵江东津沱水文站(2008 年停测)和乌江武隆水文站进行了砾卵石($D>2mm$)推移质测验。寸滩水文站从 1991 年开始施测沙质推移质($D<2mm$)。自 20 世纪 80 年代以来,进入三峡水库的推移质泥沙数量总体呈下降趋势。不同时期各水文站砾卵石平均推移量见表 2-1。

表 2-1 不同时期各站砾卵石平均推移量表

河流	水文站	统计年份	砾卵石推移量/万 t
长江	朱沱	1975~2002	26.9
		2003~2012	14.4
	寸滩	1966、1968~2002	22.0
		2003~2012	4.4
	万县	1973~2002	34.1
		2003~2012	0.21
嘉陵江	东津沱	2002	0.053
		2003~2007	1.32
乌江	武隆	2002	18.7
		2003~2012	7.00

长江寸滩水文站年卵石和沙质推移质输沙量变化过程如图 2-6 所示,1991~2002 年实测沙质推移质年平均输沙量为 25.8 万 t,约为同期悬移质输沙量的 0.08%,三峡水库蓄水后的 2003~2012 年沙质推移质年平均输沙量仅为 1.58 万 t,比 1991~2002 年约减

少 94%；2003~2012 年年平均卵石推移质输沙量为 4.4 万 t，比 1991~2002 年平均值约减少 71%。致使进入三峡水库推移质泥沙数量大幅减少的原因主要是上游水库拦截和近年来长江干、支流河道的大规模采砂（三峡工程泥沙专家组，2013a）。据重庆市主城区附近几个河段的不完全调查，每个河段的年采砂量都达数百万吨，远远超过天然河道的推移质输沙量。由于推移质数量远远少于悬移质数量，其数量的变化对水库淤积量的大小影响较小，但对重庆主城区河段洲滩变化有一定影响，会造成河段的冲刷和局部的淤积。

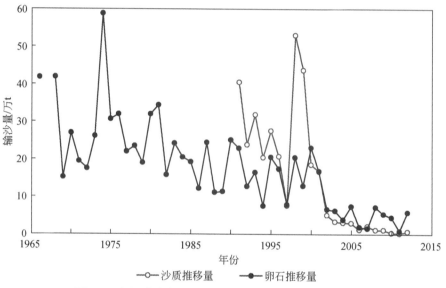

图 2-6 长江寸滩水文站年卵石和沙质推移质输沙量变化

2.1.2 水库泥沙淤积过程

三峡水库蓄水运用以来，围堰发电期（2003 年 6 月~2006 年 9 月）三峡水库入库控制站为清溪场水文站，初期蓄水期（2006 年 10 月~2008 年 9 月）三峡水库入库控制站为寸滩水文站和武隆水文站，175m 试验性蓄水期（2008 年 10 月~2012 年 12 月）三峡水库入库控制站为朱沱水文站、北碚水文站和武隆水文站。三峡库区水位抬高，流速变缓，水流挟沙能力下降，库区泥沙运动特性较天然情况发生较大改变；同时，由于三峡水库为河道型水库，来流量较大，干流局部河段特别是窄深河段和回水末端河段依然保持了"冲淤交替"的基本特性。

三峡水库进出库悬移质沙量与水库淤积量变化过程（三峡工程泥沙专家组，2008a，2013a）如图 2-7 所示。根据三峡水库主要控制站水文观测资料统计分析（表 2-2），2003 年 6 月~2012 年 12 月，三峡入库悬移质泥沙量为 19.01 亿 t，出库（黄陵庙水文站）悬移质泥沙量为 4.64 亿 t，不考虑三峡库区区间来沙（下同），水库泥沙淤积量为 14.37 亿 t，近似年平均淤积泥沙量为 1.44 亿 t，水库排沙比为 24.4%。

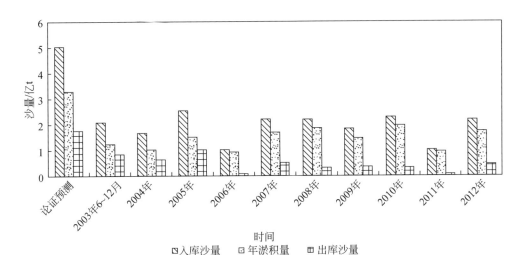

图 2-7 三峡水库进出库悬移质沙量与水库淤积量变化过程

表 2-2 三峡水库进出库悬移质沙量与水库淤积量统计表

项目	入库沙量/亿 t	水库淤积/亿 t	出库沙量/亿 t	水库排沙比/%
论证预测	5.03	3.28~3.55	1.48	29.4
2003 年 6~12 月	2.08	1.24	0.84	40.4
2004 年	1.66	1.02	0.64	38.4
2005 年	2.54	1.51	1.03	40.6
2006 年	1.02	0.93	0.09	8.7
2007 年	2.20	1.70	0.51	23.1
2008 年	2.18	1.86	0.32	14.8
2009 年	1.83	1.47	0.36	19.7
2010 年	2.29	1.96	0.33	14.3
2011 年	1.02	0.95	0.07	6.8
2012 年	2.19	1.74	0.45	20.7
2003~2012 年	19.01	14.37	4.64	24.4

图 2-8 为三峡水库年淤积量与入库年沙量的相关关系，表明两者相关性较好。2003~2012 年，三峡入库年平均沙量仅为论证预测的（1961~1970 系列年）40% 左右，水库年平均淤积量也为论证预测的 40% 左右[①]（三峡工程泥沙专家组，2002，2008b，2013b），可见，三峡水库淤积减少的主要原因是入库沙量减少（三峡工程泥沙专家组，2008a）。

---

① 参考了水利部长江水利委员会在 1992 年的《三峡水利枢纽初步设计报告》，第十一篇环境保护。

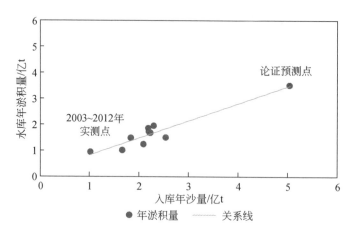

图 2-8　三峡水库年淤积量与入库年沙量关系

据三峡水库库区实测固定断面资料分析①，三峡水库蓄水运用以来，2003 年 3 月～2012 年 11 月库区干流累计泥沙淤积量为 13.575 亿 m³，其中三峡工程 175m 试验性蓄水期变动回水区（江津至涪陵段，长约为 173.4km，占库区总长度的 26.3%）累计泥沙淤积量为 0.106 亿 m³，占干流总淤积量的 0.8%；常年回水区（涪陵至大坝段，长约为 486.5km，占库区总长度的 73.7%）淤积量为 13.469 亿 m³，占干流总淤积量的 99.2%。库区 12 条支流累计泥沙淤积量为 0.881 亿 m³。此外，2003 年 6 月～2012 年 12 月三峡水库干流库区采用输沙量法计算的悬移质泥沙淤积量为 14.37 亿 t，同期库区干流采用断面法计算的泥沙淤积体积约为 13.575 亿 m³，考虑河道采砂、区间来沙、入库推移质、干容重变化及观测误差的影响，输沙法淤积量和断面法淤积量差别不大②。

2.1.3　水库泥沙淤积分布

1. 沿程分布

2003 年 3 月～2012 年 11 月，三峡水库库区淤积总量为 14.456 亿 m³。其中，干流库区淤积量为 13.575 亿 m³，占总淤积量的 93.5%；10 条主要支流库区泥沙淤积量为 0.881 亿 m³，占总淤积量的 6.1%，主要淤积在奉节以下的支流库区内。

从干流库区淤积分布来看，变动回水区淤积量为 0.106 亿 m³；常年回水区淤积量为 13.469 亿 m³（占干流总淤积量的 99%），其中云阳至丰都段淤积量为 7.698 亿 m³，占常年库区淤积量的 57%。

---

① 主要参考了泥沙课题评估专家组在 2008 年的《中国工程院三峡工程论证及可行性研究结论阶段性评估项目泥沙课题评估报告及专题报告文集》；中国水利水电科学研究院，长江水利委员会三峡水文水资源勘测局在 2008 年关于《三峡水库 2007 年坝前水位上升过程水文泥沙观测资料分析和研究》；中国水利水电科学研究院在 2010 年关于《长江三峡工程 2003～2009 年泥沙原型观测资料分析研究》。

② 主要参考了长江水利委员会水文局在 2014 年关于《长江三峡水利枢纽工程竣工环境保护验收调查水文泥沙情势专题报告》。

从干流库区淤积量沿程分布来看,总体上越往坝前,淤积强度越大,近坝段(大坝至庙河)泥沙绝大部分淤积在 90m 高程以下,且泥沙颗粒较细。随着坝前水位的逐渐抬高,泥沙淤积部位也逐渐上移,如在三峡工程围堰发电期(2003~2006 年),丰都至李渡库段冲淤基本平衡,奉节以上库段年平均淤积量约为 0.6710 亿 m³,占库区总淤积量的 50%;在初期蓄水期(2006~2008 年),丰都至铜锣峡库段年平均淤积量约为 0.0640 亿 m³,占库区总淤积量的 5%,奉节以上库段年平均淤积量约为 7420 万 m³,占库区总淤积量的 59%;在试验性蓄水期(2008 年汛后至 2012 年 10 月),丰都至铜锣峡段年平均淤积量为 0.1423 亿 m³,占库区总淤积量的 9.9%,奉节以上库段年平均淤积量为 1.12 亿 m³,占库区总淤积量的 78.3%,库区各段淤积量对比如图 2-9 所示。

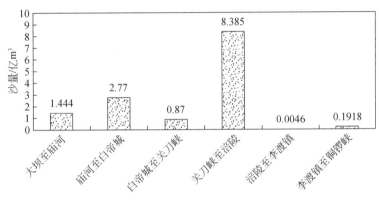

图 2-9 三峡水库库区各河段淤积量分析

1)大坝至庙河段(S30~S40-1,长约 15.1km):该河段为近坝段,三峡水库蓄水以来泥沙主要淤积在大坝至美人沱河段的主槽部位。2003 年 3 月~2011 年 11 月该河段累计淤积为 1.444 亿 m³,占干流库区总淤积量的 10.5%(河长仅占 2.5%),单位河长淤积量为 0.09561 亿 m³/km,为全库区之最。

2)庙河至白帝城河段(S40-1~S111,长约 141.8km):该河段宽窄相间,峡谷段长为 67.2km,宽谷段长为 74.6km。蓄水以来,泥沙淤积以宽谷段为主,峡谷河段淤积量相对较小,部分时段还出现冲刷。2003 年 3 月~2012 年 10 月该河段累计淤积量为 2.77 亿 m³,占干流库区总淤积量的 21.4%,单位河长淤积量为 0.01953 亿 m³/km。

3)白帝城至关刀峡河段(S111~S118,长约 14.2km):该河段河谷宽阔。蓄水以来,泥沙主要淤积部位在河宽较大的臭盐碛河段,2003 年 3 月~2012 年 10 月该河段累计淤积量为 0.87 亿 m³,占干流库区总淤积量的 6.5%,单位河长淤积量为 0.0613 亿 m³/km,仅次于近坝河段。

4)关刀峡至涪陵河段(S118~S267,长约 315.4km):该河段窄深和开阔相间,其中,关刀峡至云阳河段河道窄深;云阳至丰都河段河面较为开阔,泥沙淤积强度较大,最明显的是该河段内的皇华城河段,为库区淤积强度最大的河段之一;丰都至涪陵河段处于 135~139m 运行期变动回水区末端,但水库 156m 和 175m 试验性蓄水后,该河段成为常年回水区,2008 年后该河段改变了之前冲淤相间、冲淤相对平衡的态势,呈现累积性淤积状态。三峡水库蓄水以来,2003 年 3 月~2012 年 10 月该河段累计淤积量为

8.385亿 m³，单位河长淤积量为0.02658亿万 m³/km。

5）涪陵至李渡镇河段（S267～S273，长约12.5km）：该河段为135～139m 蓄水期的变动回水区末端位置，淤积较少；三峡水库进行156m 初期蓄水和175m 试验性蓄水后，该河段枯季水位明显抬高，但汛期影响相对较小。蓄水以来，2003年3月～2012年10月该河段略有淤积，其淤积量为0.0046亿 m³，单位河长淤积量为0.000368亿 m³/km。

6）李渡镇至铜锣峡河段（S273～S323，长约98.9km）：该河段为156m 运行期的变动回水区。2008年175m 试验性蓄水后，该河段枯季水位进一步抬高，受蓄水影响愈加明显，但汛期基本为天然河道状态。三峡水库156m 初期蓄水后，2006年10月～2012年10月该河段累计淤积量为0.1918亿 m³，单位河长淤积量为0.00194亿 m³/km。

2. 淤积部位

三峡库区泥沙淤积分布和淤积强度与河道形态存在着密切的关系，库区河道宽谷段淤积强度相对较大，窄深段淤积强度较小甚至局部出现冲刷现象。

2003年3月～2012年10月，库区泥沙大多淤积在常年回水区内宽谷段、弯道段，干流库区铜锣峡至大坝河段内宽谷段总淤积量为12.928亿 m³，占全河段总淤积量的94.6%，窄深河段总淤积量为0.738亿 m³，仅占全河段总淤积量的5.4%。

从淤积高程来看，泥沙主要淤积在坝前水位145m、入库流量为30 000m³/s 对应水面线（以下简称145m 水面线）以下河床，其淤积量为13.496亿 m³，占库区总淤积量的99%；淤积在145m 水面线以上河床的泥沙量为0.17亿 m³，且主要集中在奉节以下的常年回水区干流库段内[①]。145m 水面线以上泥沙淤积约占水库防洪库容的0.07%，水库防洪库容淤积损失很少。

3. 深泓纵剖面变化

三峡水库蓄水以来，库区纵剖面有所变化，在局部河段大幅抬高（如坝前段、臭盐碛、忠州三弯等），但这种变化并没有改变三峡库区河道深泓呈锯齿状分布的基本形态。其主要原因是：水库蓄水后入库沙量较少、运行时间不长，库区泥沙淤积较少；三峡水库为典型的山区河道型水库，蓄水前深泓高差较大，蓄水后汛期大流量时库区河段特别是库区中上段仍有较大流速，泥沙淤积相对较少。

据2003年3月固定断面资料统计显示，三峡水库蓄水前库区大坝至李渡镇河段深泓最低点位于距坝52.9km 的S59-1断面，高程为-36.1m（1985国家高程基准，下同），最高点高程为129.6m（S258，距坝468km），两者高差为165.7m。水库蓄水后，泥沙淤积使纵剖面发生了一定变化（图2-10），但最低点和最高点的位置没有变化，仅其高程有所淤积抬高，2012年11月其高程分别为-27.6m 和134.0m，抬高幅度分别为8.5m 和4.4m。

2003年3月～2012年10月，首先为库区大坝至李渡镇河段，其深泓最大淤高为

---

① 参考中国水利水电科学研究院在2014年的《长江三峡水利枢纽工程竣工环境保护验收调查水文泥沙情势影响专题报告》。

64.8m（位于距大坝上游河道5.6km的S34断面，淤积后高程为31.4m），近坝段河床淤积抬高最为明显；其次为云阳附近的S148断面（距坝240.6km），其深泓最大淤高为49.3m，淤积后高程为103.3m；最后为忠县附近的皇华城S207断面（距坝360.4km），其深泓最大淤高为49.7m，淤积后高程为125.5m。据统计，库区铜锣峡至大坝段深泓淤高为20m以上的断面有33个，深泓淤高为10～20m的断面共35个，这些深泓抬高较大的断面多集中在近坝段、香溪宽谷段、臭盐碛河段、皇华城河段等淤积量较大的区域；深泓累积出现抬高的断面共有271个，占统计断面数的88.0%。李渡至铜锣峡河段深泓除牛屎碛放宽段S277+1处抬高9.7m以外，其余位置抬高幅度一般在2m以内①。

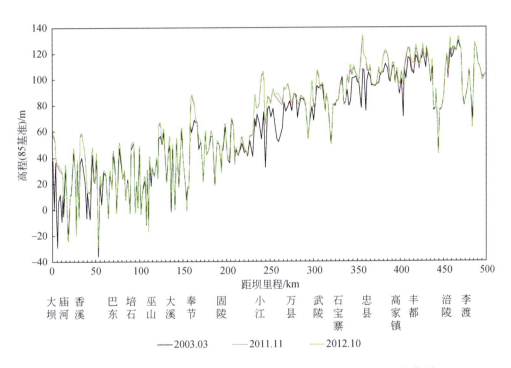

图2-10 三峡水库蓄水以来库区大坝至李渡镇河段深泓纵剖面变化图

4. 典型横断面变化

(1) 断面形态变化

三峡库区两岸一般由基岩组成，故岸线基本稳定，断面变化主要表现在河床纵向冲淤变化，多以主槽淤积为主。从实测水库固定断面资料来看，水库泥沙淤积大多集中在分汊段、宽谷段内，断面形态多以"U"形和"W"形为主，主要有主槽平淤、沿湿周淤积、弯道或汊道段主槽淤积3种形式。其中沿湿周淤积主要出现在坝前段，以主槽淤积为主；峡谷段和回水末端断面以"V"形为主，蓄水后河床略有冲刷（图2-11）。此

---

① 参考中国水利水电科学研究院在2014年的《长江三峡水利枢纽工程竣工环境保护验收调查水文泥沙情势影响专题报告》和长江三峡工程论证泥沙专家组在1988年的《长江三峡工程泥沙与航运专题泥沙论证报告》。

外，受弯道平面形态的影响，弯道断面的流速分布不均，泥沙主要落淤在弯道凸岸下段有缓流区或回流区的边滩，此淤积方式主要分布于长寿至云阳的弯道河段内。

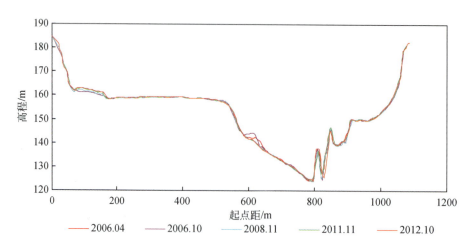

图2-11 三峡水库洛碛河段S303断面冲淤变化图（距坝556.4km）

另外，从库区部分分汊河段来看，由于主槽持续淤积，河型逐渐由分汊型向单一河型转化。如位于皇华城河段的S207断面，主槽淤积非常明显，最大淤积厚度为41.1m，主槽淤后高程为125.5m，如图2-12所示；土脑子河段的S253断面主槽出现累积性泥沙淤积，最大淤积厚度在28m以上，淤积后的高程最高达152m，如图2-13所示。

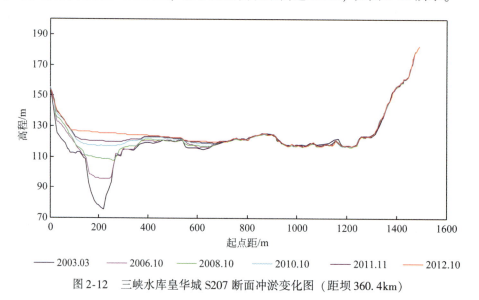

图2-12 三峡水库皇华城S207断面冲淤变化图（距坝360.4km）

（2）断面面积变化

2003年3月～2012年10月，库区开阔库段泥沙淤积明显，但由于断面过水面积大，各库段淤积后过水面积仍然比较大。库区断面面积变化幅度最大的为S206断面、S205

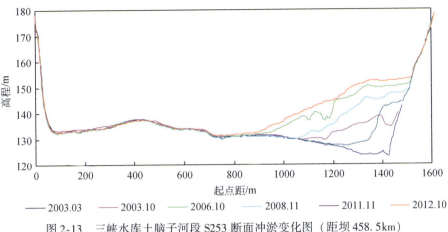

图 2-13　三峡水库土脑子河段 S253 断面冲淤变化图（距坝 458.5km）

断面和 S113 断面，过水面积分别淤积减小了 27310m²、24541m² 和 22059 m²，减小比率分别为 24.1%、41.6% 和 13.5%，淤积后断面面积仍然达到 74 361m²、40 969m² 和 14 1294m²。同时，由表 2-3、表 2-4 和图 2-14、图 2-15 可见，河宽较大、过水面积较大的库段往往淤积明显[①]。

表 2-3　三峡库区各河段断面过水面积变化统计表（水位 145m）

河段	2003 年 3 月断面过水面积/m²	2012 年 10 月断面过水面积/m²	相差/m²	变化率/%
大坝—庙河	96 060	89 712	-6 348	-6.6
庙河—秭归	48 966	47 034	-1 932	-3.9
秭归—官渡口	54 052	51 705	-2 347	-4.3
官渡口—巫山	32 128	31 416	-712	-2.2
巫山—大溪	46 250	44 485	-1 765	-3.8
大溪—白帝城	27 392	27 086	-306	-1.1
白帝城—关刀峡	55 801	50 160	-5 641	-10.1
关刀峡—云阳	32 824	32 445	-379	-1.2
云阳—万县	39 284	35 791	-3 493	-8.9
万县—忠县	33 077	29 836	-3 241	-9.8
忠县—丰都	25 593	21 889	-3 704	-14.5
丰都—涪陵	20 204	19 258	-946	-4.7
涪陵—李渡镇	14 923	14 674	-249	-1.7

---

① 参考中国水利水电科学研究院在 2014 年的《长江三峡水利枢纽工程竣工环境保护验收调查水文泥沙情势影响专题报告》和长江三峡工程论证泥沙专家组在 1988 年的《长江三峡工程泥沙与航运专题泥沙论证报告》。

表 2-4 三峡库区各河段断面过水面积变化统计表（水位 175m）

河段	2003 年 3 月 断面过水面积/m²	2012 年 10 月 断面过水面积/m²	相差/m²	变化率/%
大坝—庙河	158 522	146 797	-11 725	-7.4
庙河—秭归	68 719	66 647	-2 072	-3.0
秭归—官渡口	77 501	74 747	-2 754	-3.6
官渡口—巫山	45 968	45 113	-855	-1.9
巫山—大溪	70 188	68 134	-2 054	-2.9
大溪—白帝城	40 665	40 121	-544	-1.3
白帝城—关刀峡	88 789	82 678	-6 111	-6.9
关刀峡—云阳	51 243	50 882	-361	-0.7
云阳—万县	64 634	60 979	-3 655	-5.7
万县—忠县	62 065	58 142	-3 923	-6.3
忠县—丰都	54 368	50 392	-3 976	-7.3
丰都—涪陵	40 763	39 410	-1 353	-3.3
涪陵—李渡镇	26 664	26 712	48	0.2

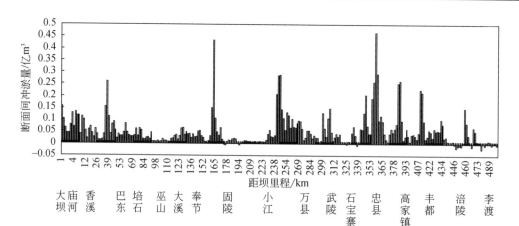

(a) 断面间冲淤量变化

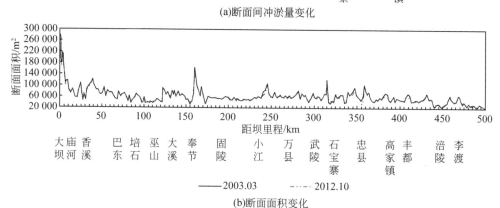

(b) 断面面积变化

图 2-14 三峡库区断面间冲淤量与断面面积变化

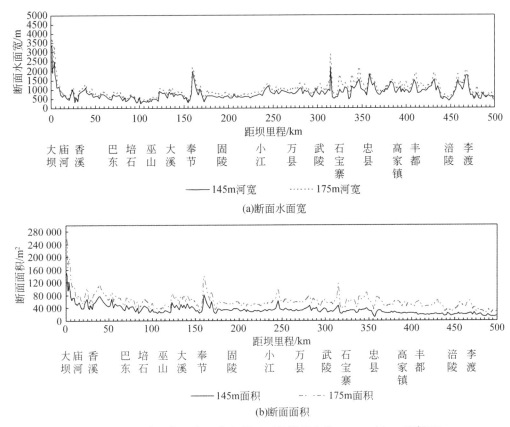

图 2-15 三峡库区断面水面宽和断面面积沿程变化（2012 年 10 月断面）

5. 支流库区淤积

2011 年长江水利委员会水文局对库区全部支流回水范围内的地形进行了较为系统的测量和冲淤统计分析。结果表明，2003~2011 年三峡库区 66 条支流累计泥沙淤积量为 1.80 亿 m^3，主要支流入汇口典型断面淤积情况见表 2-5。从各支流泥沙淤积分布情况来看，泥沙主要淤积在涪陵以下支流，占支流总淤积量的 94%，且淤积的泥沙主要分布在口门附近 10.0km 范围内，最大淤积厚度达 20m 左右。此外，淤积在 145~175m 高程库容范围内的淤积量为 0.0658 亿 m^3，占支流总淤积量的 3.7%。

表 2-5 2003 年以来主要支流入汇口典型断面泥沙淤积量统计表

河名	距坝里程/km	河口宽/m	河槽底高程(2012.11)/m	最大淤积厚度/m	河名	距坝里程/km	河口宽/m	河槽底高程(2012.11)/m	最大淤积厚度/m
香溪河*	30.8	780	75.6	14.1	汤溪河	225.2	300	104.3	14.3
清港河	44.4	380	85.5	14.9	小江河	252	600	105.8	12.7
沿渡河	76.5	180	79.8	12.2	龙河	432	340	134.7	3.5
大宁河*	123	1600	87.5	14.8	渠溪河	460	180	138.7	4.8
梅溪河*	161	350	104.4	16.1	乌江	487	500	133	1.4
磨刀溪	221	265	104.7	14.7	嘉陵江*	612	547	151.3	-0.8

* 为 2013 年 11 月实测成果。

2.2 三峡水库下游河道冲刷变化

三峡水库下游长江宜昌至大通河段全长约为 1195km，其中宜昌至湖口 955km 河段为长江中游（图 2-16）。长江中下游河段河道河型主要分为上荆江弯曲分汊型、下荆江蜿蜒型和城陵矶以下的分汊型等河型，河床演变规律各异①（曹广昌和王俊，2015）。

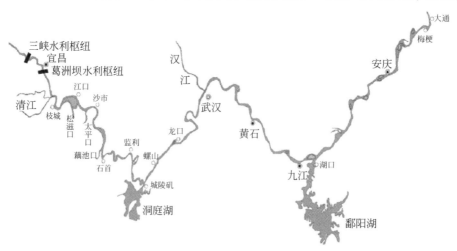

图 2-16　长江宜昌至大通河道示意图

2.2.1　下游河道水沙变化

（1）年际水沙量变化

长江中下游干流河道径流来自宜昌以上长江上游以及区间支流水系入汇，宜昌水文站 1951~2012 年的年平均径流量为 4298 亿 m³，占大通站年径流量的 48.1%。长江中下游干流河道的泥沙主要来自宜昌以上长江上游，主要为悬移质泥沙，宜昌站悬移质 1951~2012 年的年平均输沙量为 4.20 亿 t，为大通站悬移质年输沙量的 110.5%。长江中下游干流各站年径流量的多年变化幅度较小，宜昌站、汉口站、大通站的径流变差系数 C_v 分别为 0.11、0.13 和 0.15，最大年径流量与最小年径流量的比值分别为 1.65、1.73 和 2.01。50 多年来，长江中下游来沙变化可分为 3 个阶段：第一阶段为 1951~1990 年，宜昌站年输沙量呈不规则的周期变化，连续几年大于或小于多年平均值交替出现；第二阶段为 1991~2002 年，由于上游新建的水利工程发挥了拦沙作用，水土保持治理工程的拦沙效果，和受长江上游地区降雨的时空分布、降雨量和降雨强度等因素的共同影响，长江中下游来沙量呈减少趋势，如宜昌站年平均输沙量为 3.92 亿 t，相当于 1951~1990 年多年平均值的 75.2%，年平均径流量为 4287 亿 m³，为 1951~1990 年多年平均值的 97.9%；第三阶段为 2003 年三峡工程蓄水运用至今，受三峡水库拦蓄的直接影响，宜昌站年输沙量大幅减少。长江中下游主要水文站年水沙量变化过程如图 2-17~图 2-22 所示。

---

① 参考中国水利水电科学研究院在 2010 年的大型水利枢纽工程下游河型变化机理研究。

三峡水库蓄水后，受上游来水偏少和水库蓄水等影响，2003~2012年下游河道各水文站除监利站外，其他各站水量均有不同程度减少（表2-6和图2-23）。例如，宜昌站年平均径流量为3978亿m³，较1950~2002年平均值减少8%；枝城、沙市、螺山、汉口和大通站年平均径流量分别为4093亿m³、3758亿m³、5886亿m³、6694亿m³和8377亿m³，较蓄水前分别减少8%、5%、9%、6%和7%；监利站年平均径流量为3630亿m³，比蓄水前的3576亿m³增加2%。

三峡水库蓄水后，下游各水文站的输沙量均有大幅度减少（表2-6和图2-24），如宜昌站2003~2012年平均输沙量为4820万t，较蓄水前平均值减少90%。枝城、沙市、监利、螺山、汉口和大通站年平均输沙量分别为5850万t、6930万t、8360万t、9620万t、11 400万t和14 500万t，分别较蓄水前减少88%、84%、77%、76%、71%和66%。

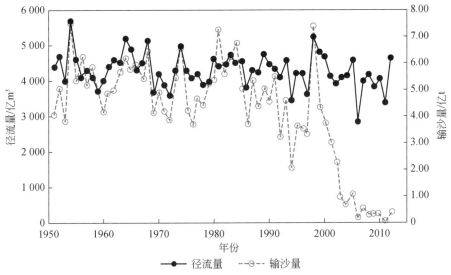

图2-17 长江宜昌水文站径流量和输沙量变化过程

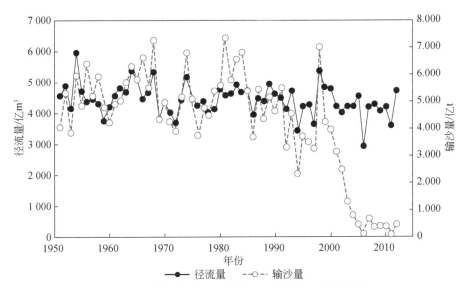

图2-18 长江枝城水文站径流量和输沙量变化过程

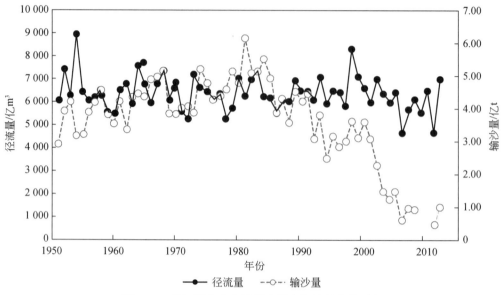

图 2-19　长江螺山水文站径流量和输沙量变化过程

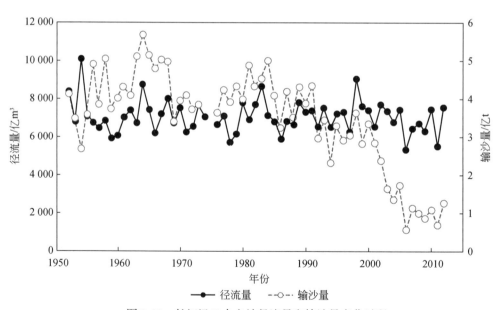

图 2-20　长江汉口水文站径流量和输沙量变化过程

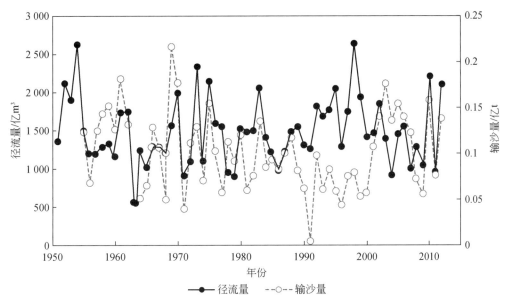

图 2-21 长江湖口水文站年径流量和输沙量变化过程

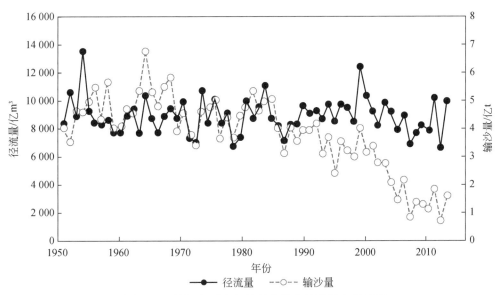

图 2-22 长江大通水文站径流量和输沙量变化过程

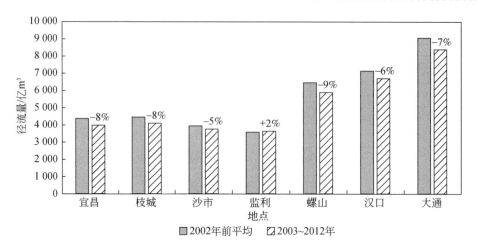

图 2-23　三峡水库蓄水后下游径流量变化

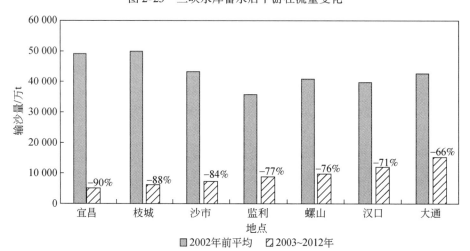

图 2-24　三峡水库蓄水后下游输沙量变化

表 2-6　三峡水库蓄水前后下游主要水文站径流量和输沙量统计表

站名	径流量/亿 m³			输沙量/万 t			中值粒径/mm	
	2002 年前平均	2003~2012 年	变化率/%	2002 年前平均	2003~2012 年	变化率/%	多年平均	2003~2011 年
宜昌	4 369	3 978	−8	49 200	4 820	−90	0.009	0.005
枝城	4 450	4 093	−8	50 000	5 850	−88	0.009	0.008
沙市	3 942	3 758	−5	43 400	6 930	−84	0.012	0.016
监利	3 576	3 630	+2	35 800	8 360	−77	0.009	0.043
螺山	6 460	5 886	−9	40 900	9 260	−76	0.012	0.014
汉口	7 131	6 694	−6	39 800	11 400	−71	0.010	0.014
大通	9 052	8 377	−7	42 700	14 500	−66	0.009	0.008

注：(1) 各站 2002 年前径流量和输沙量统计年份：宜昌站为 1950~2002 年；枝城站为 1952~2002 年，其中 1960~1991 年采用宜昌站+长阳站；沙市站为 1956~2002 年（1956~1990 年采用新厂站资料，缺 1970 年）；监利站为 1951~2002 年（缺 1960~1966 年）；螺山站、汉口站、大通站为 1954~2002 年。

(2) 表中宜昌站、监利站悬沙中值粒径资料统计年份为 1986~2002 年，枝城站为 1992~2002 年，沙市站为 1991~2002 年，螺山站、汉口站、大通站为 1987~2002 年。

与此同时，一方面，三峡水库蓄水后出库泥沙粒径变细，如宜昌站 2003~2010 年悬沙中值粒径为 0.005mm，与蓄水前的 0.009mm 相比，泥沙粒径明显偏细；另一方面，下游水流含沙量大幅度减小，河床沿程冲刷，干流各站粗颗粒泥沙含量明显增多，悬沙中值粒径明显变粗（除大通站有所变细外），其中以监利站最为明显，由于下荆江河段冲刷剧烈，监利站的悬沙中值粒径由蓄水前的 0.009mm 变粗为 0.043mm。

（2）年内水沙过程变化

三峡水库蓄水运用后势必改变进入下游河道的水沙过程，以 175m 设计方案为例，按 10 月底蓄满 220 亿 m³，则进入下游的流量平均减少 8241m³/s；在 1~5 月水库调节水量发电，使下游河道流量增加到 5000m³/s 以上。三峡水库蓄水运用后的 2003~2012 年，下游各主要水文站月径流变化情况由表 2-7~表 2-12 和图 2-25~图 2-36 可知。

宜昌站 2003~2012 年平均径流量为 3978 亿 m³，其中 1~5 月为 899 亿 m³，占全年的 22.6%；6~8 月为 1805 亿 m³，占全年的 45.4%；9~10 月为 889 亿 m³，占全年的 22.3%；11~12 月为 385 亿 m³，占全年的 9.7%。三峡水库蓄水对宜昌径流过程产生了一定影响，与蓄水前（1952~2002 年）比较，1~5 月径流量增加 92 亿 m³，6~8 月减少 198 亿 m³，9~10 月减少 246 亿 m³，11~12 月减少 32 亿 m³。若从径流分布比例看，1~5 月和 11~12 月分别增加 4.1% 和 0.1%，6~8 月和 9~10 月分别减少 0.5% 和 3.7%。也就是说，若不考虑年径流量的减少，三峡及上游水利工程的调节，使得 2003~2012 年宜昌站 1~5 月和 11~12 月径流量分别增加 163 亿 m³ 和 5 亿 m³，6~8 月和 9~10 月径流量分别减少 22 亿 m³ 和 146 亿 m³。三峡水库试验性蓄水以来，1~5 月、6~8 月和 11~12 月径流量分别增加 245 亿 m³、19 亿 m³ 和 23 亿 m³，9~10 月径流量减少 288 亿 m³。相应 1~5 月、6~8 月和 11~12 月平均流量分别增加 2085 m³/s、234 m³/s 和 449 m³/s，9~10 月平均流量减少 5670 m³/s。

同样，与蓄水前平均比较，2003~2012 年沙市站 1~5 月径流量增加 137 亿 m³，6~8 月和 9~10 月径流量分别减少 137 亿 m³ 和 174 亿 m³；螺山站 1~5 月径流量增加 169 亿 m³，6~8 月、9~10 月和 11~12 月径流量分别减少 13 亿 m³、155 亿 m³ 和 1 亿 m³；汉口站 1~5 月径流量增加 215 亿 m³，6~8 月、9~10 月和 11~12 月径流量分别减少 29 亿 m³、179 亿 m³ 和 7 亿 m³；大通站 1~5 月径流量增加 227 亿 m³，6~8 月、9~10 月和 11~12 月径流量分别减少 31 亿 m³、150 亿 m³ 和 46 亿 m³。

2.2.2 下游河道冲刷过程

三峡水库蓄水运用后，2003~2012 年，下游宜昌至湖口河段总体表现为"滩槽均冲"，冲刷以基本河槽为主，约占平滩河槽冲刷量的 90%。从冲淤量沿程分布来看，河道冲刷以宜昌至城陵矶段为主（表 2-13）。

表 2.7 长江宜昌水文站径流统计表

	项目	1月	2月	3月	4月	5月	6月	7月	8月	9月	10月	11月	12月	年
径流量/亿 m³	三峡工程蓄水前（1952~2002年）	115	94	116	172	310	467	801	735	653	482	260	157	4 362
	三峡工程蓄水后（2003~2012年）	137	121	147	182	312	431	727	647	560	329	233	152	3 978
	围堰蓄水期（2003年6月~2006年9月）	127	110	153	176	318	432	693	593	602	427	231	158	4 020
	初期蓄水期（2006年10月~2008年9月）	118	110	131	208	270	438	732	692	649	295	189	133	3 965
	试验蓄水期（2008年10月~2012年12月）	160	145	160	182	341	425	759	679	473	284	251	156	4 015
年内分配/%	三峡工程蓄水前（1952~2002年）	2.6	2.1	2.7	3.9	7.1	10.7	18.4	16.9	15.0	11.0	6.0	3.6	100
	三峡工程蓄水后（2003~2012年）	3.4	3.0	3.7	4.6	7.8	10.8	18.3	16.3	14.1	8.3	5.9	3.8	100
	围堰蓄水期（2003年6月~2006年9月）	3.2	2.7	3.8	4.4	7.9	10.8	17.2	14.8	15.0	10.6	5.7	3.9	100
	初期蓄水期（2006年10月~2008年9月）	3.0	2.8	3.3	5.2	6.8	11.0	18.5	17.4	16.4	7.4	4.8	3.4	100
	试验蓄水期（2008年10月~2012年12月）	4.0	3.6	4.0	4.5	8.5	10.6	18.9	16.9	11.8	7.1	6.2	3.9	100

续表

项目		1月	2月	3月	4月	5月	6月	7月	8月	9月	10月	11月	12月	年
平均流量/(m³/s)	三峡工程蓄水前（1952~2002年）	4 277	3 843	4 329	6 633	11 592	18 017	29 919	27 456	25 210	17 997	10 021	5 875	13 825
	三峡工程蓄水后（2003~2012年）	5 129	4 971	5 483	7 023	11 638	16 622	27 140	24 160	21 599	12 276	8 975	5 683	12 603
	围堰蓄水期（2003年6月~2006年9月）	4 759	4 490	5 705	6 798	11 891	16 686	25 863	22 137	23 236	15 935	8 893	5 901	12 740
	初期蓄水期（2006年10月~2008年9月）	4 393	4 519	4 880	8 027	10 087	16 910	27 311	25 829	25 038	11 007	7 311	4 962	12 563
	试验蓄水期（2008年10月~2012年12月）	5 967	6 927	5 990	7 031	12 745	16 415	28 331	25 349	18 243	10 588	9 689	5 840	12 725

表 2.8 长江枝城水文站径流统计表

项目		1月	2月	3月	4月	5月	6月	7月	8月	9月	10月	11月	12月	年
径流量/亿 m³	三峡工程蓄水前（1992~2002年）	123	104	130	181	310	493	838	736	571	436	248	156	4 326
	三峡工程蓄水后（2003~2012年）	148	131	157	194	322	443	737	654	568	337	240	162	4 093
	围堰蓄水期（2003年6月~2006年9月）	134	117	160	185	322	446	698	589	605	430	233	165	4 084
	初期蓄水期（2006年10月~2008年9月）	132	122	147	225	279	444	735	715	660	296	199	146	4 100
	试验蓄水期（2008年10月~2012年12月）	173	155	172	197	357	439	778	689	484	297	261	167	4 169

续表

项目		1月	2月	3月	4月	5月	6月	7月	8月	9月	10月	11月	12月	年
年内分配/%	三峡工程蓄水前（1992~2002年）	2.8	2.4	3.0	4.2	7.2	11.4	19.4	17.0	13.2	10.1	5.7	3.6	100
	三峡工程蓄水后（2003~2012年）	3.6	3.2	3.8	4.7	7.9	10.8	18.0	16.0	13.9	8.2	5.9	4.0	100
	围堰蓄水期（2003年6月~2006年9月）	3.3	2.9	3.9	4.5	7.9	10.9	17.1	14.4	14.8	10.5	5.7	4.0	100
	初期蓄水期（2006年10月~2008年9月）	3.2	3.0	3.6	5.5	6.8	10.8	17.9	17.4	16.1	7.2	4.9	3.6	100
	试验蓄水期（2008年10月~2012年12月）	4.1	3.7	4.1	4.7	8.6	10.5	18.7	16.5	11.6	7.1	6.3	4.0	100
平均流量/(m³/s)	三峡工程蓄水前（1992~2002年）	4597	4250	4844	6988	11581	19013	31296	27475	22014	16274	9571	5827	13706
	三峡工程蓄水后（2003~2012年）	5515	5336	5876	7491	12022	17082	27528	24431	21904	12579	9257	6049	12967
	围堰蓄水期（2003年6月~2006年9月）	5018	4773	5974	7120	12016	17194	26057	21999	23354	16070	8981	6146	12939
	初期蓄水期（2006年10月~2008年9月）	4921	4986	5481	8674	10430	17140	27431	26710	25447	11070	7679	5453	12992
	试验蓄水期（2008年10月~2012年12月）	6455	6368	6431	7588	13336	16941	29048	25723	18683	11088	10055	6230	13212

第2章 三峡工程运用后水库淤积与下游河道冲刷

表2.9 长江沙市水文站径流统计表

项目		1月	2月	3月	4月	5月	6月	7月	8月	9月	10月	11月	12月	年
径流量/亿 m^3	三峡工程蓄水前（1955~2002年）	119	99	122	170	290	421	695	620	562	431	249	160	3938
	三峡工程蓄水后（2003~2012年）	150	132	160	192	303	399	633	567	500	319	236	167	3758
	围堰蓄水期（2003年6月~2006年9月）	141	120	167	190	304	402	609	520	532	404	239	173	3801
	初期蓄水期（2006年10月~2008年9月）	131	120	145	212	269	406	633	611	572	281	195	147	3722
	试验蓄水期（2008年10月~2012年12月）	173	155	171	190	326	393	656	593	432	284	252	169	3794
年内分配/%	三峡工程蓄水前（1955~2002年）	3.0	2.5	3.1	4.3	7.4	10.7	17.7	15.7	14.3	10.9	6.3	4.1	100
	三峡工程蓄水后（2003~2012年）	4.0	3.5	4.3	5.1	8.1	10.6	16.8	15.1	13.3	8.5	6.3	4.4	100
	围堰蓄水期（2003年6月~2006年9月）	3.7	3.2	4.4	5.0	8.0	10.6	16.0	13.7	14.0	10.6	6.3	4.5	100
	初期蓄水期（2006年10月~2008年9月）	3.5	3.2	3.9	5.7	7.2	10.9	17.0	16.4	15.4	7.6	5.2	4.0	100
	试验蓄水期（2008年10月~2012年12月）	4.6	4.1	4.5	5.0	8.6	10.3	17.3	15.6	11.4	7.5	6.6	4.5	100

续表

	项目	1月	2月	3月	4月	5月	6月	7月	8月	9月	10月	11月	12月	年
平均流量/(m³/s)	三峡工程蓄水前（1955~2002年）	4 460	4 036	4 553	6 562	10 828	16 227	25 948	23 148	21 690	16 092	9 606	5 960	12 494
	三峡工程蓄水后（2003~2012年）	5 603	5 394	5 969	7 401	11 322	15 400	23 620	21 184	19 290	11 915	9 122	6 198	11 906
	围堰蓄水期（2003年6月~2006年9月）	5 257	4 933	6 253	7 330	11 367	15 500	22 750	19 410	20 525	15 067	9 210	6 450	12 045
	初期蓄水期（2006年10月~2008年9月）	4 890	4 920	5 430	8 180	10 045	15 650	23 650	22 800	22 050	10 490	7 505	5 495	11 793
	试验蓄水期（2008年10月~2012年12月）	6 460	6 365	6 403	7 348	12 183	15 175	24 475	22 150	16 675	10 594	9 716	6 328	12 029

表 2.10 长江螺山水文站径流统计表

	项目	1月	2月	3月	4月	5月	6月	7月	8月	9月	10月	11月	12月	年
径流量/亿 m³	三峡工程蓄水前（1954~2002年）	190	182	262	399	617	746	1 074	917	803	635	390	245	6 460
	三峡工程蓄水后（2003~2012年）	226	217	308	359	563	722	929	831	707	446	344	234	5 886
	围堰蓄水期（2003年6月~2006年9月）	205	217	326	346	563	732	937	729	713	535	326	224	5 853
	初期蓄水期（2006年10月~2008年9月）	202	197	291	343	431	645	841	936	863	378	259	214	5 600
	试验蓄水期（2008年10月~2012年12月）	241	215	299	373	589	750	960	876	623	422	389	246	5 983

续表

	项目	1月	2月	3月	4月	5月	6月	7月	8月	9月	10月	11月	12月	年
年内分配/%	三峡工程蓄水前（1954~2002年）	2.9	2.8	4.1	6.2	9.6	11.6	16.6	14.2	12.4	9.8	6.0	3.8	100
	三峡工程蓄水后（2003~2012年）	3.8	3.7	5.2	6.1	9.6	12.3	15.8	14.1	12.0	7.6	5.8	4.0	100
	围堰蓄水期（2003年6月~2006年9月）	3.5	3.7	5.6	5.9	9.6	12.5	16.0	12.5	12.2	9.1	5.6	3.8	100
	初期蓄水期（2006年10月~2008年9月）	3.6	3.5	5.2	6.1	7.7	11.5	15.0	16.7	15.4	6.8	4.7	3.8	100
	试验蓄水期（2008年10月~2012年12月）	4.0	3.7	5.0	6.2	9.9	12.5	16.1	14.6	10.4	7.0	6.5	4.1	100
平均流量/(m³/s)	三峡工程蓄水前（1954~2002年）	7 086	7 436	9 790	15 388	23 029	28 788	40 092	34 245	30 965	23 722	15 053	9 145	20 471
	三峡工程蓄水后（2003~2012年）	8 415	8 838	11 512	13 840	21 020	27 840	34 620	30 960	27 280	16 680	13 273	8 686	18 620
	围堰蓄水期（2003年6月~2006年9月）	7 637	8 900	12 167	13 367	21 033	28 225	35 000	27 225	27 525	19 967	12 580	8 357	18 550
	初期蓄水期（2006年10月~2008年9月）	7 550	8 060	10 850	13 250	16 100	24 900	31 400	34 950	33 300	14 100	10 000	7 960	17 745
	试验蓄水期（2008年10月~2012年12月）	8 985	8 815	11 155	14 400	22 000	28 925	35 850	32 700	24 025	15 740	14 998	9 174	18 955

表 2.11 长江汉口水文站径流统计表

	项目	1月	2月	3月	4月	5月	6月	7月	8月	9月	10月	11月	12月	年
径流量/亿m³	三峡工程蓄水前（1956~2002年）	221	206	294	430	669	792	1150	1009	898	729	457	291	7146
	三峡工程蓄水后（2003~2012年）	273	257	359	410	619	779	1020	939	811	534	403	290	6694
	围堰蓄水期（2003年6月~2006年9月）	253	256	373	393	618	799	1033	846	836	667	398	288	6760
	初期蓄水期（2006年10月~2008年9月）	240	229	326	382	474	686	941	1050	947	431	308	250	6264
	试验蓄水期（2008年10月~2012年12月）	293	364	356	432	650	804	1045	970	718	496	445	308	6781
年内分配/%	三峡工程蓄水前（1956~2002年）	3.1	2.9	4.1	6.0	9.4	11.1	16.1	14.1	12.5	10.2	6.4	4.1	100
	三峡工程蓄水后（2003~2012年）	4.1	3.8	5.4	6.1	9.3	11.6	15.2	14.0	12.1	8.0	6.0	4.4	100
	围堰蓄水期（2003年6月~2006年9月）	3.7	3.8	5.5	5.8	9.1	11.8	15.3	12.5	12.4	9.9	5.9	4.3	100
	初期蓄水期（2006年10月~2008年9月）	3.8	3.6	5.2	6.1	7.6	11.0	15.0	16.8	15.1	6.9	4.9	4.0	100
	试验蓄水期（2008年10月~2012年12月）	4.3	3.9	5.2	6.4	9.6	11.9	15.4	14.3	10.6	7.3	6.6	4.5	100

第2章 三峡工程运用后水库淤积与下游河道冲刷

续表

表2.12 长江大通水文站径流统计表

	项目	1月	2月	3月	4月	5月	6月	7月	8月	9月	10月	11月	12月	年
平均流量/(m³/s)	三峡工程蓄水前（1956~2002年）	8 241	8 443	10 982	16 598	24 979	30 564	42 926	37 687	34 648	27 206	17 634	10 872	22 645
	三峡工程蓄水后（2003~2012年）	10 216	10 532	13 422	15 812	23 123	30 036	38 064	34 955	31 284	19 942	15 568	10 843	21 204
	围堰蓄水期（2003年6月~2006年9月）	9 464	10 504	13 922	15 181	23 073	30 825	38 564	31 581	32 237	24 908	15 363	10 771	21 426
	初期蓄水期（2006年10月~2008年9月）	8 958	9 380	12 159	14 755	17 690	26 468	35 150	39 194	36 530	16 077	11 886	9 339	19 849
	试验蓄水期（2008年10月~2012年12月）	10 949	10 803	13 278	16 658	24 282	31 030	39 022	36 209	27 708	18 509	17 164	11 488	21 486
径流量/亿m³	三峡工程蓄水前（1956~2002年）	292	284	429	623	905	1 051	1 362	1 185	1 044	890	602	383	9 043
	三峡工程蓄水后（2003~2012年）	335	337	516	569	815	1 012	1 186	1 101	953	687	488	378	8 377
	围堰蓄水期（2003年6月~2006年9月）	297	326	483	529	805	1 019	1 164	979	944	824	494	352	8 216
	初期蓄水期（2006年10月~2008年9月）	286	295	420	529	601	837	1 068	1 181	1 108	550	368	323	7 566
	试验蓄水期（2008年10月~2012年12月）	355	346	563	599	879	1 092	1 267	1 182	885	659	533	415	8 775

续表

项目		1月	2月	3月	4月	5月	6月	7月	8月	9月	10月	11月	12月	年
年内分配/%	三峡工程蓄水前(1956~2002年)	3.2	3.1	4.7	6.8	10.0	12	15.1	13	11.5	9.8	6.7	4.1	100
	三峡工程蓄水后(2003~2012年)	4.0	4.0	6.2	6.8	9.7	12.1	14.2	13.1	11.4	8.2	5.8	4.5	100
	围堰蓄水期(2003年6月~2006年9月)	3.6	4.0	5.9	6.4	9.8	12.4	14.2	11.9	11.5	10.0	6.0	4.3	100
	初期蓄水期(2006年10月~2008年9月)	3.8	3.9	5.5	7.0	8.0	11.1	14.1	15.6	14.6	7.3	4.8	4.3	100
	试验蓄水期(2008年10月~2012年12月)	4.0	3.9	6.4	6.8	10.0	12.5	14.4	13.5	10.2	7.5	6.1	4.7	100
平均流量/(m³/s)	三峡工程蓄水前(1956~2002年)	10 884	11 622	16 035	24 044	33 782	40 534	50 847	44 235	40 288	33 235	23 232	14 297	28 675
	三峡工程蓄水后(2003~2012年)	12 510	13 817	19 256	21 951	30 446	39 044	44 274	41 091	36 762	25 636	18 838	14 105	26 540
	围堰蓄水期(2003年6月~2006年9月)	11 101	13 371	18 031	20 407	30 040	39 327	43 461	36 551	36 411	30 761	19 078	13 128	26 036
	初期蓄水期(2006年10月~2008年9月)	10 673	12 066	15 682	20 415	22 447	32 280	39 873	44 110	42 730	20 542	14 190	12 063	23 974
	试验蓄水期(2008年10月~2012年12月)	13 237	14 176	21 009	23 093	32 805	42 143	47 287	44 121	34 128	24 599	20 554	15 508	27 799

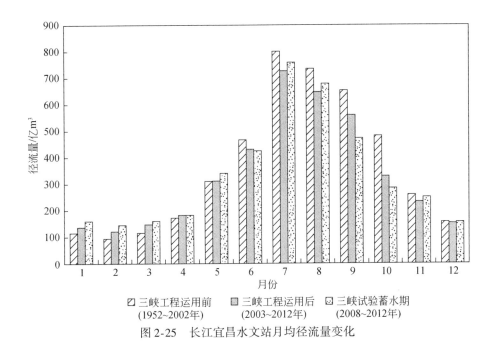

图 2-25 长江宜昌水文站月均径流量变化

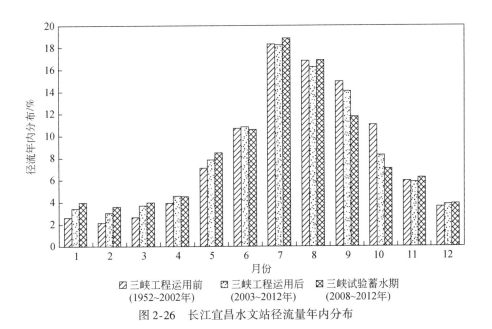

图 2-26 长江宜昌水文站径流量年内分布

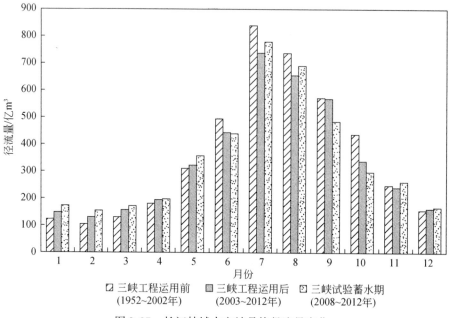

图 2-27　长江枝城水文站月均径流量变化

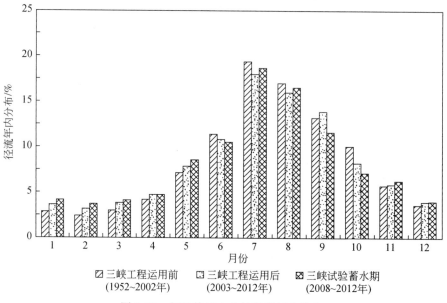

图 2-28　长江枝城水文站径流年内分布

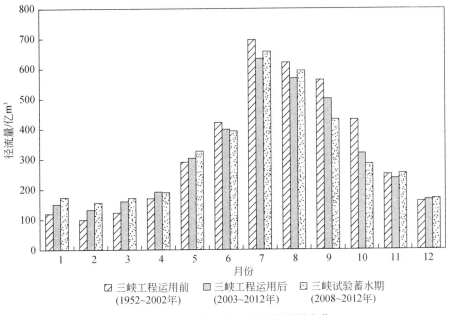

图 2-29　长江沙市水文站月均径流量变化

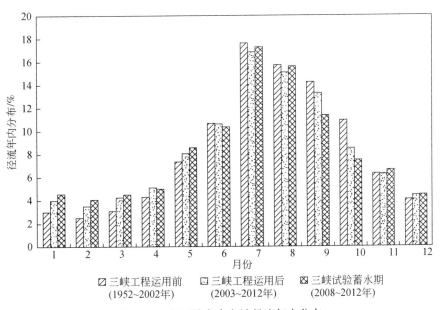

图 2-30　长江沙市水文站径流年内分布

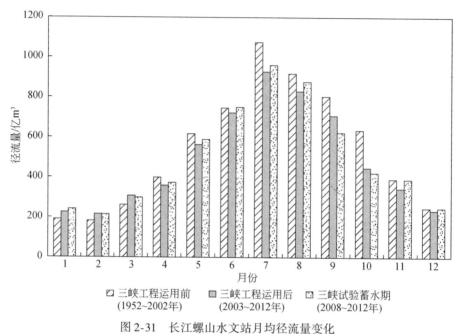

图 2-31 长江螺山水文站月均径流量变化

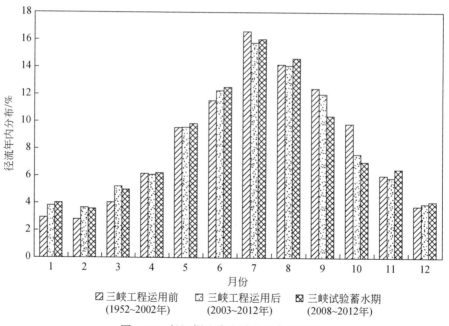

图 2-32 长江螺山水文站径流年内分布

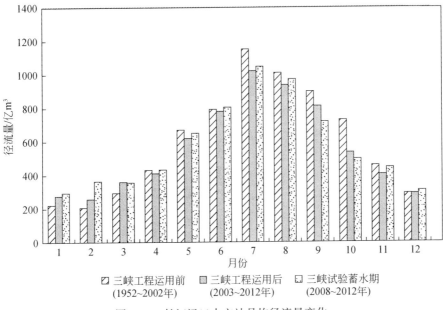

图 2-33 长江汉口水文站月均径流量变化

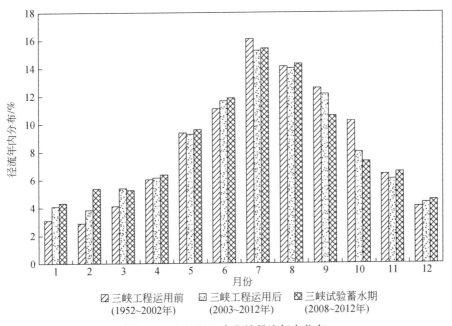

图 2-34 长江汉口水文站径流年内分布

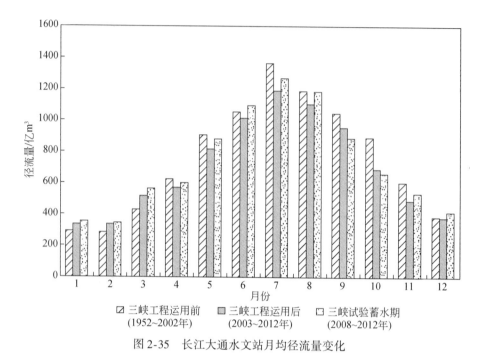

图 2-35　长江大通水文站月均径流量变化

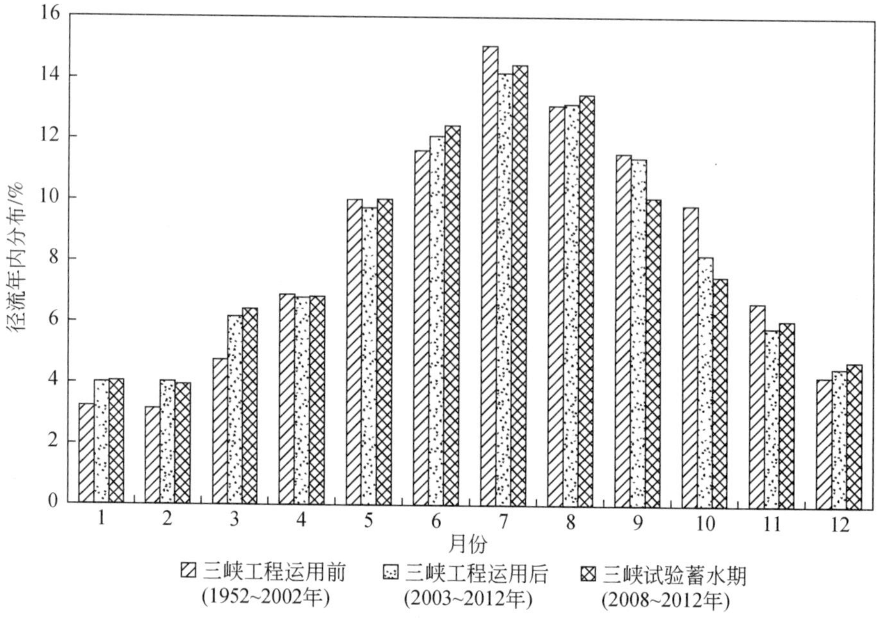

图 2-36　长江大通水文站径流年内分布

表 2-13 三峡水库蓄水运用后宜昌至湖口河段冲淤量统计表 （单位：万 m³）

河段	2002年10月~ 2006年10月	2006年10月~ 2008年10月	2008年10月~ 2012年10月	2002年10月~ 2012年10月
宜昌—枝城	-8 138	-2 230	-4 190	-14 558
上荆江	-11 682	-4 246	-17 176	-33 104
下荆江	-21 148	717	-8 543	-28 974
荆江	-32 830	-3 529	-25 719	-62 078
城陵矶—汉口	-7 759	85	-8 219	-15 893
汉口—湖口	-12 927	3 275	-16 584	-26 236
城陵矶—湖口	-20 686	3 360	-24 803	-42 129
宜昌—湖口	-61 650	-2 400	-54 719	-118 769

(1) 两坝间河段

2003年2月~2012年11月，下游河道近坝段（大坝到鹰子嘴，长为5.7km）河床累计冲刷泥沙量为827.4万 m³，其中2003年2月~2006年3月冲刷泥沙量为644.4万 m³，占总冲刷量的77.9%，主要冲刷区域在覃家沱至鸡公滩边滩，之后冲刷强度逐步减轻。

2003~2007年泄洪坝段河床变化较小，2007~2009年在左导墙右侧120~250m、原二期围堰体上游长约500m的区域内河床冲刷明显，局部最大冲深达4.3m。2009年后除排漂闸右侧区域局部最大冲刷深度4.3m外，其他区域变化不大。

2003年大坝深孔泄流后，在左电厂尾水渠冲刷形成冲刷坑，2005年在该冲刷坑相连的右侧区域冲刷发展成为一个新冲刷坑，2012年由于左电厂尾水的持续冲刷，35m等高线下两冲刷坑基本连成一个整体，冲刷坑面积较2010年有所增加，为23 784m²，且冲刷坑逐渐向下游冲刷扩展。左电厂尾水消能池段由于是砼护坦后的局部冲刷，未对建筑物安全造成影响。

葛洲坝水利枢纽运行后1979年12月~2002年11月，两坝间河道（G0~G30）泥沙总淤积量为8387万 m³。三峡水库蓄水运行后，2003~2013年两坝间河道累计泥沙冲刷量为4127万 m³，其中主河槽冲刷占90%，河段深泓平均冲深为1.2m，最大冲深为15.3m（位于三峡大坝下游7.4km处）。三峡水库蓄水运行后两坝间河段冲刷发展快，冲刷量的74%发生在三峡水库135m运行期，之后冲刷强度逐渐趋缓。

(2) 宜昌至枝城河段

宜昌至枝城河段长约为61km，是从山区河流进入平原河流的过渡段，为顺直微弯型河道，右岸有清江入汇，两岸有低山丘陵和阶地控制，河岸抗冲能力较强，河床为卵石夹砂组成，局部有基岩出露。由于受两岸边界条件的制约，河道平面形态和洲滩格局长期以来基本保持不变，河势相对稳定，河床冲淤年内呈周期性变化，年际冲淤维持相对平衡。

三峡水库蓄水运用后，宜昌至枝城河段河床冲刷剧烈。2002年10月~2012年10月，宜枝河段平滩河槽累计冲刷泥沙量为1.456亿 m³，冲刷主要位于宜都河段，其冲刷量为1.266亿 m³，约占该河段总冲刷量的87%。河段年平均冲刷量为0.14亿 m³，不仅大于葛洲坝水利枢纽建成后 1975~1986 年的年均冲刷量 0.069 亿 m³（其中还包括建筑骨料的开采），也大于三峡水库蓄水前 1975~2002 年的年均冲刷量 0.053 亿 m³。

从冲淤量沿时分布来看（图 2-37），河床冲刷主要集中在三峡水库蓄水运用后的前几年，如三峡工程围堰蓄水期，河段冲刷量为 8138 万 m³，约占河段总冲刷量的 56%，之后冲刷强度逐渐减弱。

宜枝河段河床以纵向冲刷下切为主（图 2-38），2002 年 10 月~2012 年 10 月，深泓纵剖面平均冲刷下切为 3.8m，其中：宜昌河段平均冲深为 1.8m，最大冲深为 5.5m；宜都河段平均冲深为 5.2m，最大冲深为 19.6m，发生在大石坝附近。

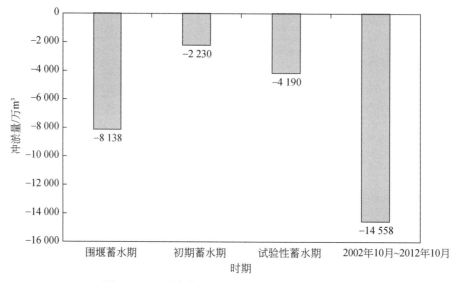

图 2-37 三峡水库下游宜昌至枝城河段冲淤过程

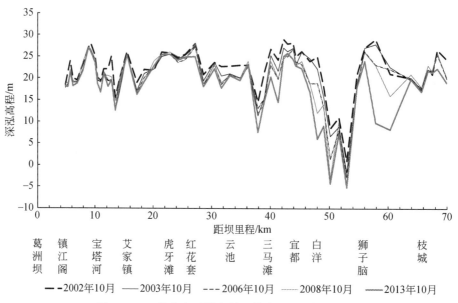

图 2-38 三峡水库下游宜昌至枝城河段纵剖面变化

（3）荆江河段

枝城至城陵矶河段称为荆江，长约为347.2km。其中枝城至藕池口为上荆江，长约为171.7km，为弯曲分汊型河道，河床组成主要为中细沙，床沙平均中值粒径约为0.2mm，上段枝城至江门段河床有砾卵石。藕池口至城陵矶为下荆江，长约为175.5km，自然条件下属典型的蜿蜒型河道，河岸大部分为现代河流沉积物组成的二元结构，河岸抗冲能力较上荆江弱，河床由中细沙组成，卵石层深埋床面以下，床沙平均中值粒径约为0.165mm。

三峡工程修建前，荆江河床冲淤变化频繁。1966~1981年在下荆江裁弯期及裁弯后，荆江河床一直呈持续冲刷状态，累计冲刷泥沙量为3.46亿m^3；1981年葛洲坝水利枢纽建成后，荆江河床继续冲刷，1981~1986年泥沙冲刷量为1.72亿m^3。直至三峡工程蓄水运用前，荆江河床仍以冲刷为主，但冲刷强度降低。三峡水库蓄水运用以来，根据断面观测资料统计，2002年10月~2012年10月，荆江河段平滩河槽累计泥沙冲刷量为6.2亿m^3，冲刷主要集中在枯水河槽，累计泥沙冲刷量为5.38亿m^3，年平均冲刷量为0.538亿m^3，远大于三峡蓄水前1975~2002年年平均冲刷量为0.137亿m^3。荆江在三峡水库运用之初冲刷强烈，其中围堰蓄水期冲刷3.28亿m^3，约占总冲刷量的53%，年冲刷量为0.821亿m^3（图2-39）；初期蓄水期冲刷量为0.353亿m^3，年平均冲刷量为0.176亿m^3；试验性蓄水期冲刷量为2.572亿m^3，年平均冲刷量为0.643亿m^3。

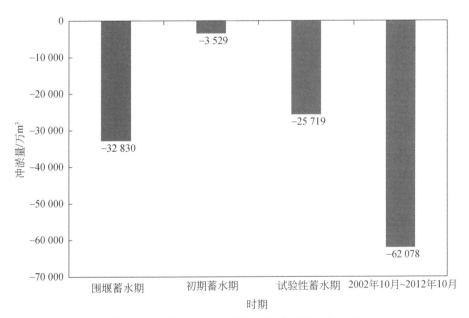

图2-39 三峡水库下游荆江河段冲淤量变化过程

从冲淤量沿程分布来看，上、下荆江冲刷量分别占总冲刷量的53%和47%。枝江河段、沙市河段、公安河段、石首河段和监利河段冲刷量分别占荆江冲刷量的21%、17%、16%、25%和21%，平均河床冲刷强度则以石首河段的21.2万m^3/（km·a）为最大，其次是沙市河段，冲刷强度为20.88万m^3/（km·a）。

由于长江河势控制工程的作用，荆江总体上平面变形不大，以冲刷下切为主，如图

2-40 所示。2002 年 10 月～2012 年 10 月，深泓平均冲刷深度为 1.6m，最大冲刷深度位于石首河段向家洲段，冲刷深度达 13.6m。

荆江河段河床形态逐渐向窄深形式发展，部分河段在河床冲深的同时，伴随着河床横向展宽，如监利河段平滩水位对应平均河宽增大 40～50m，枯水河槽平均河宽增大约 80m。局部河段主流线摆动频繁，使局部河势处于不断调整之中，特别是在一些稳定性较差的分汊河段（如上荆江的太平口心滩、三八滩和金城洲段）、弯道段（如下荆江的石首河弯、监利河弯和江湖汇流段）以及一些长顺直过渡段，水流顶冲位置的改变，对河岸及已建护岸工程的稳定造成不利影响，部分河段发生河道崩岸；下荆江调关弯道段、熊家洲弯道段主流摆动导致出现切滩撇弯现象。

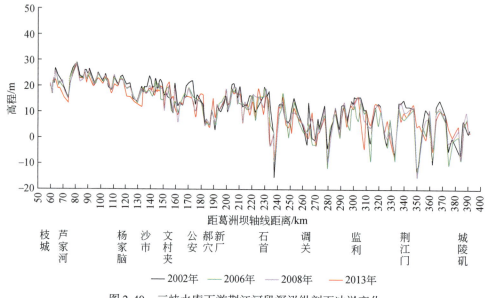

图 2-40　三峡水库下游荆江河段深泓纵剖面冲淤变化

（4）城陵矶至汉口河段

三峡水库蓄水修建前，汉口至湖口河段河床冲淤分两个阶段：第一阶段为 1975～1998 年，河床持续淤积，累计淤积泥沙量为 5.0 亿 m³，年平均淤积量为 0.217 亿 m³；第二阶段为 1998～2001 年，河床大幅冲刷，冲刷量为 3.34 亿 m³，年平均冲刷量为 1.11 亿 m³（图 2-41、图 2-42）。

（5）汉口至湖口河段

三峡水库修建前，汉口至湖口河段河床冲淤分为两个阶段：第一阶段为 1975～1998 年，河床持续淤积，累计淤积泥沙量为 5.0 亿 m³，年平均淤积量为 0.217 亿 m³；第二阶段为 1998～2001 年，河床大幅冲刷，冲刷量为 3.34 亿 m³，年平均冲刷量为 1.11 亿 m³。

三峡水库修建后，2001 年 10 月～2012 年 10 月，汉口至湖口河段河床有冲有淤，总体表现为冲刷，冲刷量主要集中在枯水河槽，冲刷量为 2.62 亿 m³。同上游的城陵矶至汉口河段相似，本河段冲刷发生在围堰蓄水期和试验性蓄水期（图 2-43），初期蓄水期

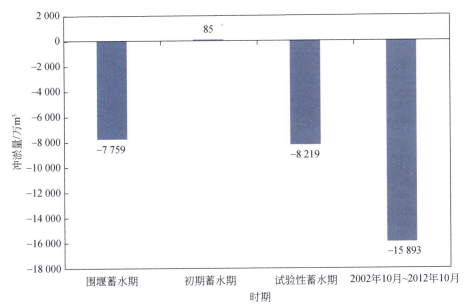

图 2-41 三峡水库下游城陵矶至汉口河段冲淤量变化过程

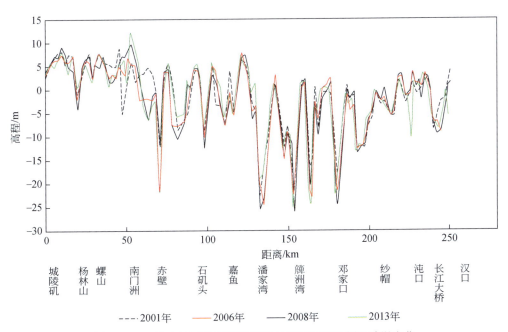

图 2-42 三峡水库下游城陵矶至汉口河段深泓纵剖面冲淤变化

间河段呈淤积状态。河床冲刷主要集中在九江至湖口河段,冲刷量约为 2.11 亿 m³,占总冲刷量的 78%;九江以上河段,以黄石为界,主要表现为"上冲下淤",汉口至黄石的回风矶河段(长约为 124.4km)为冲刷,黄石至田家镇河段(长约为 84km)为淤积。

汉口至湖口河段,深泓纵剖面有冲有淤,除黄石、韦源口以及田家镇河段深泓平均淤积抬高外,其他各河段均以冲刷下切为主。河段内河床高程较低的白浒镇、西塞山和

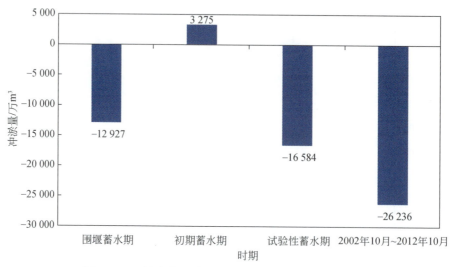

图 2-43 三峡水库下游汉口至湖口河段冲淤量变化过程

田家镇马口深槽历年有冲有淤,除了白浒镇深槽冲深 2.3m 外,西塞山、田家镇马口深槽分别抬升 9.9m 和 1.2m;河道深泓线平均冲深为 0.94m(图 2-44)。张家洲河段深泓平均冲深为 0.88m,最大冲深为 7.4m(ZJA03 断面处),汉口至湖口河段河床形态均未发生明显变化,河床冲淤以主河槽为主。

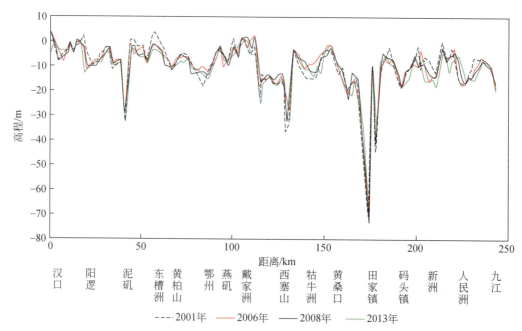

图 2-44 三峡水库下游汉口至九江河段深泓纵剖面冲淤变化

(6)湖口至江阴河段

湖口至江阴河段长为 659km,为宽窄相间、江心洲发育、汊道众多的藕节状分汊型河道。2001~2011 年,湖口至江阴河段平滩河槽冲刷泥沙量为 6.88 亿 m^3,其中大通至江阴段冲刷量为5.32亿 m³,冲刷强度为10万 m³/(km·a)。由于各分汊河段的河型和河床边界组成各不相同,不同河段的冲淤变化有所不同。湖口至大通在平滩水位下除马挡河段表现为淤积外,其他河段均出现冲刷,冲刷量最大的是贵池河段,最小的是上下三号河段。

2.2.3 下游河道水位流量关系变化

三峡水库汛后蓄水期,进入下游河道流量减少,水位降低,枯水期提前出现。如三峡水库试验性蓄水以来(2008~2012年),9~11月莲花塘水文站、汉口水文站、湖口水文站和大通水文站平均水位同比最大降幅约为2.08m、1.99m、1.51m、1.22m;而在枯水期,受三峡工程蓄丰补枯的影响,中下游水位相应抬升,莲花塘水文站、汉口水文站、湖口水文站、大通水文站12~5月平均水位同比最大抬升约为1.09m、0.96m、0.57m、0.45m。随着下游河道冲刷下切,下游各水文站枯水期同流量水位有不同程度降低,具体情况如下。

(1)宜昌水文站

宜昌站枯水位流量关系在1970年以前变化不大,从1970年葛洲坝水利枢纽动工兴建开始,枯水位始终有下降现象。随着葛洲坝水利枢纽运行,枯水位流量关系逐步下降(表2-14),1973~2002年,宜昌站流量为4000m³/s时对应枯水位累计下降1.24m。

表2-14 三峡水库修建前宜昌水文站汛后枯水位统计表

年份	$Q=4000\mathrm{m^3/s}$		$Q=4500\mathrm{m^3/s}$		$Q=5000\mathrm{m^3/s}$		$Q=5500\mathrm{m^3/s}$		$Q=6000\mathrm{m^3/s}$		$Q=7000\mathrm{m^3/s}$	
	水位/m	累计下降/m	水位/m	累计下降/m	水位/m	累计下降/m	水位/m	累计下降/m	水位/m	累计下降/m	水位/m	累计下降/m
1973	40.05	0.00	40.31	0.00	40.67	0.00	41.00	0.00	41.34	0.00	41.97	0.00
1977	38.95	-1.10	39.19	-1.12	39.51	-1.16	39.80	-1.20	40.10	-1.24	40.65	-1.32
1998	39.48	-0.57	39.76	-0.55	40.14	-0.53	40.49	-0.51	40.85	-0.49	41.52	-0.45
2002	38.81	-1.24	39.06	-1.25	39.41	-1.26	39.70	-1.30	40.03	-1.31	40.68	-1.29
2003	38.81	-1.24	39.07	-1.24	39.46	-1.21	39.80	-1.20	40.03	-1.31	40.68	-1.29
2004	38.78	-1.27	39.07	-1.24	39.41	-1.26	39.70	-1.30	40.03	-1.31	40.63	-1.34
2005	38.77	-1.28	39.07	-1.24	39.35	-1.32	39.65	-1.35	39.93	-1.41	40.49	-1.48
2006	38.73	-1.32	39.00	-1.31	39.31	-1.36	39.60	-1.40	39.88	-1.46	40.36	-1.61
2007	38.73	-1.32	39.00	-1.31	39.31	-1.36	39.61	-1.39	39.90	-1.44	40.40	-1.57
2008					39.31	-1.36	39.60	-1.40	39.88	-1.46	40.40	-1.58
2009					39.02	-1.65	39.37	-1.51	39.71	-1.63	40.31	-1.66
2010					39.36	-1.52	39.68	-1.66	40.28	-1.69		
2011					39.24	-1.76	39.52	-1.82	40.08	-1.89		
2012					39.24	-1.76	39.51	-1.83	39.99	-1.98		

三峡水库蓄水运用以来,宜昌站水位呈缓慢下降趋势(图2-45),将2012年汛后与2002年汛后比较,当宜昌站流量为5500m³/s时,其相应水位累计下降了0.46m。其中:

三峡水库围堰发电期，宜昌站枯水位稍有下降，2006年汛后较2002年下降约0.10m；初期蓄水后至2008年，宜昌站枯水位尚未出现明显变化，其原因一方面是宜昌站以下的控制性河段尚未发生明显冲刷，另一方面是胭脂坝段护底试验性工程已完成，对河床有一定的保护和加糙作用。三峡水库试验性蓄水后，宜昌站枯水位出现明显下降，当流量为5000m³/s时，2009年汛后宜昌站相应水位为39.02m，比2002年下降0.39m。其原因主要是宜昌至枝城河段枯水河床及控制节点冲刷较明显，河段内的采砂也有一定影响。2010年汛后，宜昌站枯水位略有下降，宜昌河段下游控制节点基本稳定。2011年汛后，宜昌站流量为5500m³/s时，对应水位为39.24m。

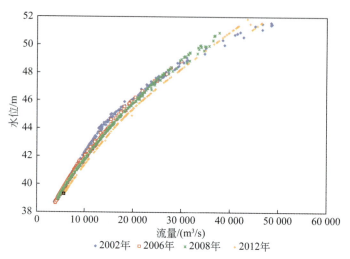

图2-45　三峡水库蓄水后宜昌水文站水位-流量关系变化

（2）枝城水文站

枝城站水位与流量的相关性较好，基本可单一线定线。根据枝城站2003年以来实测水位-流量关系图（图2-46）可知，三峡水库蓄水运行以来，随着宜枝河段河床的持续

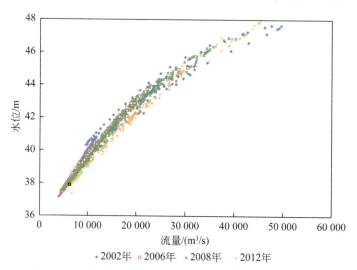

图2-46　三峡水库蓄水后枝城水文站水位-流量关系变化

冲刷，枝城站枯水位有所下降。2003~2012年，当流量为7000m³/s时，水位累计降低0.54m；当流量为10 000m³/s时，水位累计降低0.72m，水位降低主要发生在2006~2012年。

（3）沙市水文站

沙市站水位-流量关系主要受洪水涨落影响，中高水位时水位-流量关系曲线为绳套曲线，低水位时基本为单一线定线。根据沙市站2003~2012年实测水位-流量关系（图2-47），三峡工程蓄水后2003~2012年，沙市站流量为6000m³/s时，水位下降约1.30m。随着流量的增大，水位降低值逐渐收窄，当流量为8000m³/s时，水位降低1.16 m；当流量为10 000m³/s时，水位下降约1.09m；当流量为14 000m³/s时，水位下降约0.75m。

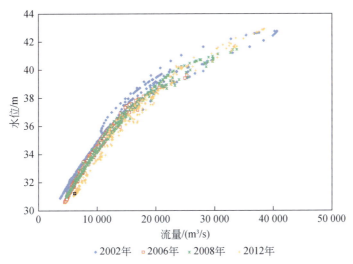

图2-47 三峡水库蓄水后沙市水文站水位-流量关系变化

（4）螺山水文站

螺山站水位-流量关系受洪水涨落、下游顶托、河段冲淤变化等因素影响，年内和年际间变化幅度较大，水位-流量关系较为复杂。图2-48为三峡水库蓄水以来螺山站的水位-流量关系。由图可见，2003~2012年水位-流量关系在年际间有所摆动，总体上有所下降。2012年与2003年相比，当流量为8000 m³/s时，水位下降约0.7m，当流量为16 000 m³/s时，水位下降约0.8m。

（5）汉口水文站

汉口站历年低水时水位-流量关系基本为单一线，中高水位时水位-流量关系呈绳套曲线。2003年三峡工程蓄水运用以来，特别是三峡水库试验性蓄水以来，螺山至汉口河段河床的持续冲刷，致使汉口站枯水位有所下降。图2-49为汉口站2003年以后的实测水位-流量关系。由图可见，当流量为10 000m³/s时，水位累积降低1.11m，当流量为20 000 m³/s时，水位累积降低0.78m。随着流量增大，水位累积降低幅度缩窄，水位降低主要发生在2006~2012年。

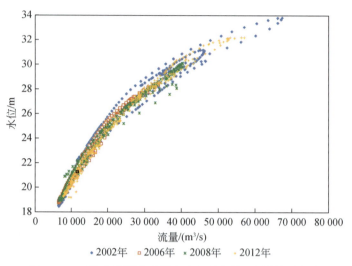

图 2-48　三峡水库蓄水后螺山水文站水位-流量关系变化

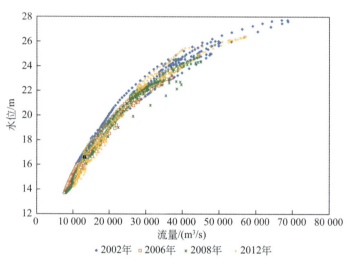

图 2-49　三峡水库蓄水后汉口水文站水位-流量关系变化

(6) 九江水文站

九江站低水时（流量小于 15 000m³/s）水位-流量关系基本为单一线，中高水位时水位-流量关系散乱。图 2-50 为三峡水库蓄水运用后九江站水位-流量关系，由图可见，三峡水库蓄水运用后，九江站在小流量时表现出明显的水位降低。与 1996~2002 年相比，当流量为 9000~15 000m³/s 时，水位降低 0.25~0.34 m，其他流量级水位反而略有升高，这主要与张家洲右汊航道整治工程及该河段近几年来河床冲刷有关。

(7) 大通水文站

大通站上距鄱阳湖湖口 219km，上游 135km 处有华阳河、30km 处有秋蒲河汇入长江，下游 1km 处有支流九华河、339km 处有淮河汇入长江。大通站距长江入东海口 642km，低水时潮汐有所影响，中高水时潮汐影响较小。

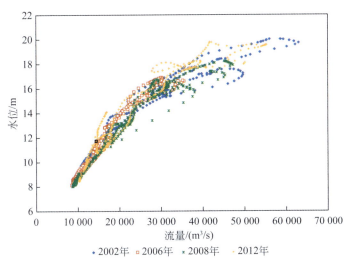

图 2-50 三峡水库蓄水后九江水文站水位-流量关系变化

根据 2003~2012 年实测水位-流量资料，点绘大通站水位-流量关系如图 2-51，由图可见，历年水位-流量关系变幅不大，点据带状分布无趋势性变化，没有系统偏移，表明三峡水库蓄水运用以来，目前阶段对大通站的水位-流量关系变化基本无影响。

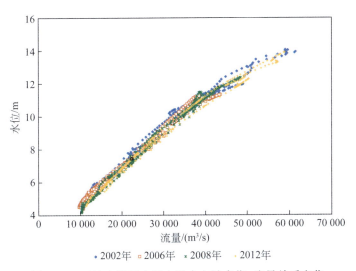

图 2-51 三峡水库蓄水后大通水文站水位-流量关系变化

2.3 小　　结

根据水文泥沙原型观测资料和已有研究成果，分析了三峡水库入库水沙变化、库区泥沙淤积、下游河道水沙变化、下游河道冲淤及水位-流量关系变化等，得到如下主要认识。

1) 2003~2012年三峡入库（朱沱+北碚+武隆）年平均水量和沙量分别为3606亿 m^3 和2.03亿t，比1991~2002年年平均值分别减少了3%和42%。随着金沙江干流向家坝和溪洛渡水电站的运用和未来上游干、支流更多水电站的建设，三峡入库沙量将进一步减少。2003~2012年寸滩站年平均沙质推移质量仅为1.58万t，比1991~2002年减少94%；年平均卵石推移质量为4.4万t，比1991~2002年减少约71%，主要原因是上游水库拦截和近年来干、支流河道的大规模采砂。

2) 2003~2012年三峡库区按输沙法计算水库淤积量为14.37亿t，按断面法计算水库淤积体积约为13.575亿 m^3，其中淤积在145m水面线以上的泥沙为0.17亿 m^3，约占水库防洪库容的0.07%。三峡水库年淤积量与年入库沙量关系较好，2003~2012年水库年平均淤积量约为论证预测的40%，三峡水库淤积减少的主要原因是入库沙量减少。

3) 2003~2012年三峡库区各河段淤积沿程分布：大坝至庙河河段淤积量为1.444亿 m^3，占10.57%；庙河至白帝城河段淤积量为2.77亿 m^3，占20.27%；白帝城至关刀峡河段淤积量为0.87亿 m^3，占6.37%；关刀峡至涪陵河段淤积量为8.385亿 m^3，占61.36%；涪陵至李渡镇河段淤积量为0.0046亿 m^3，占0.03%；李渡镇至铜锣峡河段淤积量为0.1918亿 m^3，占1.4%。

4) 水库泥沙淤积大多集中在分汊段和宽谷段内，断面形态以"U"形、"W"形为主，主要有主槽平淤、沿湿周淤积、弯道或汊道段主槽淤积3种形式。坝前段以主槽淤积为主；峡谷段和回水末端断面以"V"形为主，河床略有冲刷；弯道凸岸下段有缓流区或回流区的边滩淤积。

5) 三峡水库蓄水运用后至2012年，与水库运用前20世纪50年代至2002年相比，长江中下游宜昌站、枝城站、沙市站、螺山站、汉口站和大通站年平均径流量减少5%~9%，监利站径流量增加了2%，各站输沙量减少66%~90%。水库调节使长江中下游径流年内分布产生了一定变化，如从分布比例来看，宜昌站1~5月、11~12月径流量分别增加4.1%和0.1%，6~8月、9~10月径流分别减少0.5%和3.7%。

6) 2002年10月~2012年10月，宜昌至枝城河段冲刷量为1.46亿 m^3，荆江河段冲刷量为6.21亿 m^3，城陵矶至汉口河段冲刷量为1.59亿 m^3，汉口至湖口河段冲刷量为2.62亿 m^3。随着河道冲刷，沿程同枯水流量下水位降低。

第 3 章
Chapter 3

三峡水库泥沙运动规律

本章在原型观测资料分析的基础上，根据不平衡输沙统计理论，计算三峡水库泥沙沉积概率与输移距离，分析三峡水库泥沙起动概率与起动流速，建立泥沙运动状态概率与水流强度关系。建立三峡水库排沙比与来水来沙量、水沙过程、水沙组合、来沙级配以及水库运用方式等变量之间的关系。在不平衡输沙理论基础上，进一步研究三峡水库大水深强不平衡条件下的非均匀沙恢复饱和系数。

3.1 三峡水库泥沙运动基本规律

三峡水库从库尾到坝前的水深变化大，泥沙粒径分布广，冲淤变化复杂，常年回水区泥沙淤积分布不连续（胡江等，2013），变动回水区淤积的泥沙在第二年消落期出现冲刷移动。挟沙水流运动总是处于紊流中，而紊流的物理实质是不同尺度、不同强度、不同分布的涡体运行，涡体挟带泥沙颗粒运动，其随机性是不可避免的，通过泥沙运动随机分析可以较好地反映三峡水库泥沙的运动特性。泥沙沉降和淤积的性质比较简单，只是重力与紊动一对矛盾起主要作用，并且是服从 Gauss 正态分布规律的事件（韩其为和何明民，1984）。而泥沙起动和冲刷比较复杂，涉及近底水流的多层结构，包括黏性底层、过渡层、对数层（或指数层）和尾流层，也涉及紊流涡旋的产生、猝发和扩散，还涉及泥沙运动状态的滚动、跃移和悬移，虽然这些方面的研究诸多（窦国仁，1963；钱宁和万兆惠，1983；张瑞谨，1998），但还有许多问题需要进一步研究，本节针对三峡水库的泥沙运动特点，采用流体力学和随机理论，研究三峡库区的泥沙沉积概率与输移距离、变动回水区泥沙起动概率与推移质输沙率、泥沙推移悬移概率分配与推悬比等，通过随机统计理论分析三峡水库泥沙运动特性。

3.1.1 水库泥沙运动特征

三峡水库为特大型的山区河道型水库，库区河床宽窄相间，其河道最宽处近1700m，最窄处仅为250m左右，形成了包括巫峡、瞿塘峡和西陵峡在内的多个峡谷段。建库前江面坡陡流急，汛期水面平均比降约为0.25‰，表面流速达3m/s，在峡谷河段最大比降可达到1.5‰，表面流速超过5m/s。三峡水库蓄水运用后，库区水深和流速变化大，在变动回水区，库尾水深一般小于20m，流速超过2.0m/s，在常年回水区，坝前最大水深超过100m，流速低于0.4m/s。变动回水区淤积的泥沙在消落期出现冲刷移动，当流量为 12 000~25 000m³/s 时，寸滩水文站平均流速为 2.1~2.5m/s，寸滩河段冲刷强度在 0.5 万 m³/(d·km) 以上，为主要走沙期；当流量为 5000~12 000m³/s 时，寸滩水文站平均流速为 1.8~2.1m/s，冲刷强度在 0.5 万~0.1 万 m³/(d·km)，为次要走沙期；当流量少于 5000m³/s 时，寸滩水文站平均流速低于 1.8m/s，走沙相对较少[①]。

表 3-1 为 2003~2010 年三峡水库进出库悬移质平均中值粒径，由表可见，2003~2010 年朱沱站悬移质平均中值粒径约为 0.01mm，寸滩站悬移质平均中值粒径约为 0.009mm，宜昌站悬移质平均中值粒径约为 0.004mm，嘉陵江北碚站悬移质平均中值粒

---

① 参考长江水利委员会水文局在 2009 年的水库泥沙原型观测技术研究报告。

径约为0.007mm,乌江武隆站悬移质平均中值粒径约为0.007mm。

表3-1 三峡水库进出库悬移质平均中值粒径统计表 （单位：mm）

年份	朱沱	寸滩	宜昌	嘉陵江北碚	乌江武隆
2003	0.011	0.009	0.007	0.007	0.006
2004	0.011	0.010	0.005	0.007	0.006
2005	0.012	0.010	0.005	0.008	0.006
2006	0.008	0.008	0.003	0.004	0.004
2007	0.010	0.009	0.003	0.008	0.007
2008	0.010	0.008	0.003	0.005	0.007
2009	0.010	0.008	0.003	0.006	0.007
2010	0.010	0.010	0.006	0.009	0.010
2003~2010	0.010	0.009	0.004	0.007	0.007

注：表中数据保留三位有效数字。

三峡水库库区2010年悬移质级配如图3-1所示，三峡库区泥沙沿程沉积分选变细，2010年寸滩站悬移质平均中值粒径约为0.01mm，万县站的悬移质平均中值粒径约为0.008mm，宜昌站悬移质平均中值粒径约为0.006mm，各站最大悬移质粒径约为0.8mm。

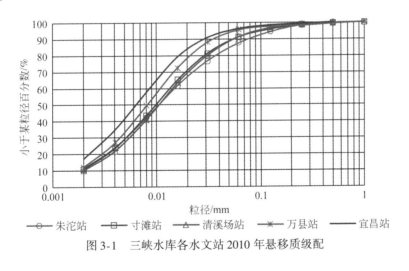

图3-1 三峡水库各水文站2010年悬移质级配

3.1.2 泥沙沉积概率与输移距离

泥沙颗粒之所以能悬浮在水中，主要原因在于水流的紊动，水流的紊动分别有纵向脉动流速u'、横向脉动流速w'和垂向脉动流速v'，水流流速可表达为$u = \bar{u} + u'$，水流紊动强度可分别表达为$\sigma_u = \sqrt{\overline{u'^2}}$、$\sigma_w = \sqrt{\overline{w'^2}}$和$\sigma_v = \sqrt{\overline{v'^2}}$。对于近底层水流，$\sigma_u = (2.6 \sim 2.8)u_*$、$\sigma_w = (1.5 \sim 1.8)u_*$和$\sigma_v = (0.8 \sim 1.1)u_*$，$\sigma_u : \sigma_w : \sigma_v = 2.6 : 1.5 : 1$（窦身堂等，2011），即有$\sigma_u > \sigma_w > \sigma_v$，纵向流速脉动$\sigma_u$最大，因为它是主流；横向流速脉动

σ_w 次之,因为它没有约束;垂向流速脉动 σ_v 最小,因为垂向受到底部边界的约束。对于近表层水流,紊动有所衰减, $\sigma_u : \sigma_w : \sigma_v = 1 : 1 : 1$。这是因为近底处是"漩涡制造厂",涡体在此产生拉伸、变形和猝发,而在水流中部至表层,涡体由于扩散和耗散,紊动由各向异性趋向于各向同性(胡春宏和惠遇甲,1995)。

如果按垂向平均水流紊动作用为零,即紊动为 Gauss 正态分布均值情况,泥沙颗粒在水流垂线平均流速 $\bar{u}$ 及沉速 ω 条件下,由距河床为 h 处沉降至河底时所走的纵向距离为

$$L_c = \frac{h}{\omega}\bar{u} \tag{3-1}$$

式中, L_c 为泥沙落淤纵向距离; ω 为沉速; $\bar{u}$ 为水流垂线平均流速。

如果考虑水流紊动作用,以及泥沙颗粒与水流紊动跟随性,则泥沙颗粒运动速度为

$$u_s = \bar{u} + \beta u' \tag{3-2}$$

$$v_s = -\omega + \beta v' \tag{3-3}$$

式中, β 为泥沙颗粒与水流紊动跟随性的参数,垂向速度向上为正。对于细沙($d \leq 0.05\text{mm}$)取 $\beta = 1.0$,对于粗沙取 $\beta = 0.8$,已通过试验和计算得到验证(窦身堂等,2011)。

大量实验观测证实上式中脉动流速服从 Gauss 正态分布。Gauss 分布密度函数为

$$f(x) = \frac{1}{\sqrt{2\pi}\sigma}e^{-\frac{1}{2}(\frac{x-\mu}{\sigma})^2} \tag{3-4}$$

式中, x 为颗粒速度; μ 为均值; σ 为标准差。将 Gauss 分布密度函数积分,可得泥沙沉积概率:

$$F(x) = P_s = \int_{-\infty}^{v_s} f(x)\mathrm{d}x = \frac{1}{\sqrt{2\pi}\sigma_v}\int_{-\infty}^{v_s} e^{-\frac{1}{2}(\frac{x-\omega}{\sigma_v})^2}\mathrm{d}x \tag{3-5}$$

式(3-5)中把泥沙沉积概率 $F(x)$ 记为 P_s ,泥沙悬浮概率为 $1-P_s$, v_s 取不同值时,相应的泥沙沉积概率 P_s 如表3-2。

表3-2 不同脉动速度泥沙沉积概率表

颗粒速度 v_s	$\omega-3\sigma_v$	$\omega-2\sigma_v$	$\omega-\sigma_v$	ω	$\omega+\sigma_v$	$\omega+2\sigma_v$	$\omega+3\sigma_v$
沉积概率 P_s	0.14%	2.28%	15.85%	50%	84.15%	97.72%	99.86%
沉积状态	几乎不沉	个别沉积	少量沉积	平均沉积	大量沉积	绝大沉积	几乎全沉

若取 $P_s = 50\%$,可以采用式(3-1)计算泥沙颗粒输移距离。若取 $P_s = 15.85\%$,取 $v_s = \omega - v' = \omega - \sqrt{ghJ}$,则泥沙颗粒输移距离为

$$L_c = \frac{h}{\omega-v'}\bar{u} = \frac{h}{\omega-\sqrt{ghJ}}\bar{u} \tag{3-6}$$

式(3-6)表明在一定紊动强度条件下,如果 $v' > \omega$,总有一定比例的泥沙颗粒可以长距离输移而不沉降。三峡水库不同粒径泥沙输移距离如图3-2所示,在三峡水库常年回水区通常水流条件下(平均水深大于40m,平均流速小于0.4m/s,平均比降小于0.05‰),若取泥沙沉积概率 $P_s = 50\%$,采用式(3-1)计算,0.01mm 的泥沙颗粒输移

距离为256km，寸滩站距离万县站约为315km，0.008mm 的泥沙颗粒输移距离为401km，表明0.008mm 的泥沙颗粒可以达到万县，0.006mm 的泥沙颗粒输移距离为714km，寸滩站距离三峡大坝约604km，表明0.006mm 的泥沙颗粒可以输移出库。若取泥沙沉积概率 $P_s = 15.85\%$，采用式（3-6）计算，0.8mm 的泥沙颗粒可以长距离输移而不沉降。三峡入库（寸滩站）悬移质中值粒径约为0.01mm，泥沙沉积分选变细，万县站的悬移质中值粒径约为0.008mm，实测出库悬移质中值粒径约为0.006mm（宜昌站），可见随机分析结果和实测资料基本相符。三峡库区各水文站最大悬移质粒径约为0.8mm，数量很少，级配资料没有具体比例，对于泥沙沉积概率 $P_s = 15.85\%$ 时，0.8mm 的泥沙颗粒可以长距离输送而不沉降，只能说明库区各水文站的最大粒径可以出现0.8mm。虽然三峡水库水深大，但2003～2010年实测水库悬移质排沙比仍然可以达到26%，其中包括部分起冲泥沙也排出水库，沉积概率介于15.85%和50%。

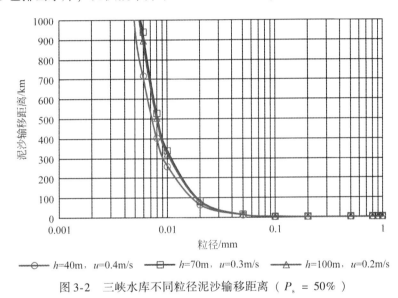

图 3-2 三峡水库不同粒径泥沙输移距离（$P_s = 50\%$）

3.1.3 泥沙起动流速与起动概率

长江上游主要支流上大型水利工程如雅砻江二滩水电站、沱江黄桷浩水电站、嘉陵江干流东西关水电站、涪江渭沱水电站、大渡河铜街子水电站等的修建，拦截了大坝上游大部分推移质泥沙，加之长距离、大范围地采砂和建筑骨料开挖，导致三峡入库推移质泥沙大幅减少。1968～2002 年寸滩水文站实测年平均卵石推移质沙量为22万t，三峡水库蓄水运用后的2003～2007 年，寸滩水文站实测年平均卵石和沙质推移沙量分别仅为4.18万t 和2.55万t，乌江武隆站卵石推移质年平均输沙量为10.5万t[①]。2008 年寸滩站实测卵石推移质沙量为0.62万t，平均卵石推移质输沙率为0.2kg/s，平均单宽卵石推移质输沙率为1.5g/(s·m)，卵石推移质中值粒径为132.3mm；实测沙质推移质沙量为1.10万t，年平均沙质推移质输沙率为0.35kg/s，平均单宽沙质推移质输沙率为g/(s·m)，沙

---

① 参考长江水利委员会水文局在2009 年的水库泥沙原型观测技术研究报告。

质推移质中值粒径为 0.27mm。2008 年寸滩站推移质和库区床沙级配如图 3-3 所示，2008 年三峡库区床沙级配如图 3-4 所示，三峡库区泥沙沿程沉积分选变细，寸滩河段床沙基本为卵石，中值粒径为 132.3mm，小于 20mm 的颗粒都以推移质运动不沉积；清溪场河段床沙中值粒径为 44.7mm，粒径小于 0.25mm 的细颗粒和大于 30mm 的卵砾石较多，介于 0.25mm 和 30mm 的中等颗粒很少；在奉节至坝前深水库区河段河床主要是小于 0.1mm 的细颗粒，中值粒径约为 0.004mm。

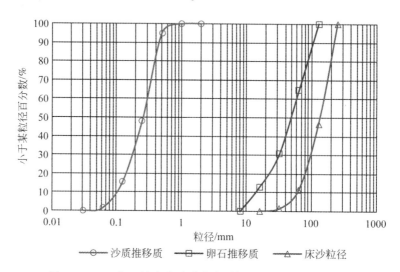

图 3-3　2008 年三峡水库寸滩水文站推移质和库区床沙级配

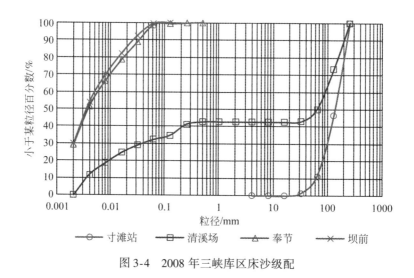

图 3-4　2008 年三峡库区床沙级配

目前三峡坝址 15km 以上库区内的顺直及窄槽河段基本不淤或微淤，甚至出现冲刷，变动回水区淤积的泥沙在消落期出现冲刷移动。考虑水深和颗粒黏结力影响的泥沙起动垂线平均流速公式（张瑞瑾，1998）如下：

$$U_e = \left(\frac{h}{d}\right)^{0.14} \left[17.6 \frac{\rho_s - \rho}{\rho} d + 0.000\,000\,605 \frac{10+h}{d^{0.72}}\right]^{1/2} \tag{3-7}$$

三峡水库变动回水区不同水深的泥沙起动垂线平均流速如图 3-5 所示,由图可见,粒径在 0.03～10mm 的中等颗粒易于起动,起动流速小于 2m/s,由于变动回水区在消落期经常出现超过 2m/s 的较大流速,因此,变动回水区床沙粒径介于 0.25mm 和 30mm 的中等颗粒很少。由于小于 0.03mm 的细颗粒输送距离较远,在变动回水区沉积较少,粒径 0.03～10mm 的中等颗粒的起动流速小于 2m/s,只要合理控制汛期三峡水库的水位,使变动回水区在汛期维持较大流速,就可以改善变动回水区的泥沙淤积分布,减小泥沙淤积对重庆河段的影响。

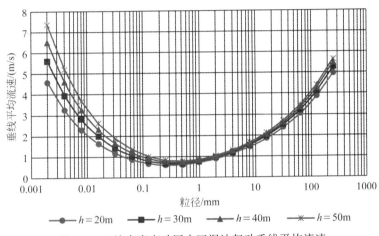

图 3-5 三峡水库变动回水区泥沙起动垂线平均流速

底部水流平均流速可采用指数流速公式:

$$\bar{u}_b = (1+m)\bar{u}\left(\frac{d}{h}\right)^m \tag{3-8}$$

式中:$\bar{u}$ 为垂线平均流速;m 为指数,可取 0.14。

泥沙起动底部流速公式为

$$u_e = 1.14 \left[17.6 \frac{\gamma_s - \gamma}{\gamma} d + 0.000000605 \frac{10+h}{d^{0.72}}\right]^{1/2} \tag{3-9}$$

式中,u_e 为泥沙起动底部流速;γ_s 和 γ 分别为泥沙容重和水容重。

由于水流具有紊动特性,在进行泥沙颗粒起动分析时,不能简单用底部时均流速 $\bar{u}_b$ 与泥沙起动流速 u_e 进行比较,而应该用底部流速的瞬时值 u_b,即 ($\bar{u}_b + u'_b$) 与 u_e 进行比较。泥沙颗粒在该水流条件下的起动概率为

$$F(x) = P_e = \int_{-\infty}^{u_b} f(x)\,dx = \frac{1}{\sqrt{2\pi}\sigma_{u_b}} \int_{-\infty}^{u_b} e^{-\frac{1}{2}\left(\frac{x-u_e}{\sigma_{u_b}}\right)^2} dx \tag{3-10}$$

起动流速小的泥沙起动概率大,式(3-10)中把泥沙起动概率 $F(x)$ 记为 P_e,u_b 取不同值时,相应的起动概率 P_e 见表 3-3。

表 3-3 不同脉动流速泥沙起动概率表

底部流速 u_b	$u_e - 3\sigma_{u_b}$	$u_e - 2\sigma_{u_b}$	$u_e - \sigma_{u_b}$	u_e	$u_e + \sigma_{u_b}$	$u_e + 2\sigma_{u_b}$	$u_e + 3\sigma_{u_b}$
起动概率 P_e	0.14%	2.28%	15.85%	50%	84.15%	97.72%	99.86%
起动状态	几乎不动	个别起动	少量起动	平均普动	大量起动	绝大多动	几乎全动

推移质输沙率可按式（3-11）计算：

$$g_b = P_e \gamma' \beta_1 d \beta_2 u_b \tag{3-11}$$

式中，γ' 为干容重；β_1 为泥沙起动层数，可取 1～4，β_2 为泥沙运动速度系数，可取 0.8～1.0。

对于泥沙个别起动状态，起动概率 $P_e = 2.28\%$（张瑞谨，1998），考虑表层泥沙起动 $\beta_1 = 1$，对于细颗粒泥沙 $\beta_2 = 1.0$，沙质推移质中值粒径为 0.27mm，对应的 $u_b = 0.17 \sim 0.20$m/s，结合式（3-11）计算的推移质输沙率 $g_b = 1.4 \sim 1.6$g/（s·m）和实测单宽沙质推移质为 1.6g/（s·m），说明 2008 年实测的推移质输沙率是起动概率较小的状况，由于推移质观测困难，容易漏测也是实测推移质输沙率较小的原因。

3.1.4 泥沙推移与悬移概率及推悬比

泥沙的运动状态包括滚动（间或滑移）、跃移和悬移，其中滚动和跃移运动的泥沙为推移质，悬移运动的泥沙为悬移质。胡春宏和惠遇甲（1995）通过试验得到的泥沙运动状态概率百分数与水流强度 $\Theta(\Theta = \tau_0/(\gamma_s - \gamma)d)$ 关系为

$$P_{br} = 12\Theta^{-0.76} \quad \Theta < 2 \tag{3-12}$$

$$P_{ss} = 37.5 + 36.71\lg\Theta \quad \Theta < 2 \tag{3-13}$$

$$P_{bs} = 100 - P_{br} - P_{ss} \quad \Theta < 2 \tag{3-14}$$

式中，P_{br}，P_{ss} 和 P_{bs} 分别为滚动百分数、悬移百分数和跃移百分数；Θ 为水流强度。泥沙推移百分数：

$$P_b = P_{br} + P_{bs} = 62.5 - 36.71\lg\Theta \quad \Theta < 2 \tag{3-15}$$

式中，P_b 为泥沙推移百分数。按床沙级配加权计算的平均推移百分数为

$$\overline{P_b} = \sum_{i=1}^{n} p_i P_{bi} \tag{3-16}$$

式中，p_i 为第 i 组床沙的级配组成百分数；P_{bi} 为第 i 组床沙粒径级的推移百分数。泥沙推移百分数 P_b 与推悬比 $P_{b/s}$ 的关系为

$$P_b = P_{b/s}/(1 + P_{b/s}) \tag{3-17}$$

三峡水库变动回水区泥沙推移百分数如图 3-6 所示，由图可见，在三峡水库变动回水区通常水流条件下（平均水深大于 20m，平均流速低于 2.0m/s），对于不同的泥沙颗粒，泥沙粒径越大，对应的推移百分数越大；随着变动回水区水深增大，流速减小，泥沙推移百分数增大，即有部分悬移质转化为推移质。在平均水深为 20m 和平均流速为 2.0m/s 的条件下，粒径为 1.0mm 的泥沙推移百分数为 50%，粒径为 0.1mm 的泥沙推移百分数为 13%，粒径小于 0.03mm 的泥沙推移百分数基本为 0，按变动回水区床沙级配加权计算的平均推移百分数为 6.9%，根据前述三峡水库按输沙法计算的悬移质淤积量和按

断面法计算的泥沙淤积总量对比分析，如果取水库淤积泥沙平均干容重为 1.074t/m³ 计算①，估算的 2003 年 6 月～2010 年 12 月三峡入库推移质和漏测底沙约占入库悬移质沙量的 7.3%，对应的泥沙推移百分数为 6.8%，如果不计观测误差和库区其他支流来沙，与分析结果基本相符。需要说明，上述理论分析的推移百分数是针对变动回水区床沙运动的计算结果，由于三峡水库入库泥沙主要是悬移质，因此，实测推移百分数通常很小。

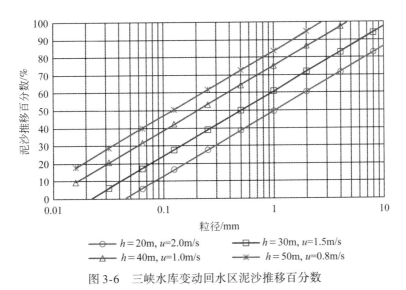

图 3-6　三峡水库变动回水区泥沙推移百分数

3.2　三峡水库排沙比

本节采用三峡水库运用以来库区实测水文泥沙资料，建立排沙比与来水来沙量、水沙过程、水沙组合、来沙级配以及水库运用方式等变量之间的关系，研究三峡水库排沙比变化规律。

3.2.1　排沙比变化过程

（1）不同时段排沙比变化特征

表 3-4 和表 3-5 分别为三峡库区不同河段年排沙比和汛期排沙比的年际变化情况，由表可见，三峡水库排沙比有逐年减小的趋势，年排沙比从 2004 年的 33.2% 减小到 2012 年的 20.7%（2011 年仅为 6.8%），多年平均排沙比约为 21.2%；由于三峡水库的来水来沙主要集中于汛期，所以汛期的排沙比略大于全年排沙比，汛期排沙比由 2004 年的 35.0% 减小到 2012 年的 21.9%，多年平均汛期排沙比约为 22.3%。从三峡库区不同河段年排沙比统计来看，朱沱至寸滩河段和寸滩至清溪场河段的排沙比相对较大，其历

---

① 参考长江水利委员会水文局在 2009 年的水库泥沙原型观测技术研究报告。

年排沙比分别在91.7%和85.9%以上，多年平均排沙比分别为95.0%和92.6%；清溪场至万县河段的排沙比明显减小，历年排沙比在50.2%~80.8%，多年平均排沙比约为61.7%；万县至黄陵庙河段排沙比最小，其历年最大排沙比为2005年的50.3%，最小排沙比为2006年的18.5%，多年平均排沙比仅为39.0%。由此可见，受三峡水库运用方式的影响，入库悬移质泥沙在清溪场以上河段淤积相对较少，清溪场至万县河段和万县至黄陵庙河段淤积相对较多。具体而言，以各河段多年平均排沙比为例，约有12%的入库悬移质泥沙淤积在清溪场以上河段，约有34%的泥沙淤积在清溪场至万县河段，而万县至黄陵庙河段淤积了33%左右的泥沙，仅有21%左右的入库悬移质泥沙排出库外。这主要是因为清溪场以上河段虽受三峡水库蓄水影响逐渐增强，但由于该河段水流流速较大、河道输沙能力仍然较强，致使清溪场以上河段泥沙淤积相对较少，大部分泥沙淤积在清溪场以下的常年回水区内。

表3-4　三峡库区不同河段年排沙比变化统计表　　　　　（单位:%）

年份	朱沱—寸滩	寸滩—清溪场	清溪场—万县	万县—黄陵庙	朱沱—清溪场	清溪场—黄陵庙	朱沱—黄陵庙
2004	95.7	90.1	77.6	49.5	86.4	38.4	33.2
2005	98.7	92.5	80.8	50.3	91.3	40.7	37.1
2006	93.2	85.9	50.2	18.5	80.2	9.3	7.4
2007	91.7	98.4	55.7	42.2	90.6	23.5	21.3
2008	94.0	87.5	55.5	30.7	82.3	17.0	14.0
2009	95.4	104.4	57.8	34.1	99.7	19.7	19.7
2010	94.4	89.6	59.2	28.6	84.8	16.9	14.3
2011	91.6	94.8	35.0	22.4	86.9	7.8	6.8
2012	96.8	89.9	60.1	39.6	87.0	23.8	20.7
平均	95.0	92.6	61.7	39.0	88.0	24.1	21.2

表3-5　三峡库区不同河段汛期排沙比变化统计表　　　　（单位:%）

年份	朱沱—寸滩	寸滩—清溪场	清溪场—万县	万县—黄陵庙	朱沱—清溪场	清溪场—黄陵庙	朱沱—黄陵庙
2004	94.3	91.4	82.7	51.2	86.4	42.4	35.0
2005	98.0	94.1	83.6	52.2	92.2	43.7	38.7
2006	91.9	89.6	58.0	17.8	82.4	10.3	7.5
2007	92.0	93.4	58.7	42.1	93.4	24.7	22.1
2008	93.0	93.6	58.2	30.8	87.1	17.9	15.2
2009	95.3	25.9	25.0	323.0	24.7	80.7	19.9
2010	95.2	93.3	60.2	28.3	89.0	17.1	14.6
2011	92.7	100.1	35.2	20.8	92.8	7.3	6.8
2012	97.3	92.1	62.0	39.4	89.7	24.4	21.9
平均	94.9	86.7	62.8	43.1	82.4	27.1	22.3

第3章 三峡水库泥沙运动规律

三峡水库蓄水运用以来，经历了围堰发电期（135~139m 运行期）、初期运行期（145~156m 运行期）和试验性蓄水期三个阶段，随着汛期坝前平均水位的抬高，水库排沙效果有所减弱。其中，2006 年三峡水库汛期坝前平均水位为 135.8m，但由于三峡水库入库水量明显偏少，最大入库流量仅为 29 800m³/s，且大于 20 000m³/s 的天数仅为 6 天，致使当年水库排沙比偏小，说明三峡水库排沙比与入库水沙条件和水库蓄水位等因素密切相关，如图 3-7 所示。

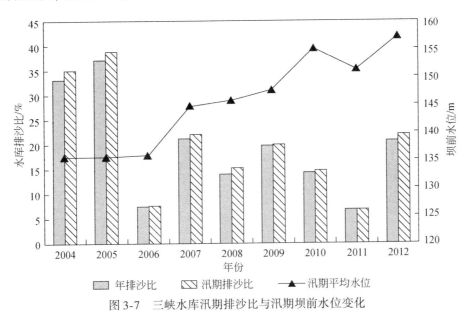

图 3-7 三峡水库汛期排沙比与汛期坝前水位变化

图 3-8、图 3-9 和表 3-6 分别为 2004~2012 年三峡水库逐月排沙比变化情况和三峡水库库区不同河段多年月平均排沙比变化情况，由图和表可见，三峡库区各河段 7~9

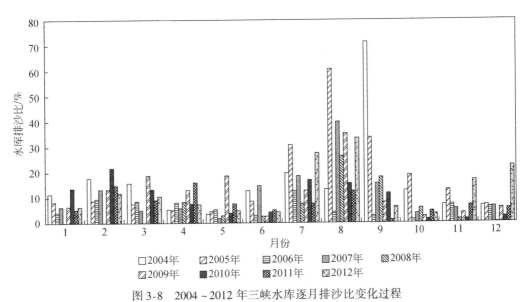

图 3-8 2004~2012 年三峡水库逐月排沙比变化过程

月份的多年平均排沙比均相对较大，这由上述统计分析可知，在 7~9 月份的洪峰期间，坝前水位相对较低，且进出库的流量较大，致使库区水流流速较大，水流挟沙能力强，进入水库的泥沙大部分能输移到坝前，且洪峰持续时间越长，水库排沙比就越大，而其他月份的进出库水沙量均相对较小，其排沙情况对三峡水库库区泥沙冲淤的影响相对较小，即三峡库区泥沙冲淤情况主要取决于汛期，尤其是 7~9 月进出库的水沙条件。

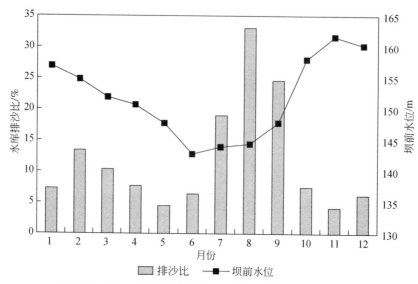

图 3-9 三峡水库月平均排沙比与相应坝前水位的变化关系

表 3-6 三峡库区不同河段多年月平均排沙比统计表　　（单位:%）

月份	朱沱—清溪场	清溪场—万县	万县—黄陵庙	清溪场—黄陵庙	朱沱—黄陵庙
1	61.21	42.90	57.92	27.05	7.4
2	62.70	43.19	77.87	39.59	13.5
3	55.14	31.64	73.07	21.54	10.4
4	65.70	22.69	63.89	14.20	7.7
5	74.34	16.77	36.62	4.99	4.6
6	86.52	39.28	22.64	8.62	6.4
7	88.21	71.28	27.37	20.12	19.0
8	86.52	63.17	43.54	29.54	33.1
9	89.00	60.95	40.31	27.91	24.7
10	71.73	36.73	28.34	9.15	7.5
11	43.00	26.42	70.56	16.16	4.2
12	36.24	39.15	78.36	23.88	6.2

（2）不同粒径组的排沙比变化特征

三峡水库入库沙量的 85% 以上（除了 2006 年占比 80% 以外）和出库沙量的 90% 以上都集中在汛期，因此在分析水库不同泥沙颗粒排沙比变化时，主要考虑汛期时段的出入库沙量。根据2004~2012年三峡库区各水文站悬移质级配资料进行统计分析,得到水库汛期进出库泥沙颗粒特征,级配曲线划分为 $d<0.016mm$、$0.016mm<d<0.062mm$、$0.062mm<d<0.125mm$ 及 $d>0.125mm$ 四个粒径等级,按不同粒径组统计的结果如图3-10、图3-11所示。由图可见,无论是入库泥沙还是出库泥沙,细颗粒泥沙均占有较大的比例。具体而言,在入库泥沙中,粒径小于0.016mm的泥沙占56%以上,粒径为0.016~0.062mm的泥沙颗粒占22%~28%,而粒径大于0.062mm的泥沙颗粒占比均在20%以下;对于出库泥沙,粒径小于0.016mm的泥沙占71%以上,粒径为0.016~0.062mm的泥沙颗粒占14%~23%,粒径大于0.062mm的泥沙颗粒占比甚少,均不超过6%。

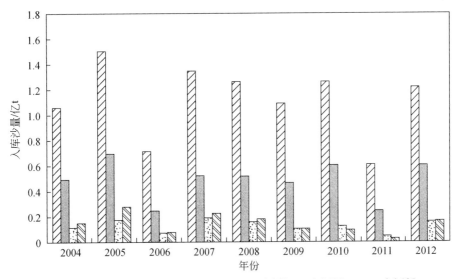

图3-10 三峡水库汛期不同泥沙颗粒的入库沙量变化过程

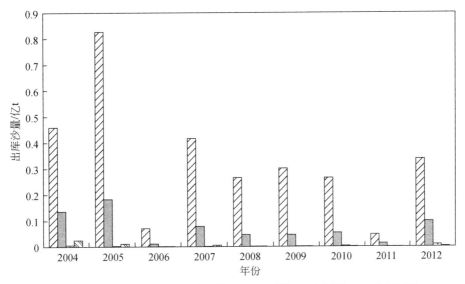

图3-11 三峡水库汛期不同泥沙颗粒的出库沙量变化过程

进一步分析可得到三峡水库汛期不同泥沙颗粒所对应的水库排沙比的变化情况，如图 3-12 所示。由图可见，随着泥沙粒径的增加，三峡水库排沙比具有明显的减小趋势。具体而言，粒径小于 0.016mm 的泥沙颗粒相应的水库排沙比最大为 2005 年的 54.7%，最小为 2011 年的 7.7%；0.016~0.062mm 的泥沙颗粒相应的水库排沙比最大为 2004 年的 27.9%，最小为 2006 年的 4.7%；而大于 0.062mm 的泥沙颗粒相应的排沙比除了 2004 年在 11.8% 左右之外，其他时期均不超过 4.1%。此外，尽管细颗粒泥沙的水库排沙比较大，但由于其来沙绝对量占入库泥沙的比例也较大，因此，三峡库区淤积的泥沙中细颗粒泥沙占比还是相对较大的。

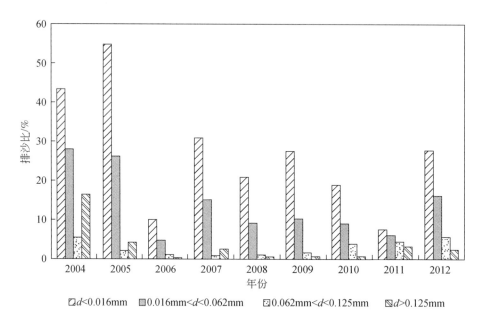

图 3-12　三峡水库汛期不同泥沙颗粒的排沙比变化过程

3.2.2　影响排沙比的主要因素分析

入库水沙条件、出库水量及坝前水位的变化等是影响水库排沙比变化的重要因素。

（1）入库流量的影响

图 3-13 和表 3-7 分别为入库年平均流量和入库汛期（6月~10月，下同）的平均流量与相应时段水库排沙比的关系图和统计表。由图和表可见，在不考虑其他因素对水库排沙比影响的情况下，入库流量越大，其对应的水库排沙效果越好，且汛期的排沙比均明显大于相应的年排沙比。

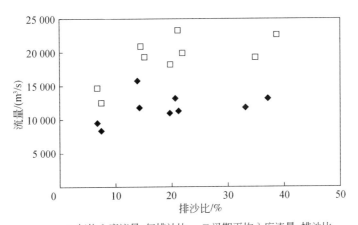

图 3-13 三峡水库入库平均流量与水库排沙比关系

表 3-7 三峡水库入库平均流量与排沙比统计

年份	年平均流量/（m³/s）	年排沙比/%	汛期平均流量/（m³/s）	汛期排沙比/%
2004	11 694	33.2	19 298	35.0
2005	13 161	37.1	22 562	38.7
2006	8 463	7.4	12 457	7.5
2007	11 282	21.3	19 938	22.1
2008	15 828	14.0	19 360	15.2
2009	10 922	19.7	18 219	19.9
2010	11 734	14.3	20 920	14.6
2011	9 527	6.8	14 803	6.7
2012	13 117	20.7	23 215	21.1

为了进一步分析入库流量对水库排沙比的影响，将历年实测数据按月、半月和旬分别进行统计，由于非汛期三峡水库处于蓄水期，库水位相对较高，致使入库流量与三峡水库排沙比关系较为散乱，在此只给出汛期的月、半月和旬入库流量与相应水库排沙比的关系，如图 3-14 所示。由图可见，三峡水库入库流量与三峡水库排沙比呈正相关；统计时段越短，三峡水库排沙比差异就越大，说明三峡水库排沙主要集中在某一场或几场洪水中；对入库流量与相应排沙比进行回归分析，结果表明，入库流量与三峡水库排沙比的关系相对较好，其中月入库流量与相应水库排沙比的复相关系数约为 0.60，半月和旬入库流量与相应水库排沙比的复相关系数分别约为 0.38 和 0.29，这在一定程度上表明入库流量是影响三峡水库排沙比的重要因素之一。

（2）入库沙量的影响

图 3-15 为三峡水库逐年入库沙量和汛期入库沙量与相应时段水库排沙比的关系。由图可见，近年来三峡水库的排沙比与入库沙量呈现较好的正相关关系，年入库沙量或主汛期入库沙量越大，其相应的排沙比也越大，且主汛期时的排沙比均大于年排沙比。

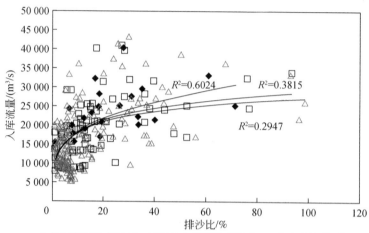

图 3-14 三峡水库汛期入库流量与水库排沙比关系

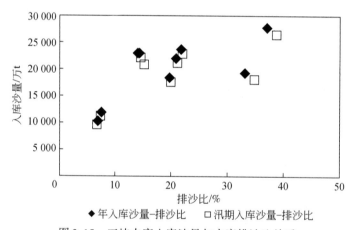

图 3-15 三峡水库入库沙量与水库排沙比关系

按月、半月和旬分别进行统计，汛期排沙比与入库沙量的关系如图 3-16 所示，对于三峡水库汛期时段，月、半月、旬入库沙量与相应的水库排沙比的数据关系点较为散乱，但从图中仍然可以看出随着月、半月、旬入库沙量的增加，相应的水库排沙比具有增大的趋势，且由回归分析结果可以看出，月入库沙量与排沙比的复相关系数约为 0.51，半月和旬的复相关系数分别约为 0.24 和 0.17，由此表明月入库沙量与排沙比具有较好的相关关系，半月和旬的入库沙量与排沙比的关系相对较弱。从整体来看，在一定程度上能够说明三峡水库入库沙量是影响水库排沙比的重要因素之一。

（3）出库流量的影响

图 3-17 为年平均出库流量和主汛期出库流量与相应的水库排沙比的关系，与三峡水库入库流量与水库排沙比的关系类似，水库排沙比与相应的出库流量之间存在正相关关系，即出库流量越大，水库排沙效果越好，且主汛期的对应关系和排沙效果更为明显。

按月、半月和旬分别统计，三峡水库出库流量与相应的水库排沙比的关系如图 3-18 所示。由图可见,在三峡水库汛期时段,水库出库流量与相应的水库排沙比存在较好的正相关关系。对其相关性进行回归分析,结果表明,水库出库流量与相应水库排沙比的相关性均较高,按月、半月、旬统计的出库流量与相应水库排沙比的复相关系数分别约为 0.71、0.58、0.52,说明三峡水库出库流量也是影响三峡水库排沙比的重要因素之一。

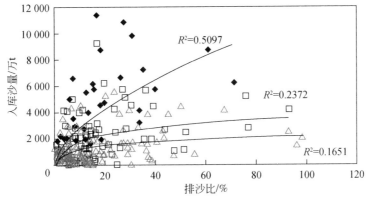

图 3-16 三峡水库汛期入库沙量与水库排沙比关系

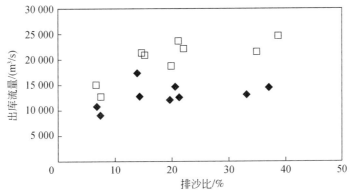

图 3-17 三峡水库出库平均流量与水库排沙比关系

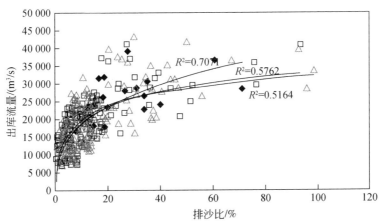

图 3-18 三峡水库汛期出库流量与水库排沙比关系

(4) 坝前水位的影响

图 3-19 为坝前年平均水位和汛期平均水位与相应时期水库排沙比的关系，由图可见，除个别年份（2006 年）外，其他年份的三峡水库坝前水位与相应的水库排沙比具有较好的负相关关系，即水库坝前水位越高，相应的水库排沙比越小，其排沙效果也就越差。

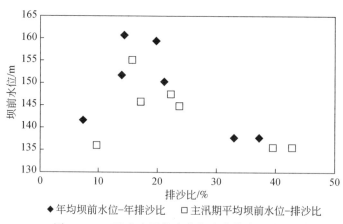

图 3-19 三峡水库坝前水位与水库排沙比关系

按月、半月和旬分别进行统计，三峡水库汛期时段坝前平均水位与水库排沙比的关系如图 3-20 所示。由图可见，水库汛期坝前平均水位与相应水库排沙比存在负相关关系，即水位越高，相应的排沙比越小，当坝前水位高于 160m 时，除了某个旬平均排沙比略高于 15%（为 15.3%）外，其他各统计时段相应的水库排沙比均不超过 12%；当坝前水位高于 145m 时，除了个别按半月、旬统计时段外，其他各时段相应的水库排沙比均不超过 56%。由此可见，三峡水库坝前水位对水库排沙比存在较大影响。

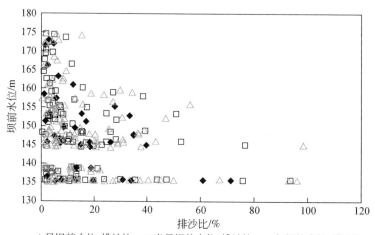

图 3-20 三峡水库汛期坝前平均水位与水库排沙比关系

3.2.3 排沙比影响因素的敏感性分析

综合前述三峡水库排沙比单个影响因素的分析可知,对于特定的水库而言,水库排沙比的大小是受入库水沙条件和水库调度运用方式(包括坝前水位、出库流量等)等因素综合影响的结果。对于三峡水库而言,由入库和出库水沙特性分析可知,汛期多年平均入库沙量约占年入库沙量的 88.9%,而汛期多年平均出库沙量约占全年出库沙量的 96.5%,表明水库的来沙量和排沙量主要集中在汛期或汛期的几场洪水中,因此,本研究主要针对三峡水库汛期排沙比的影响因素进行敏感性分析。由前述水库排沙比单个影响因素的分析可知,以月为单位统计的相关关系优于以半月、旬为单位的统计结果,采用以月为统计单位的结果进行深入分析是较为合理的。

(1) 入库流量与出库流量的关系

三峡水库入库流量与出库流量之间存在非常好的线性关系,其复相关系数高达 0.915,如图 3-21 所示。因此,在综合分析三峡水库排沙比的影响因素时,将采用入库流量对水库排沙比的影响替代出库流量对水库排沙比的影响,即只进行入库流量、来沙量和坝前水位等因素对水库排沙比影响的敏感性分析。

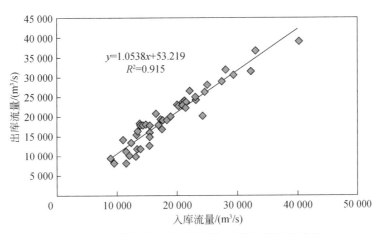

图 3-21 三峡水库月入库流量与时段出库流量关系

(2) 库水位变化的影响

考虑坝前水位对水库排沙比的影响,对三峡水库汛期排沙比与流量的关系按水位分级进行统计,如图 3-22 所示。由图可见,月入库流量越大、坝前水位越低,三峡水库的排沙比就越大。若三峡水库达到同样的排沙效果,坝前水位越高,则相应所需的出库流量也就越大。如果要求水库汛期月排沙比达到 20% 以上,当坝前水位高于 145m 时,则需要月平均出库流量达到 24 500m³/s 左右;当坝前水位低于 145m 时,则需要月平均出库流量在 18 500m³/s 左右。对按水位分级统计的数据进行回归分析可以发现,水库汛期月平均流量与相应水库排沙比之间的关系较单一因素的影响关系的关联度明显提高,其高水位和低水位的复相关系数分别达到 0.73 和 0.83 左右。

图 3-23 为按水位分级统计汛期月入库沙量与水库排沙比的关系,由图可见,将入库沙量按照库水位进行分级统计后,入库沙量与水库排沙比之间的关系较分级前有明显改

善，高水位（>145m）和低水位（<145m）时入库沙量与排沙比之间的相关系数分别达到 0.54 和 0.53 左右。

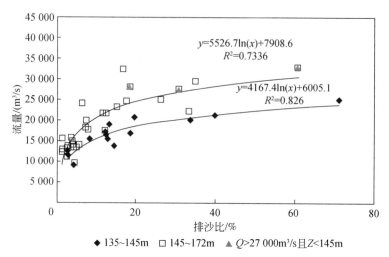

图 3-22　三峡水库汛期月入库流量与排沙比的关系（水位分级统计）

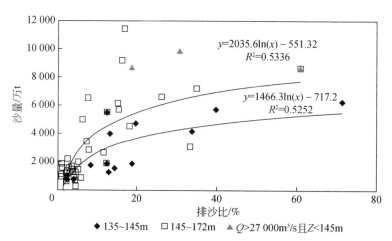

图 3-23　三峡水库汛期月入库沙量与排沙比的关系（水位分级统计）

(3) 入库流量（出库流量）变化的影响

将三峡水库坝前水位和排沙比的关系按照流量来进行分级统计，统计结果如图 3-24 所示。由图可见，在入库流量较小时，坝前水位的变化对排沙比的影响较小；随着入库流量的增加，坝前水位对排沙比的影响也逐渐增大，且坝前水位越高，其相应的排沙比越低，表明小流量时排沙比对库水位的变化不敏感，大流量时排沙比对库水位的变化非常敏感。具体而言，当入库流量小于 15 000m³/s 时，坝前水位对排沙比的影响不大，坝前水位为 135~172m，而相应的水库排沙比除了个别点外，均在 1.5% 和 5.9% 之间；当入库流量为 15 000~20 000m³/s 时，坝前水位对排沙比的影响略有增加，其坝前水位由 135m 左右增加到 150m 左右时，水库排沙比从 13.4% 左右减小到 7.6% 左右；当入库流量为 20 000~25 000m³/s 时，坝前水位对排沙比的影响进一步增加，其坝前水位由 135m

左右增加到 162m 左右时,水库排沙比由 33.8% 左右减小到 10.8% 左右;当入库流量大于 25 000m³/s 时,坝前水位对排沙比的影响更加明显,其相应的排沙比变幅也较大,若坝前水位由 135m 左右提高到 152m 左右时,其相应的水库排沙比由 71.3% 左右减小到 16.9% 左右。另外,由图还可以看出,当三峡水库坝前水位高于 150m 时,除个别点之外,相应的排沙比均小于 20%。

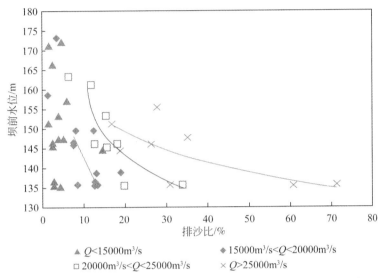

图 3-24　三峡水库汛期坝前水位与水库排沙比关系(流量分级统计)

(4) 库水位与流量变化的综合分析

综合考虑入库流量(出库流量)和坝前水位对水库排沙比的双重影响,对三峡水库坝前水位和排沙比的关系进行回归分析,可得出水库坝前水位和排沙比的响应关系,如图 3-25 所示。由图可见,对于入库流量在 20 000m³/s 以上或坝前水位大于 155m 时,水

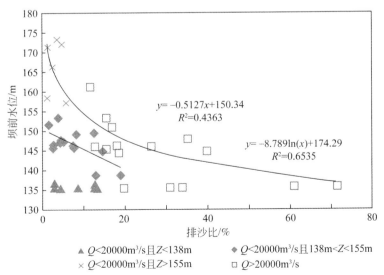

图 3-25　三峡水库坝前水位与水库排沙比关系(水位和流量分级统计)

库排沙比随库水位的变化幅度较大，坝前水位与水库排沙比之间的响应关系也较好，其相关系数可以达到 0.65 以上。当入库流量小于 20 000m³/s 且坝前水位为 138~155m 时，水库坝前水位与排沙比之间呈线性相关，虽然相关系数为约 0.44，但水库排沙比基本都小于 20%；当入库流量小于 20 000m³/s 且坝前水位低于 138m 时，三峡水库坝前水位与排沙比之间的关系较差，水库排沙比也较小。

由此可以看出，当水库坝前水位为 138m、入库流量为 23 200m³/s 时，其相应的水库排沙比约为 62.1%；当水库坝前水位为 140m、入库流量为 22 300m³/s 时，相应的水库排沙比减小到 49.5%；当坝前水位为 145m、入库流量为 26 300m³/s 时，相应水库排沙比减小到 28.0%；当坝前水位为 150m、入库流量为 23 200m³/s 时，相应水库排沙比减小到 15.9%；当坝前水位高于 155m、入库流量小于 20 000m³/s 时，其相应水库排沙比均不到 10%。

3.2.4 水库场次洪水排沙比

根据前面对排沙比变化的分析，影响排沙比的主要因素是流量和坝前水位，以下针对每一场次的洪水，进一步分析排沙比变化规律。洪水入库后，洪峰传播快，传播至坝前的时间一般在 1 天左右，而沙峰传播较慢，都在 3 天以上。沙峰在库区的输移过程中，不但受到与沙峰同时入库洪水的推动，也受到后入库洪水的推动。因此，入库流量对场次洪水排沙比的影响可以用沙峰入库开始至沙峰出库前 1 天的寸滩站加上武隆站平均流量来反映。

沙峰在库区的输移，也受到出库流量的影响，出库流量大、沙峰输移就快，出库流量小、沙峰输移就慢。出库流量对场次洪水排沙比的影响可以用沙峰入库第 2 天开始至沙峰出库时的庙河站平均流量来反映。入库和出库流量是共同影响库区沙峰输移的，它们的共同作用可以用两者的平均值来反映。

针对 2003~2013 年三峡水库入库场次沙峰过程，统计上述影响场次洪水排沙比的主要因素，结果见表 3-8。点绘沙峰输移期库区平均流量与出入库含沙量比之间的关系如图 3-26 所示，可见，各水位级的点据大体呈直线，相关关系都很好。

对图 3-26 中 2003~2013 年场次沙峰排沙比进行拟合，可以得到如式（3-18）形式的场次洪水排沙比公式为

$$\beta = 0.244 \times \frac{Q + 3811000 - [(1.2 \times Z - 529.3) \times Z + 77920] \times Z}{(Z-40)^2} - 0.006$$

(3-18)

式中，Q 为入库和出库流量平均值；Z 为坝前平均水位。

公式拟合结果与观测比较如图 3-27 所示。

第3章 三峡水库泥沙运动规律

表3.8 三峡水库2003～2013年场次沙峰排沙比统计表

年份	寸滩+武隆 5日沙峰 时间(月.日)	寸滩+武隆 5日沙峰 含沙量(kg/m³)	庙河出库 5日沙峰 时间(月.日)	庙河出库 5日沙峰 含沙量(kg/m³)	沙峰输移期入库平均 时间(月.日)	沙峰输移期入库平均 流量(m³/s)	沙峰输移期出库平均 时间(月.日)	沙峰输移期出库平均 流量(m³/s)	水位/m	库区平均流量(m³/s)	出入库含沙量比
2003	7.8～7.12	1.03	7.13～7.17	0.62	7.8～7.16	34 524	7.9～7.17	37 178	135.1	35 851	0.60
	8.31～9.4	1.31	9.4～9.8	0.75	8.31～9.7	35 593	9.1～9.8	38 014	135.1	36 804	0.57
2004	7.11～7.15	1.00	7.15～7.19	0.29	7.11～7.18	21 995	7.12～7.19	25 863	135.5	23 929	0.29
	9.4～9.8	1.34	9.7～9.11	1.13	9.4～9.10	44 361	9.5～9.11	46 143	135.8	45 252	0.84
2005	7.20～7.24	2.15	7.24～7.28	0.93	7.20～7.27	31 853	7.21～7.28	33 900	135.5	32 877	0.43
	8.13～8.17	1.72	8.17～8.21	1.23	8.13～8.20	38 573	8.14～8.21	43 013	135.5	40 793	0.72
	10.2～10.6	0.76	10.5～10.9	0.20	10.2～10.8	24 566	10.3～10.9	25 171	138.7	24 869	0.26
2007	7.27～7.31	0.90	7.22～7.26	0.32	7.17～7.25	29 732	7.18～7.26	37 511	144.2	33 622	0.36
	8.26～8.30	2.01	8.1～8.5	1.03	7.27～8.4	36 069	7.28～8.5	41 244	144.9	38 657	0.51
	9.15～9.19	1.26	9.4～9.8	0.19	8.26～9.7	23 720	8.27～9.8	24 738	144.9	24 229	0.11
	7.22～7.26	0.88	9.21～9.25	0.22	9.15～9.24	26 890	9.16～9.25	27 830	144.9	27 360	0.17
2008	8.9～8.13	2.06	7.26～7.30	0.20	7.22～7.29	24 191	7.23～7.30	27 675	145.7	25 933	0.23
	9.26～9.30	1.01	8.16～8.20	0.67	8.9～8.19	31 459	8.10～8.20	33 182	145.8	32 321	0.33
2009	6.29～7.3	1.21	10.7～10.11	0.03	9.26～10.10	20 913	9.27～10.11	16 627	152.4	18 770	0.03
	7.16～7.20	1.17	7.6～7.10	0.08	6.29～7.09	18 275	6.30～7.10	20 336	146.0	19 306	0.07
	8.1～8.5	1.45	7.21～7.25	0.06	7.16～7.24	25 530	7.17～7.25	25 922	145.9	25 726	0.22
2010	7.18～7.22	1.59	8.6～8.10	0.76	8.1～8.9	39 348	8.2～8.10	34 844	148.5	37 096	0.52
2011	6.20～6.24	0.96	7.23～7.27	0.44	7.18～7.26	44 216	7.19～7.27	36 089	155.3	40 153	0.28
	7.6～7.10	1.20	6.28～7.1	0.04	6.20～7.1	19 452	6.21～7.2	21 433	147.5	20 443	0.04
2012	8.5～8.9	0.61	7.11～7.15	0.09	7.6～7.14	22 050	7.7～7.15	21 689	147.0	21 870	0.08
	6.30～7.4	1.33	8.16～8.20	0.06	8.5～8.19	19 440	8.6～8.20	22 173	150.1	20 807	0.10
	7.22～7.26	1.31	7.7～7.11	0.58	6.30～7.10	39 334	7.1～7.11	35 809	149.5	37 572	0.44
	9.3～9.7	1.53	7.27～7.31	0.36	7.22～7.30	46 317	7.23～7.31	43 800	160.3	45 059	0.27
2013	7.11～7.15	3.45	9.7～9.11	0.10	9.3～9.10	28 335	9.4～9.11	24 575	159.4	26 455	0.07
			7.20～7.24	1.10	7.11～7.23	34 189	7.12～7.24	30 662	149.8	32 426	0.32

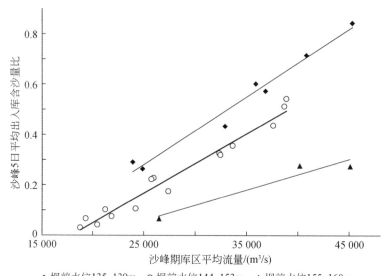

图 3-26 三峡水库沙峰输移期库区平均流量与出入库含沙量比关系

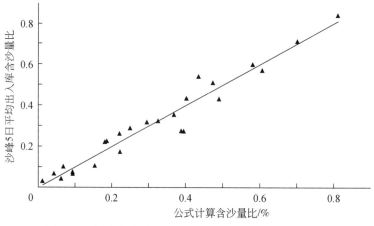

图 3-27 场次洪水排沙比计算公式拟合值与观测值比较

3.3 三峡水库恢复饱和系数

目前研究恢复饱和系数 α 的代表性理论成果可以分为以下三种（韩其为和陈绪坚，2008）：第一种是在直接建立一维泥沙连续方程时将 α 解释为泥沙沉降概率（窦国仁，1963；韩其为和黄煜龄，1974；韩其为和何明民，1997），其值小于1。第二种是首先在较简化的边界条件下，直接求解立面二维扩散方程后导出 α（张啟舜，1980）。由于边界条件不尽合理，α 恒大于1，结果无法符合实际，也有研究成果试图沿横向积分以降低其数值（周建军和林秉南，1955），但是这只考虑流速分布的影响，并未反映扩散及"恢复"的作用。其次在假定不平衡输沙和平衡输沙的河底含沙量梯度相同条件下，积分二维扩散方程后得出 α 为底部含沙量（或挟沙能力）与垂线平均含沙量（或平均挟沙能力)的比值(韩其为,1979),其值也大于1。第三种是根据泥沙运动统计理论建立不平衡输沙的边界条件方程,得出不平衡输沙恢复饱和系数α的理论表达式(韩其为和何明民,1997),平衡输沙时 α_* 计算值可以大于1,也可以小于1,平均约为0.5,并建议不平衡输沙α值冲刷时取 $2\alpha_*$,淤积时取 $0.5\alpha_*$。通常在数学模型计算中按韩其为(1979)的建议采用经验值,即冲刷时α取1,淤积时α取0.25。这种经验数值与上述研究成果基本一致,也是理论上的一种解释。最近这种统计理论计算恢复饱和系数的方法,已推广到不平衡输沙,并给出了α的理论关系(韩其为,2006)。此外有关恢复饱和系数的研究尚有其他结果(陈霁巍等,1998;刘金梅等,2003;杨晋营,2005),由于α值的变化范围可以达到0.01~10,对数学模型成果影响大,值得重视。因此,目前对恢复饱和系数的理论认识尚缺乏共识,恢复饱和系数的理论结果和实际应用数据也有差距,有必要进一步研究。本节从悬移质不平衡输沙的河床变形方程出发,研究了恢复饱和系数的组成,引进了底部恢复饱和系数,并分析了它与垂线恢复饱和系数的差别,在已有研究成果的基础上,进一步推导了非均匀沙恢复饱和系数的理论计算式,并计算了三峡水库不同粒径泥沙的恢复饱和系数值。

3.3.1 恢复饱和系数计算方法

天然河流通常为不平衡输沙,最简化的一维恒定流泥沙运动方程和河床变形方程(窦国仁,1963;韩其为和陈绪坚,2008)分别为

$$\frac{dS}{dx} = -\alpha \frac{\omega}{q}(S - S_*) \tag{3-19}$$

$$\rho' \frac{dy_0}{dt} = \alpha\omega(S - S_*) \tag{3-20}$$

式中,S 为含沙量;S_* 为挟沙能力;ω 为泥沙沉速;y_0 为床面高程;α 为恢复饱和系数。恢复饱和系数 α 是反映悬移质不平衡输沙时,含沙量向饱和含沙量即挟沙能力靠近的恢复速度的参数(韩其为和何明民,1997),恢复饱和系数 α 越大,含沙量向挟沙能力靠近也就越快,恢复饱和系数对泥沙冲淤量计算有重要影响,因此,恢复饱和系数是泥沙数学模型计算的重要参数。

悬移质扩散理论的河床变形方程为

$$\omega S_b + \varepsilon_{sy} \left(\frac{\partial S}{\partial y}\right)_b = \rho' \frac{dy_0}{dt} \tag{3-21}$$

式中,S_b 为底部含沙量;ω 为泥沙沉速;ε_{sy} 为泥沙扩散系数;ρ' 为泥沙干容重。对于平衡输沙,床面水流含沙处于不冲不淤的饱和状态,则有

$$\omega S_b = -\varepsilon_{sy}\left(\frac{\partial S}{\partial y}\right)_b = \omega S_{b*} \tag{3-22}$$

式中:S_{b*} 为底部挟沙能力。对于不平衡输沙情形下式(3-22)是否存在,虽然有不同的认识,但均缺乏理论证明。

为了不失一般性,本书不引用式(3-22),即不引用:

$$\omega(S_b - S_{b*}) = \rho'\frac{\partial y_0}{\partial t} \tag{3-23}$$

引进底部恢复饱和系数 α_0，α_0 是由于直接采用水流底部挟沙力有关的项 ωS_{b*} 代替不平衡输沙的紊动掀起量 $\varepsilon_{sy}\left(\dfrac{\partial S}{\partial y}\right)_b$ 而引进的修正系数，使得：

$$\alpha_0 \omega (S_b - S_{b*}) = \omega S_b + \varepsilon_{sy}\left(\dfrac{\partial S}{\partial y}\right)_b = \rho' \dfrac{\partial y_0}{\partial t} \tag{3-24}$$

式中，平衡输沙时 α_0 等于 1，不平衡输沙时 α_0 大于或小于 1。引入垂线平均含沙量 S 和挟沙力 S_*，令 $\alpha_1 = S_b/S$，$\alpha_{1*} = S_{b*}/S_*$，则有

$$\alpha_0 \omega (\alpha_1 S - \alpha_{1*} S_*) = \rho' \dfrac{\partial y_0}{\partial t} \tag{3-25}$$

式中，α_1 为底部含沙量与垂线平均含沙量的比值，$\alpha_1 > 1$；α_{1*} 为底部挟沙能力与垂线平均挟沙能力的比值，$\alpha_{1*} > 1$。令 $\alpha = \alpha_0 \alpha_1$，$\alpha_* = \alpha_0 \alpha_{1*}$，则有

$$\omega (\alpha S - \alpha_* S_*) = \rho' \dfrac{\partial y_0}{\partial t} \tag{3-26}$$

式中，α 为不平衡恢复饱和系数，α_* 为平衡恢复饱和系数（韩其为和何明民，1997）。恢复饱和系数是底部恢复饱和系数 α_0 和大于 1 的含沙量分布系数 α_1 的乘积，α 的值可以大于 1，也可以小于 1，对于一般河流输沙是不平衡的，α 值通常小于 1。如果令：

$$\omega (\alpha S - \alpha_* S_*) = \alpha_z \omega (S - S_*) = \rho' \dfrac{\partial y_0}{\partial t} \tag{3-27}$$

则

$$\alpha_z = \dfrac{1}{1 - S_*/S} \alpha - \dfrac{1}{S/S_* - 1} \alpha_* \tag{3-28}$$

式中，α_z 为数学模型中通常采用的综合恢复饱和系数（韩其为和陈绪坚，2008）。式（3-28）表明综合恢复饱和系数 α_z 为不平衡恢复饱和系数 α 和平衡恢复饱和系数 α_* 之间有权重系数的差值。上述分析说明忽略 α_0 或忽略 α_1 及 α_{1*}，分析恢复饱和系数在理论上是不完整的，对此予以澄清。对于垂线恢复饱和系数 α 和 α_*，韩其为和何明民（1997）、韩其为（2006）利用泥沙运动统计理论已经给出了不平衡输沙时它们的理论表达式。利用 α、α_* 及含沙量分布，即可解出 α_0、α_1 和 α_{1*}，从而给出确定 α_0 的方法。

3.3.2 非均匀沙恢复饱和系数

从上述推导过程可知，恢复饱和系数和河床变形方程密切相关，由于河床变形方程（3-21）的底部泥沙扩散项难以确定，韩其为和何明民（1984）根据泥沙运动统计理论，直接从不平衡输沙的边界条件方程出发，提出了非均匀沙统计理论的恢复饱和系数表达式（韩其为和何明民，1997）：

$$\alpha_l = (1 - \varepsilon_{0,l})(1 - \varepsilon_{4,l}) \mu_{4,l} \dfrac{q}{\omega_l} = (1 - \varepsilon_{0,l})(1 - \varepsilon_{4,l}) \dfrac{L_{0,l}}{L_{4,l}} \tag{3-29}$$

式中，α_l 为第 l 泥沙的恢复饱和系数；q 为单宽流量；ω_l 为泥沙沉速；$\varepsilon_{0,l}$ 为不止动概率：

$$\varepsilon_{0,l} = \dfrac{1}{\sqrt{2\pi}} \int_{\frac{V_{b,k_0,l}}{2u_*} - 2.7}^{\infty} e^{-\frac{t^2}{2}} dt \tag{3-30}$$

式中，止动流速 $V_{b,k_0,l} = 0.916 \sqrt{53.9 d_l}$；$d_l$ 为第 l 组泥沙的粒径；$\varepsilon_{4,l}$ 为悬浮概率为

$$\varepsilon_{4,l} = \frac{1}{\sqrt{2\pi}} \int_{\frac{\omega_l}{u_*}}^{\infty} e^{-\frac{t^2}{2}} dt \tag{3-31}$$

式中，泥沙沉速 ω_l 采用《河流泥沙颗粒分析规程》（SL 42—2010）的规范公式计算，$L_{0,l}$ 为悬移质（在层流中）落距：

$$L_{0,l} = \frac{q}{\omega_l} \tag{3-32}$$

$\mu_{4,l}$ 为悬移质单步距离的倒数：

$$\mu_{4,l} = \frac{1}{L_{4,l}} \tag{3-33}$$

由式（3-28）可知，恢复饱和系数由悬移质的止动概率（$1 - \varepsilon_{0,l}$）、止悬概率（$1 - \varepsilon_{4,l}$）、落距 $L_{0,l}$ 和单步距离 $L_{4,l}$ 决定。其中悬移质单步距离 $L_{4,l}$ 的计算比较复杂，为颗粒上升和下降的纵向距离之和（韩其为和黄煜龄，1974）：

$$L_{4,l} = \frac{1}{\mu_{4,l}} = q(h_l) \left[\frac{1}{\overline{U}_{y,u,l}} + \frac{1}{\overline{U}_{y,d,l}} \right] \tag{3-34}$$

$$\overline{U}_{y,u,l} = \frac{u_*}{\sqrt{2\pi}\,\varepsilon_{4,l}} e^{-\frac{1}{2}\left(\frac{\omega_l}{u_*}\right)^2} - \omega_l \tag{3-35}$$

$$\overline{U}_{y,d,l} = \frac{u_*}{\sqrt{2\pi}(1 - \varepsilon_{4,l})} e^{-\frac{1}{2}\left(\frac{\omega_l}{u_*}\right)^2} + \omega_l \tag{3-36}$$

式中，$\overline{U}_{y,u,l}$ 为悬移质颗粒上升的平均速度；$\overline{U}_{y,d,l}$ 为悬移质颗粒下降的平均速度；$q(h_l)$ 为自河底至悬移质平均悬浮高 h_l 的单宽流量。

$$q(h_l) = \int_0^{h_l} V(y) dy \tag{3-37}$$

本节流速分布公式采用卡曼-普兰特尔对数流速分布公式：

$$V(y) = V(\eta) = V_m + \frac{u_*}{\kappa} \ln\eta = \overline{V} + \frac{u_*}{\kappa}(1 + \ln\eta) \tag{3-38}$$

式中，V_m 为水面流速；$\overline{V}$ 为垂线平均流速；u_* 为摩阻流速；κ 为卡门常数，可取为 0.4；η 为相对水深 y/H。将式（3-38）代入式（3-37）计算自河底至悬移质平均悬浮高 h_l 的单宽流量：

$$q(h_l) = q(\eta_l) = H \int_0^{\eta_l} \left[\overline{V} + \frac{u_*}{\kappa}(1 + \ln\eta) \right] d\eta = H\left(\overline{V}\eta_l + \frac{u_*}{\kappa}\eta_l \ln\eta_l \right) = H\overline{V}\left(\eta_l + \frac{u_*}{\kappa \overline{V}}\eta_l \ln\eta_l \right) \tag{3-39}$$

由 $q = H\overline{V}$，可得到

$$\frac{q(h_l)}{q} = \left(\eta_l + \frac{u_*}{\kappa \overline{V}}\eta_l \ln\eta_l \right) \tag{3-40}$$

平原河流垂线平均流速和水面流速关系可取（韩其为和何明民，1997），$\overline{V} = 0.85 V_m$，由式（3-38）得式 $V_m = \overline{V} + \frac{u_*}{\kappa}$，则有

$$\frac{u_*}{\kappa \bar{V}} = 0.176 \tag{3-41}$$

将式（3-41）代入式（3-40），可得到平均悬浮高 h_l 的相对单宽流量为

$$\frac{q(h_l)}{q} = (\eta_l + 0.176\eta_l \ln\eta_l) = f(\eta_l) \tag{3-42}$$

根据泥沙运动统计理论（韩其为和何明民，1984），平均悬浮高 h_l 由含沙量垂线分布决定，在平衡输沙条件下：

$$\omega S + \varepsilon_{sy}\frac{\partial S}{\partial y} = 0 \tag{3-43}$$

而在不平衡输沙条件下：

$$\omega S + \varepsilon_{sy}\frac{\partial S}{\partial y} \neq 0 \tag{3-44}$$

引入非饱和调整系数 c，令：

$$\omega S + \frac{\varepsilon_{sy}}{c}\frac{\partial S}{\partial y} = 0 \tag{3-45}$$

式中，c 为非饱和调整系数，近似反映不平衡时含沙量分布的影响，次饱和冲刷时，含沙量梯度增大，$c > 1$；超饱和淤积时，含沙量梯度减小，$c < 1$；饱和（不冲不淤）时，$c = 1$。系数 c 可以反映含沙量非饱和度 S/S_* 的调整变化，故称为非饱和调整系数。为了简便起见，泥沙扩散系数 ε_{sy} 采用动量传递系数 ε_m（钱宁和万兆惠，1983）：

$$\varepsilon_{sy} = \varepsilon_m = \kappa u_* y \frac{H-y}{H} \tag{3-46}$$

垂线平均泥沙扩散系数为

$$\bar{\varepsilon}_{sy} = \bar{\varepsilon}_m = \frac{\kappa u_* H}{6} \tag{3-47}$$

如果将式（3-46）代入式（3-45）积分后，得到不平衡输沙条件下的含沙量垂线劳斯分布公式：

$$\frac{S(y)}{S_b} = \left(\frac{H-y}{y}\frac{b}{H-b}\right)^{\frac{c\omega}{\kappa u_*}} \tag{3-48}$$

如果将式（3-47）代入式（3-45）式积分后，得到不平衡输沙条件下的含沙量垂线指数分布公式：

$$\frac{S(y)}{S_b} = e^{-\frac{6c\omega}{\kappa u_*}(\frac{y}{H})} \tag{3-49}$$

式中，$S(y)$、S_b 分别为离河底 y 处和河底 b 处的含沙量。计算表明，当劳斯分布公式的代表河底取 $b/H=0.05$ 时，含沙量垂线分布采用指数分布和劳斯分布对计算结果影响差别不大，为了计算积分简便起见，本节采用垂线含沙量指数分布公式（3-49）。根据泥沙运动统计理论（韩其为和何明民，1984），平均悬浮高为

$$h_l = \int_0^H \frac{2y}{HS_l}S_l(y)\mathrm{d}y \tag{3-50}$$

将式（3-49）代入式（3-50），则有

$$h_l = \int_0^H \frac{2yS_{b,l}}{HS_l} e^{-\frac{6c\omega_l}{\kappa u_*}(\frac{y}{H})} dy = \int_0^1 \frac{2HS_{b,l}}{S_l} \eta e^{-\frac{6c\omega_l}{\kappa u_*}\eta} d\eta = \frac{2HS_{b,l}}{S_l} \left[\left(\frac{\kappa u_*}{6c\omega_l} \right)^2 \left(1 - e^{-\frac{6c\omega_l}{\kappa u_*}} \right) - \frac{\kappa u_*}{6c\omega_l} e^{-\frac{6c\omega_l}{\kappa u_*}} \right]$$
(3-51)

而由式 (3-49) 计算垂线平均含沙量为

$$S_l = \frac{1}{H} \int_0^H S_l(y) dy = \int_0^1 S_{b,l} e^{-\frac{6c\omega_l}{\kappa u_*}\eta} d\eta = S_{b,l} \frac{\kappa u_*}{6c\omega_l}(1 - e^{-\frac{6c\omega_l}{\kappa u_*}}) = S_{b,l} A_l \quad (3-52)$$

将式 (3-52) 代入式 (3-51), 则相对平均悬浮高为 (窦国仁, 1963)

$$\eta_l = \frac{h_l}{H} = 2 \left(\frac{\kappa u_*}{6c\omega_l} - \frac{e^{-\frac{6c\omega_l}{\kappa u_*}}}{1 - e^{-\frac{6c\omega_l}{\kappa u_*}}} \right) = 2 \left(\frac{\kappa u_*}{6c\omega_l} + \frac{1}{1 - e^{\frac{6c\omega_l}{\kappa u_*}}} \right) \quad (3-53)$$

将式 (3-33)、式 (3-34) 和式 (3-42) 等代入式 (3-29), 得到非均匀沙不平衡输沙的恢复饱和系数计算公式:

$$\alpha_l = (1 - \varepsilon_{0,l})(1 - \varepsilon_{4,l}) \mu_{4,l} \frac{q}{\omega_l} = \frac{(1 - \varepsilon_{0,l})(1 - \varepsilon_{4,l})}{\eta_l + 0.176 \eta_l \ln \eta_l} \left(\frac{\omega_l}{\overline{U}_{y,u,l}} + \frac{\omega_l}{\overline{U}_{y,d,l}} \right)^{-1}$$

$$= \frac{(1 - \varepsilon_{0,l})(1 - \varepsilon_{4,l})}{\eta_l + 0.176 \eta_l \ln \eta_l} \frac{\overline{U}_{y,u,l}}{\omega_l} \left(1 + \frac{\overline{U}_{y,u,l}}{\overline{U}_{y,d,l}} \right)^{-1} \quad (3-54)$$

式中, $\varepsilon_{0,l}$、$\varepsilon_{4,l}$、$\overline{U}_{y,u,l}$、$\overline{U}_{y,d,l}$、η_l 分别由式 (3-30)、式 (3-31)、式 (3-35)、式 (3-36) 和式 (3-53) 计算。而 $\mu_{4,l}^*$、$q(h_l^*)$、h_l^* 为强平衡时 ($c=1$) 的相应值。当取流速分布为抛物线分布时, 式 (3-54) 已由韩其为 (2006) 给出。

由式 (3-54) 可见, 恢复饱和系数与止动概率 $(1 - \varepsilon_{0,l})$ 及止悬概率 $(1 - \varepsilon_{4,l})$ 成正比, 而与相对单宽流量 $(\eta_l + 0.176 \eta_l \ln \eta_l)$ 及颗粒沉速 ω_l 成反比, 此外还与颗粒上升和下降速度有关, 速度越大, 恢复饱和系数也越大。不平衡输沙和平衡输沙的差别可由含沙量垂线分布反映, 由式 (3-53) 计算相对平均悬浮高 η_l 时取平衡输沙的非饱和调整系数 $c=1$, 则式 (3-54) 计算平衡输沙的恢复饱和系数为 α_{l*}。理论上超饱和输沙的相对平均悬浮高 η_l 大, 则超饱和输沙的恢复饱和系数 $\alpha_l < \alpha_{l*}$; 反之, 次饱和输沙的相对平均悬浮高 η_l 小, 次饱和输沙的恢复饱和系数 $\alpha_l > \alpha_l^*$。

通过式 (3-54) 计算不同粒径组的恢复饱和系数 α 结果如图 3-28~图 3-35 所示, 计算结果表明不同粒径组的恢复饱和系数 α 值是不同的。对于粒径 d 小于 0.01mm 的颗粒, α 通常大于 1, 且基本与非饱和调整系数 c 无关。后者说明颗粒很细时, 含沙量沿垂线分布是很均匀的, 故 α 受 c 的影响基本可以忽略。对于粒径大于 0.01mm 的颗粒, α 通常小于 1, 只有当 u_* 很小时, α 才可能大于 1, 甚至可以达到 10, 这和沉沙池实测结果一致 (杨晋营, 2005)。但是若 u_* 很小和 ω 很大时, c 对含沙量分布影响大, 相应的恢复饱和系数差别也大。随着 u_* 变化, 存在一个临界 u_*, 使 α 取极小值, 此外, 冲刷时 ($c > 1$) 的 α 值大于淤积时 ($c < 1$) 的 α 值, 非饱和调整系数 c 越大, α 也越大, 这与理论分析结果一致 (韩其为和何明民, 1997)。

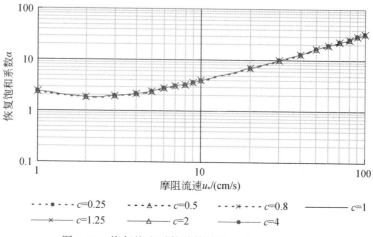

图 3-28　恢复饱和系数计算结果（$d=0.005\mathrm{mm}$）

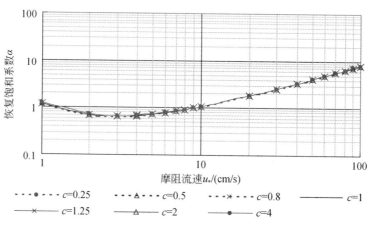

图 3-29　恢复饱和系数计算结果（$d=0.01\mathrm{mm}$）

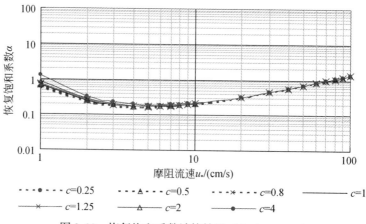

图 3-30　恢复饱和系数计算结果（$d=0.025\mathrm{mm}$）

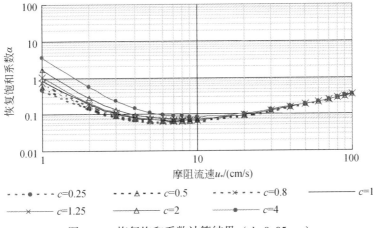

图 3-31　恢复饱和系数计算结果（$d=0.05$mm）

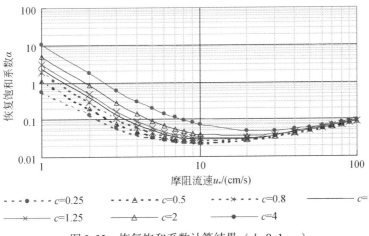

图 3-32　恢复饱和系数计算结果（$d=0.1$mm）

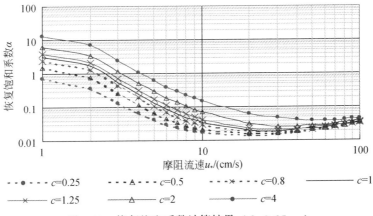

图 3-33　恢复饱和系数计算结果（$d=0.25$mm）

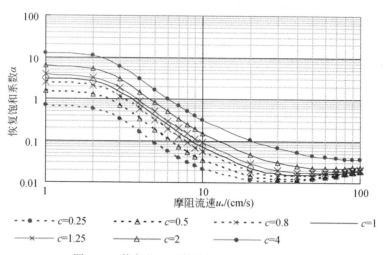

图 3-34　恢复饱和系数计算结果（$d=0.5$mm）

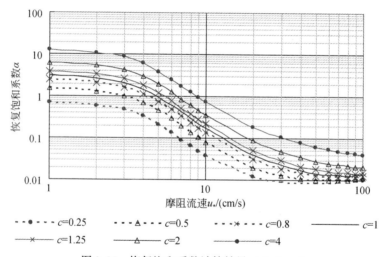

图 3-35　恢复饱和系数计算结果（$d=1$mm）

由非均匀沙分组泥沙运动方程（韩其为，2006）：

$$\frac{dS_l}{dx} = -\frac{\omega_l}{q}(\alpha_l S_l - \alpha_{*l} S_{*l}) \tag{3-55}$$

$$\frac{d(P_{4,l}S)}{dx} = -\frac{1}{q}(\alpha_l \omega_l P_{4,l} S - \alpha_{*l} \omega_l P_{4,l}^* S_*) \tag{3-56}$$

式中，$P_{4,l}$ 和 $P_{4,l}^*$ 分别为含沙量级配和挟沙能力级配。式（3-56）对不同粒径组求和：

$$\frac{dS}{dx} = -\frac{1}{q}\left[\sum_{l=1}^{n}(\alpha_l \omega_l P_{4,l})S - \sum_{l=1}^{n}(\alpha_{*l} \omega_l P_{4,l}^*)S_*\right] \tag{3-57}$$

非均匀沙总含沙量的泥沙连续方程为

$$\frac{dS}{dx} = -\frac{\omega_{cp}}{q}(\alpha_{cp} S - \alpha_{*cp} S_*) \tag{3-58}$$

式中,ω_{cp} 为泥沙平均沉速,当采用 $\omega_{cp} = \sum_{l=1}^{n} P_{4,l}\omega_l$ 和 $\omega_{cp}^* = \sum_{l=1}^{n} P_{4,l}^*\omega_l$,比较式(3-57)和式(3-58)可知,不平衡输沙的非均匀沙含沙量平均恢复饱和系数为

$$\alpha_{cp} = \frac{\sum_{l=1}^{n}(\alpha_l \omega_l P_{4,l})}{\sum_{l=1}^{n}(\omega_l P_{4,l})} = \frac{1}{\omega_{cp}}\sum_{l=1}^{n}(\alpha_l \omega_l P_{4,l}) \quad (3-59)$$

平衡输沙的非均匀沙挟沙能力平均恢复饱和系数为

$$\alpha_{*cp} = \frac{1}{\omega_{cp}}\sum_{l=1}^{n}(\alpha_{*l}\omega_l P_{4,l}^*) \quad (3-60)$$

式(3-59)和式(3-60)表明,非均匀沙的平均恢复饱和系数应按沉速和级配的乘积加权平均计算为。

由式(3-25)可知,平均底部恢复饱和系数 α_{0cp} 和平均恢复饱和系数 α_{cp} 的关系为

$$\alpha_{0cp} = \frac{\alpha_{cp}}{\alpha_{1cp}} \quad (3-61)$$

式中,α_{1cp} 为底部含沙量与垂线平均含沙量比值,α_{1cp} 按不平衡输沙垂线平均含沙量公式(3-52)计算为

$$\alpha_{1cp} = \frac{S_b}{S} = \frac{6c\omega_{cp}}{\kappa u_*}(1 - e^{-\frac{6c\omega_{cp}}{\kappa u_*}})^{-1} = A_{cp}^{-1} \quad (3-62)$$

将式(3-62)代入式(3-61),平均底部恢复饱和系数为

$$\alpha_{0cp} = \frac{\alpha_{cp}}{\alpha_{1cp}} = \alpha_{cp}\frac{\kappa u_*}{6c\omega_{cp}}(1 - e^{-\frac{6c\omega_{cp}}{\kappa u_*}}) = A_{cp}\alpha_{cp} \quad (3-63)$$

3.3.3 综合恢复饱和系数

通常在数学模型中采用综合恢复饱和系数 α_z(韩其为和陈绪坚,2008),综合恢复饱和系数反映含沙量向挟沙能力靠近的恢复速度,综合恢复饱和系数采用式(3-28)计算。不同粒径组的综合恢复饱和系数计算结果如图3-36~图3-43所示,计算结果表明不

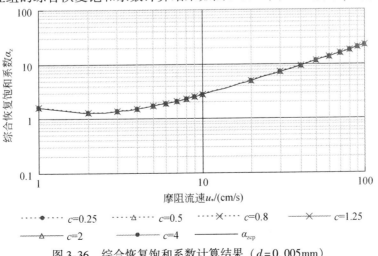

图3-36 综合恢复饱和系数计算结果($d=0.005$mm)

同粒径组的综合恢复饱和系数值也是不同的，粒径 d 越小，α_z 越大，含沙量越易于达到饱和；冲泻质的 α_z 基本与非饱和调整系数 c 无关，床沙质的 α_z 通常小于1，随着摩阻流速 u_* 变化，存在一个临界 u_*，使 α_z 取极小值，当水流流速小于临界 u_* 时，表现为淤积恢复饱和，当水流流速大于临界 u_* 时，表现为冲刷恢复饱和；淤积状态（$c<1$）的 α_z 值略大于冲刷状态（$c>1$）的 α_z 值，含沙量在淤积状态比冲刷状态更易于达到饱和，这与理论分析结果一致。值得注意的是，综合恢复饱和系数随冲淤变化不大，可以取其平均值（图中黑粗线为平均值），这给恢复饱和系数的使用带来很大方便。

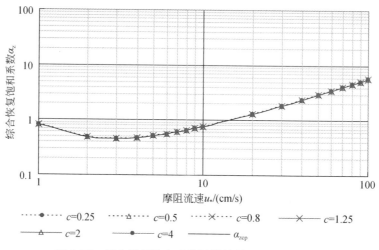

图 3-37　综合恢复饱和系数计算结果（$d=0.01$mm）

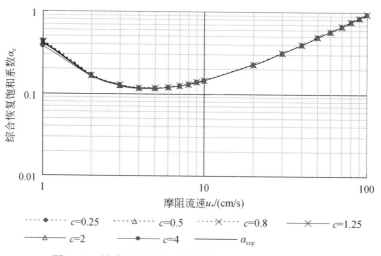

图 3-38　综合恢复饱和系数计算结果（$d=0.025$mm）

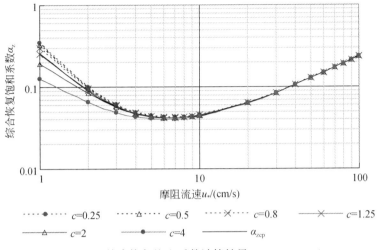

图 3-39　综合恢复饱和系数计算结果（$d=0.05\mathrm{mm}$）

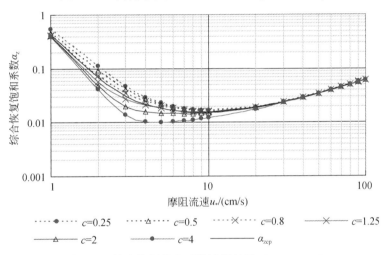

图 3-40　综合恢复饱和系数计算结果（$d=0.1\mathrm{mm}$）

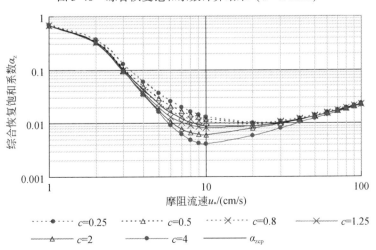

图 3-41　综合恢复饱和系数计算结果（$d=0.25\mathrm{mm}$）

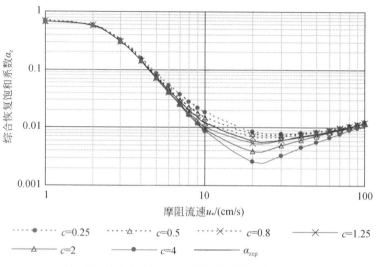

图 3-42 综合恢复饱和系数计算结果（$d=0.5\text{mm}$）

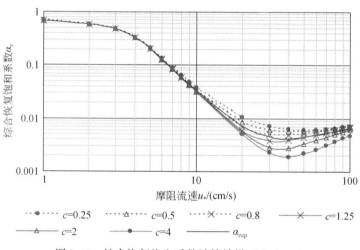

图 3-43 综合恢复饱和系数计算结果（$d=1\text{mm}$）

在数学模型中通常采用综合恢复饱和系数，式（3-28）表明综合恢复饱和系数 α_z 为不平衡恢复饱和系数 α 和平衡恢复饱和系数 α_* 之间有权重系数的差值，由上述各级泥沙粒径的综合恢复饱和系数计算结果可知，水流条件采用摩阻流速 $u_* = (ghJ)^{1/2}$ 表示水深和比降等影响后，对于相同的摩阻流速，强不平衡条件（$c>1$ 时冲刷和 $c<1$ 时淤积）的综合恢复饱和系数变化不大，数学模型计算可以采用其平均值（图中黑粗线为平均值）。因此，采用摩阻流速表示水深和比降等水流条件影响后，大水深强不平衡条件和一般水流条件的综合恢复饱和系数具有相同的变化规律。

表 3-9 和图 3-44 为各级泥沙粒径的平均综合恢复饱和系数计算结果。由表和图可知，不同粒径泥沙的恢复饱和系数是不同的，泥沙粒径小于 0.01mm 的恢复饱和系数较大，其中泥沙粒径为 0.005mm 的恢复饱和系数大于 1，当摩阻流速大于 10cm/s 时，泥

沙粒径为0.01mm的恢复饱和系数也大于1。对于粒径大于0.01mm的泥沙颗粒，恢复饱和系数小于1，随着摩阻流速变化，恢复饱和系数存在一个极小值。

表3-9 各级泥沙粒径的平均综合恢复饱和系数计算表

摩阻流速 /(cm/s) $u_* = (ghJ)^{1/2}$	平均综合恢复饱和系数 α_{zcp}							
	$d=0.005$mm	$d=0.01$mm	$d=0.025$mm	$d=0.05$mm	$d=0.1$mm	$d=0.25$mm	$d=0.5$mm	$d=1$mm
1	1.641	0.819	0.416	0.259	0.435	0.685	0.685	0.685
2	1.283	0.483	0.166	0.090	0.071	0.332	0.581	0.581
3	1.368	0.455	0.127	0.058	0.031	0.102	0.308	0.482
4	1.530	0.477	0.117	0.048	0.022	0.043	0.143	0.326
5	1.718	0.513	0.117	0.044	0.018	0.024	0.074	0.203
6	1.917	0.557	0.120	0.042	0.017	0.016	0.043	0.129
7	2.124	0.604	0.125	0.042	0.016	0.012	0.028	0.085
8	2.334	0.654	0.131	0.043	0.016	0.011	0.020	0.059
9	2.546	0.705	0.138	0.044	0.015	0.010	0.015	0.043
10	2.761	0.757	0.146	0.045	0.016	0.009	0.012	0.033
20	4.940	1.294	0.227	0.064	0.019	0.009	0.006	0.007
30	7.139	1.841	0.314	0.085	0.024	0.010	0.006	0.005
40	9.342	2.391	0.401	0.106	0.029	0.012	0.007	0.004
50	11.546	2.941	0.489	0.128	0.034	0.014	0.008	0.005
60	13.752	3.492	0.577	0.150	0.040	0.015	0.008	0.005
70	15.958	4.044	0.665	0.172	0.045	0.017	0.009	0.005
80	18.164	4.595	0.753	0.194	0.051	0.019	0.010	0.006
90	20.372	5.146	0.841	0.216	0.056	0.021	0.011	0.006
100	22.578	5.698	0.929	0.238	0.062	0.023	0.012	0.007

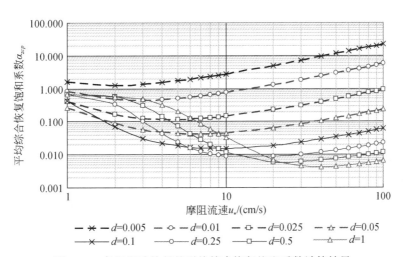

图3-44 各级泥沙粒径的平均综合恢复饱和系数计算结果

3.4 小　　结

针对三峡水库大水深强不平衡输沙特性，在不平衡输沙理论基础上进一步研究了三峡水库的泥沙运动规律和恢复饱和系数，建立了排沙比与来水来沙量、水沙过程、水沙组合、来沙级配以及水库运用方式等变量之间的关系，得到如下认识。

1）对于泥沙沉积均值概率为50%，0.01mm的泥沙输移距离为256km，0.008mm的泥沙输移距离为401km，0.008mm的泥沙可输移达到万县，0.006mm的泥沙输移距离为714km，因而0.006mm的泥沙可以输移出库。对于泥沙沉积概率为15.85%，0.8mm的泥沙颗粒可以长距离输移，随机分析结果和实测资料基本相符。

2）三峡水库蓄水运用以来，年排沙比有逐年减小的趋势，从2004年的33.2%减小到2012年的20.7%。三峡水库排沙约90%以上集中于汛期，且年际间分布不均匀，最大年出库沙量约为最小年出库沙量的15倍；出库悬沙多年平均中值粒径约为0.005mm，其中粒径小于0.01mm的泥沙约占70%，小于0.03mm的泥沙约占90%。

3）三峡水库排沙比的影响因素主要包括：入库流量、入库沙量、泥沙级配、出库流量以及坝前水位等。排沙比与入库流量、入库沙量及出库流量呈正相关，与坝前水位呈负相关，来沙中粒径小于0.06mm部分的细颗粒泥沙对排沙比的影响较大。总体来看，坝前水位和出库流量是影响水库排沙比的主要因素。

4）排沙比随水库水位变化的敏感度，随入库流量的增加而迅速增加，当入库流量小于15 000m³/s时，库水位的变化对排沙比几乎没有影响；当入库流量大于20 000m³/s时，水库排沙比的变化幅度较大，库水位从138m增加到155m，其排沙比从62%降低至10%以下。

5）提出了底部恢复饱和系数的概念，并推导了恢复饱和系数是底部恢复饱和系数和含沙量垂线分布系数的乘积，从理论上解释了恢复饱和系数的取值问题。进一步推导了非均匀沙恢复饱和系数的计算式，不同粒径泥沙的恢复饱和系数是不同的，泥沙粒径小于0.01mm的恢复饱和系数较大，其中泥沙粒径为0.005mm的恢复饱和系数大于1；对于粒径大于0.01mm的泥沙颗粒，恢复饱和系数小于1，随着摩阻流速变化，恢复饱和系数存在一个极小值。综合恢复饱和系数α_z为不平衡恢复饱和系数α和平衡恢复饱和系数α_*之间有权重系数的差值，水流条件采用摩阻流速$u_* = (ghJ)^{1/2}$表示水深和比降等影响后，对于相同的摩阻流速，强不平衡条件（$c > 1$时冲刷和$c < 1$时淤积）的综合恢复饱和系数变化不大，表明采用摩阻流速表示水深和比降等水流条件影响后，针对三峡水库大水深强不平衡条件和一般水流条件的综合恢复饱和系数具有相同的变化规律。

第 4 章
Chapter 4

重庆主城区河段泥沙冲淤规律与航道碍航调控措施

本章采用现场调研、资料分析和理论研究等手段，系统分析不同时期重庆（主城区）河段的输沙特征和冲淤规律，总结重庆主城区河段港口与航道的演变特点、碍航机理和维护措施。本章的重庆主城区河段是指长江干流大渡口至铜锣峡的长江干流（长约为40公里）和嘉陵江井口至朝天门的嘉陵江河段（长约为20公里），嘉陵江在朝天门从左岸汇入长江；而重庆河段是指长江朱沱水文站、寸滩水文站和嘉陵江北碚水文站之间的河段，基本上包括重庆主城区河段。

4.1 重庆河段输沙特征

4.1.1 典型断面水力几何关系与特征流量

（1）水力几何关系

受两江汇流的影响，蓄水前重庆河段水流流态复杂，朱沱水文站、北碚水文站和寸滩水文站断面宽度、水深、断面面积和流速与流量之间的关系如图4-1、图4-2所示[①]，由图可见如下。

1）朱沱站和北碚站断面移动除造成断面参数变化外，不同时期重庆河段典型水文站断面水深、断面宽度、断面面积及断面平均流速与断面流量的关系均呈良好的幂函数关系

$$\begin{cases} B = \alpha_1 Q^{\beta_1} \\ H = \alpha_2 Q^{\beta_2} \\ A = \alpha_3 Q^{\beta_3} \\ U = \alpha_4 Q^{\beta_4} \end{cases} \quad (4-1)$$

式中，B 为河宽；H 为水深；A 为断面面积；U 为流速；Q 为流量；α_1、α_2、α_3、α_4 为系数，β_1、β_2、β_3、β_4 为指数，由实测资料拟合确定。不同时期三个水文站断面对应的系数和指数见表4-1。

表4-1 不同时期重庆河段典型水文站断面水力几何关系系数和指数

时期	站名	水深		水面宽		断面面积		流速	
		α_1	β_1	α_2	β_2	α_3	β_3	α_4	β_4
蓄水前	朱沱	0.341	0.367	194.230	0.113	64.102	0.484	0.015	0.523
	北碚	9.298	0.091	50.288	0.127	508.310	0.208	0.002	0.788
	寸滩	0.035	0.583	62.247	0.248	1.927	0.844	0.558	0.150
围堰蓄水期	朱沱	0.260	0.393	235.350	0.101	58.530	0.500	0.017	0.878
	北碚	12.829	0.055	76.042	0.069	681.000	0.206	0.001	0.499
	寸滩	0.020	0.643	116.940	0.184	2.294	0.828	0.436	0.173

---

① 参考国际泥沙研究培训中心在2015年的重庆主城区港口与航道泥沙冲淤与调控措施研究报告。

续表

时期	站名	水深		水面宽		断面面积		流速	
		α_1	β_1	α_2	β_2	α_3	β_3	α_4	β_4
初期蓄水期	朱沱	0.314	0.373	213.140	0.111	67.307	0.484	0.015	0.793
	北碚	8.764	0.093	77.810	0.113	975.130	0.124	0.002	0.516
	寸滩	0.040	0.572	56.905	0.259	2.302	0.831	0.434	0.170
试验性蓄水期	朱沱	0.392	0.346	215.220	0.110	83.560	0.012	0.542	0.878
	北碚	8.343	0.100	74.258	0.118	619.550	0.002	0.782	0.499
	寸滩	0.033	0.594	240.790	0.112	7.890	0.127	0.294	0.173

2) 除北碚站位置上移的影响外，朱沱站和寸滩站的水深、水面宽、流速等与流量的关系在三峡水库围堰蓄水期和初期蓄水期两个阶段是一致的，表明围堰蓄水期和初期蓄水期可以合并为一个时期进行分析，而且蓄水初期典型断面水力几何关系与蓄水前变化不大。

3) 三峡水库试验性蓄水期间，朱沱站和北碚站断面的水力几何关系与蓄水初期和蓄水前几乎是一样的，仍未受三峡水库蓄水的影响；寸滩站受水库蓄水的影响，其水力几何关系有所变化。在流量小于 15 000 m³/s 时，水深、水面宽和断面面积均有明显上升后又明显下降的过程，流速则表现为迅速下降后又迅速回升。

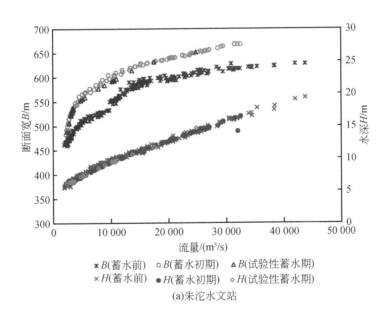

(a) 朱沱水文站

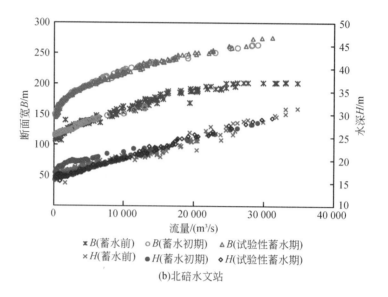

(b)北碚水文站

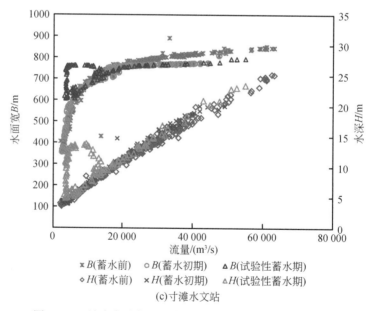

(c)寸滩水文站

图 4-1　三峡水库重庆河段水文站断面宽和水深与流量关系

第4章 重庆主城区河段泥沙冲淤规律与航道碍航调控措施

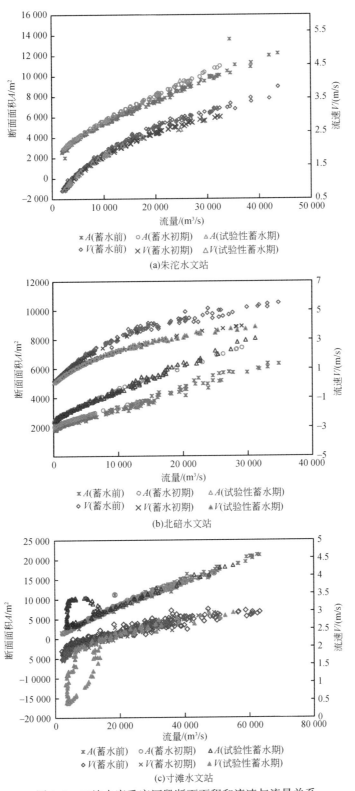

图 4-2 三峡水库重庆河段断面面积和流速与流量关系

（2）典型水文站河槽特征流量

根据断面输水输沙特点，河槽断面分为三种形式，即枯水河槽、平滩河槽和漫滩河槽，对应的流量特征值分别为枯水河槽流量和平滩流量（胡春宏等，2005）。来水流量小于枯水河槽流量时，水流在枯水河槽内运行，此时称为小流量；当来水流量大于平滩流量时，水流漫滩，断面处于漫滩河槽阶段，此时为大流量；来流量介于枯水河槽流量和平滩流量时，水流在平滩河槽内流动，此时称为中流量。

断面流量与水面宽的关系可以反映出不同河槽对应的流量，当水面宽随流量的增加而发生突变时，此时流量分别对应枯水河槽流量和平滩河槽流量。根据各站流量与水面宽对应曲线的拐点，如图 4-3 所示，可将重庆河段主要水文站测验断面按照枯水河槽流量和平滩河槽流量划分为小流量、中流量和大流量三个流量级，见表 4-2。

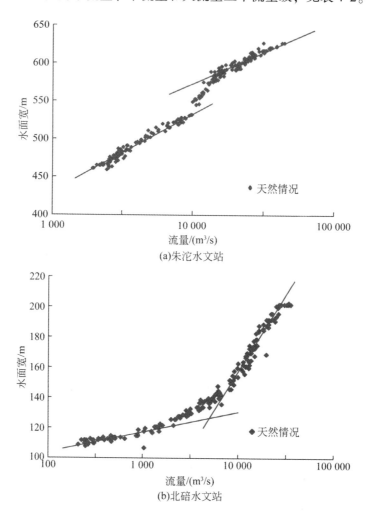

(a) 朱沱水文站

(b) 北碚水文站

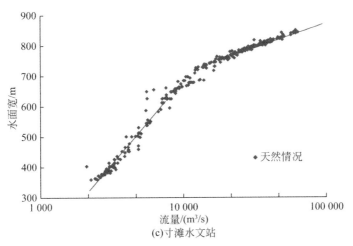

图 4-3 三峡水库重庆河段水文站流量与水面宽关系

表 4-2 重庆河段典型断面特征流量值

站名	流量级		
	小流量/（m³/s）	中流量/（m³/s）	大流量/（m³/s）
朱沱	<5 000	5 000~15 000	>15 000
北碚	<2 000	2 000~8 000	>8 000
寸滩	<7 000	7 000~25 000	>25 000

4.1.2 试验性蓄水前河段输沙特征

1. 典型水文站输沙率公式

对于山区河道，悬移质输沙能力与流量关系通常为幂指数关系，其系数和指数由实测资料回归得到。图 4-4 为重庆河段天然情况下典型水文站断面输沙率与流量的关系图。由图可见，河段各水文站输沙能力与流量呈良好的幂函数关系（相关系数均在 0.91 以上）[1]，即

$$Q_s = KQ^\alpha \tag{4-2}$$

式中，Q_s 为含沙量；Q 为流量；K 为系数；α 为指数，由实测资料拟合求得，见表 4-3。由表可见，重庆河段上、下游各站系数变化不大，但上游朱沱站和北碚站指数大于下游寸滩站，说明同流量变化情况下，上游水文站输沙能力变幅大于下游，上游河段较下游河段更易发生冲淤变化。

---

[1] 参考国际泥沙研究培训中心在 2015 年的重庆主城区港口与航道泥沙冲淤与调控措施研究报告。

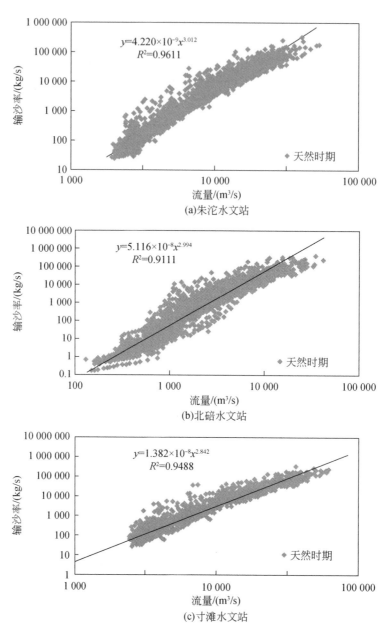

图 4-4 三峡水库重庆河段水文站输沙率与流量关系

表 4-3 天然情况重庆河段各水文站输沙能力关系式参数统计表

站名	天然情况		
	系数 K	指数 α	相关性
朱沱	4.220×10^{-9}	3.012	0.961
北碚	5.116×10^{-8}	2.994	0.911
寸滩	1.382×10^{-8}	2.842	0.949

2. 蓄水前典型水文站输沙特点

（1）不同年代的输沙特性

由于天然情况（蓄水前）重庆河段统计资料的时间跨度较大，涉及三个时段，即 20 世纪 60 年代、80 年代和 2000~2003 年。结合水沙资料，进行三个不同年代输沙能力变化分析，如图 4-5 所示。

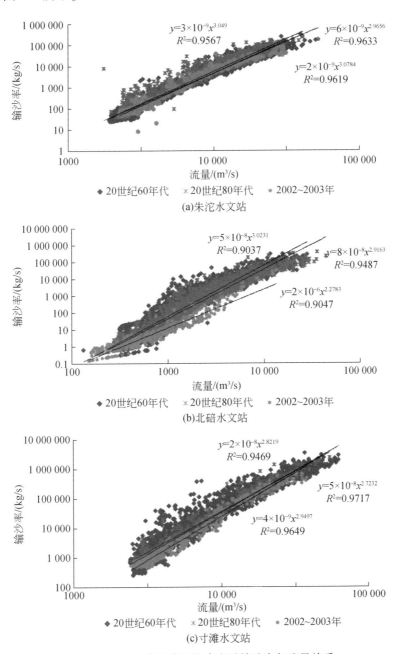

图 4-5 三峡水库重庆河段水文站输沙率与流量关系

由图 4-5 可见：

1）天然情况下，重庆河段不同年代输沙率与流量关系依然呈现为良好的指数关系（相关系数均在 0.9 以上），即式（4-2）。不同年代的输沙率关系的指数和系数见表 4-4。

表 4-4　重庆河段各水文站不同年代输沙能力公式系数与指数统计表

水文站	时期	系数 K	指数 α	相关性
朱沱	20 世纪 60 年代	5.953×10^{-9}	2.966	0.957
	20 世纪 80 年代	3.38×10^{-9}	3.049	0.963
	2002~2003 年	2.078×10^{-9}	3.078	0.962
北碚	20 世纪 60 年代	5.163×10^{-8}	3.023	0.904
	20 世纪 80 年代	8.031×10^{-8}	2.916	0.949
	2002~2003 年	1.878×10^{-6}	2.278	0.905
寸滩	20 世纪 60 年代	1.725×10^{-8}	2.822	0.947
	20 世纪 80 年代	4.589×10^{-8}	2.723	0.972
	2002~2003 年	3.88×10^{-9}	2.95	0.965

2）重庆河段主要水文站测验断面输沙率与流量的关系数据为带状分布，数据点从上到下依次为 20 世纪 60 年代、80 年代和 2002~2003 年，说明 60 年代同流量输沙率最大，80 年代次之，2002~2003 年最小。其主要原因是重庆河段的来沙量随年代逐渐减小，致使同流量的输沙率减少。

3）北碚站同流量输沙率随年代递减变化较为明显，朱沱站和寸滩站在 20 世纪 60 年代、80 年代及 2002~2003 年同流量输沙率变化不大。

（2）不同流量级输沙特性

各水文站河道断面形态不同，其输沙率与流量的关系也有所不同，主要反映在输沙率公式系数和指数的变化方面。同一水文站断面，当流量处于不同河槽时，流量与输沙率的关系曲线有一定的变化，在流量输沙率关系对数坐标图中拟合线的斜率不同。

根据表 4-3 给出的典型断面河槽特征值流量，分析重庆河段主要水文站测验断面小流量、中流量和大流量等特征流量下的输沙能力特性，不同河槽的输沙率与流量的关系如图 4-6 所示，拟合曲线的系数和指数见表 4-5。

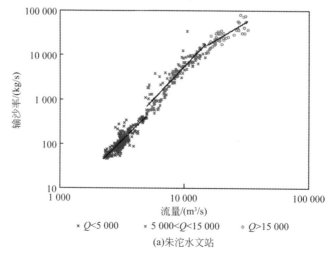

(a) 朱沱水文站

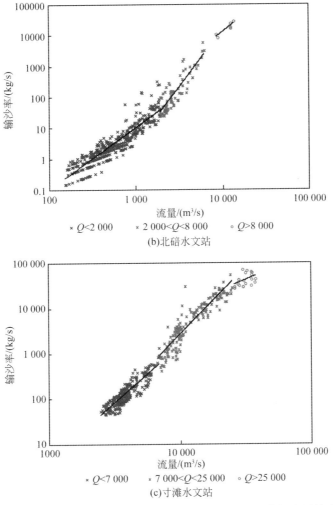

图 4-6 三峡水库重庆河段各水文站不同流量级输沙率与流量关系

表 4-5 天然情况下重庆河段各水文站流量与输沙率关系指数和系数统计表

站名	流量范围	系数 K	指数 α	相关系数
朱沱	小流量	4.029×10^{-10}	3.297	0.706
	中流量	4.218×10^{-9}	3.033	0.798
	大流量	1.294×10^{-5}	2.184	0.611
北碚	小流量	5.702×10^{-9}	3.325	0.802
	中流量	1.375×10^{-6}	2.593	0.537
	大流量	0.047	1.456	0.427
寸滩	小流量	7.998×10^{-10}	3.182	0.705
	中流量	1.249×10^{-7}	2.626	0.810
	大流量	0.0013	1.709	0.497

由图和表可见：

1）不同河槽（不同流量级）输沙率与流量间的关系都遵循相同的幂函数公式形式，

即式(4-2),但不同河槽流量级的输沙率公式中的指数和系数有显著差异。

2)三个水文站断面输沙率均随流量的增大而增大,但不同流量级输沙能力的变化幅度则不同,天然情况下重庆河段各站在枯水河槽小流量级、平滩河槽中流量级和漫滩河槽大流量级的双对数坐标拟合曲线的斜率处在较小、较大和最小状态,也就是说在流量变幅相同的情况下,大流量输沙能力增减幅度最小,中流量最大,小流量较大。

3)天然情况下,重庆河段遭遇大流量时通常处于汛期,同等幅度流量变化所带来的输沙能力变化相对较小,此时重庆河段易于落淤;而重庆河段来流量较小时为非汛期,流量增加产生较大的输沙能力,此时会引起河段冲刷;中流量时则为汛期、非汛期的过渡时期,同变幅流量的输沙能力增减处于最大状态,其冲刷强度最大。从重庆河段不同流量级输沙能力的变化可以解释该河段天然情况汛期淤积,非汛期冲刷,年内保持冲淤平衡的规律。

3. 蓄水初期典型水文站输沙特点

蓄水初期,典型水文站输沙率与流量的关系仍然遵循幂函数关系,如图4-7所示,仍然用式(4-2)表达,公式中的系数和指数可用实测资料确定,见表4-6。

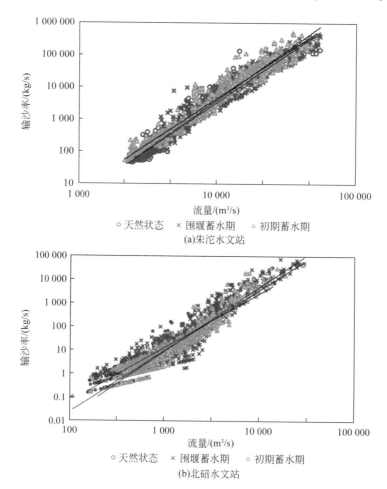

(a)朱沱水文站

(b)北碚水文站

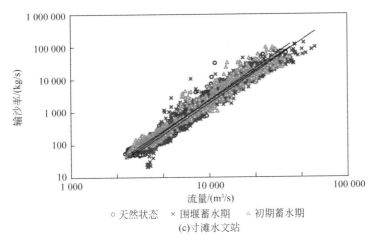

(c)寸滩水文站

图 4-7 三峡水库蓄水初期重庆河段各水文站输沙率与流量关系

表 4-6 三峡水库蓄水初期重庆河段各水文站输沙率公式系数与指数统计表

站名	系数 K	指数 α	相关性
朱沱	8.693×10^{-9}	2.914	0.957
北碚	1.006×10^{-7}	2.653	0.900
寸滩	9.635×10^{-9}	2.834	0.947

蓄水初期和蓄水前各站输沙率点群基本上是重合的，没有明显变化，其中围堰蓄水期点群与蓄水前几乎完全重合，而初期蓄水期点群则位于蓄水前点群带下部区域，表明围堰蓄水期的输沙能力几乎没有变化，而初期蓄水的输沙能力较蓄水前略有减弱，但仍在蓄水前各水文站输沙率点群范围之内，也就是说蓄水初期和蓄水前各典型水文站的输沙规律并没有明显受到三峡水库蓄水的影响。鉴于朱沱站和北碚站位于河道上游，距三峡水库蓄水初期回水较远，其输沙率减小的现象应该是上游来沙量不断减少造成的，而寸滩站距蓄水初期回水区上部，其输沙率减小主要是上游来沙量减少造成的，但也可能会受到三峡水库部分蓄水的影响。

根据典型断面特征值流量，三峡水库蓄水初期重庆河段主要水文站断面枯水河槽小流量级、平滩河槽中流量级和漫滩河槽大流量级时输沙率与流量的关系如图4-8和表4-7所示，由图和表可见如下。

1) 重庆河段三个水文站均符合流量越大、输沙率越大的规律；但不同流量级的输沙率变化程度（输沙率与流量关系曲线的斜率）不同，大流量级输沙率点群变平，即输沙率随流量的增加幅度减小。

2) 水文站断面不同流量级的输沙率与流量间的关系仍然遵循幂函数，但其系数和指数有所差异，各水文站断面不同流量级输沙率公式的指数和系数见表4-7。

3) 对于朱沱和寸滩水文站，中小流量级输沙率公式的系数和指数相差不大，具有类似的变化规律，而大流量级输沙率公式的指数明显变小、系数变大；而对于北碚站，小流量和大流量级输沙率公式的指数都相对较小，而中流量级的指数相对较大。

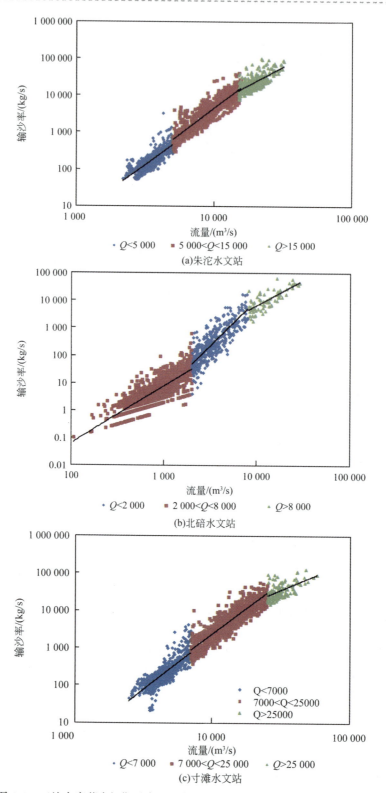

图4-8 三峡水库蓄水初期重庆河段各水文站不同流量级输沙率与流量关系

表4-7 三峡水库蓄水初期重庆河段各水文站输沙率公式系数与指数统计表

站名	流量范围	系数 K	指数 α	相关系数
朱沱	小流量	3.127×10^{-8}	2.746	0.645
	中流量	1.601×10^{-8}	2.863	0.812
	大流量	5.932×10^{-5}	2.002	0.491
北碚	小流量	4.514×10^{-6}	2.077	0.693
	中流量	3.629×10^{-10}	3.369	0.697
	大流量	0.0002	1.858	0.606
寸滩	小流量	4.949×10^{-9}	2.907	0.675
	中流量	1.665×10^{-8}	2.787	0.820
	大流量	0.0032	1.567	0.341

4.1.3 试验性蓄水期河段输沙变化

(1) 典型水文站输水输沙能力

试验性蓄水期典型水文站输沙率与流量的关系仍然遵循幂函数关系,如图4-9所示,仍然用式(4-2)表达,公式中的系数和指数由实测资料确定,见表4-8。

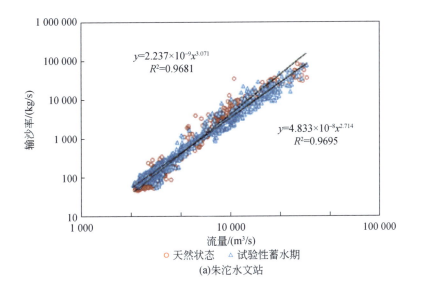

(a)朱沱水文站

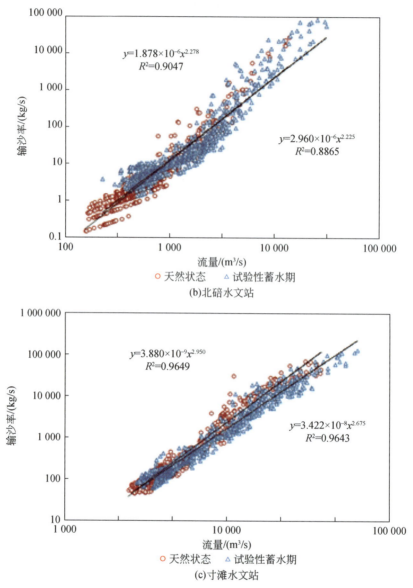

图 4-9 三峡水库重庆河段各水文站输沙率与流量关系

表 4-8 三峡水库试验性蓄水期各水文站输沙率公式系数与指数统计表

站名	系数 K	指数 α	相关性
朱沱	4.833×10^{-8}	2.714	0.970
北碚	2.96×10^{-6}	2.225	0.887
寸滩	3.422×10^{-8}	2.675	0.964

鉴于朱沱站和北碚站位于变动回水区范围的上游，三峡水库蓄水对其影响较小，因此试验性蓄水期河段输沙率点群几乎与蓄水前点群重合，朱沱站和北碚站断面的输沙能

力在蓄水前后变化不大，也可从输沙率公式中的系数和指数变化不大看出这一点。

寸滩水文站位于变动回水区范围内，三峡水库蓄水对寸滩水文站断面输沙能力有一定的影响。与天然情况相比，试验性蓄水期输沙率点群偏低，表明相应的输沙能力偏小。在输沙率公式中，与天然情况比较，试验性蓄水期寸滩站输沙率公式中的系数增大，而指数减小，表明试验性蓄水期寸滩站输沙能力有所减弱。

(2) 不同流量级输沙特征

根据表4-2给出的典型断面特征值流量，按照三峡水库试验性蓄水期重庆河段小流量、中流量和大流量，点绘各流量级水文站输沙率特性变化，如图4-10和表4-9所示，由图和表可见如下。

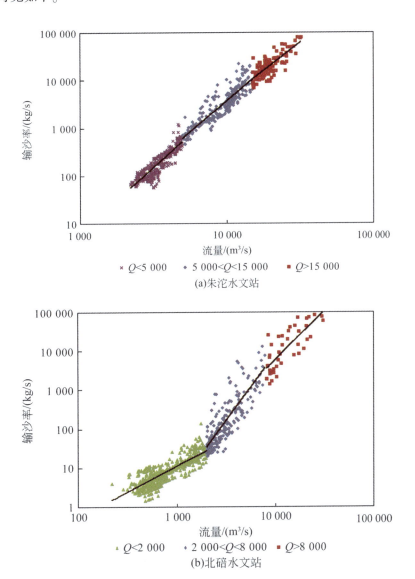

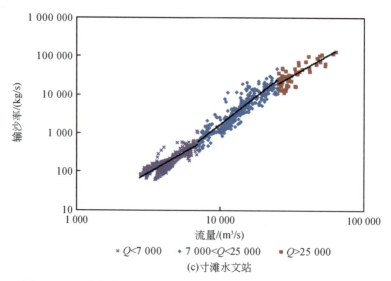

(c)寸滩水文站

图 4-10 三峡水库重庆河段各水文站不同流量级输沙率与流量关系

表 4-9 三峡水库试验性蓄水期重庆河段各水文站输沙率公式系数与指数统计表

站名	流量范围	系数 K	指数 α	相关系数
朱沱	小流量	3.524×10^{-8}	2.75	0.793
	中流量	1.583×10^{-7}	2.591	0.818
	大流量	1.614×10^{-6}	2.351	0.628
北碚	小流量	0.0011	1.326	0.700
	中流量	1.463×10^{-10}	3.442	0.717
	大流量	5.124×10^{-7}	2.517	0.630
寸滩	小流量	2.413×10^{-6}	2.164	0.766
	中流量	3.011×10^{-9}	2.937	0.856
	大流量	7.077×10^{-6}	2.145	0.655

1）试验性蓄水时期，重庆河段三个水文站均符合流量越大、输沙能力越大的规律；但不同流量级的输沙率的变化程度（输沙率与流量关系曲线的斜率）不同，中流量级输沙率关系的点群比较陡，表明输沙率随流量的增加幅度较大，小流量级和大流量级输沙率点群较平，即输沙率随流量的增加幅度较小。

2）各水文站断面不同流量级的输沙率与流量间的关系仍然遵循幂函数，但其系数和指数有所差异，各水文站断面不同流量级输沙率公式的指数和系数见表 4-9。

3）三个水文站断面输沙率与流量的关系有较大的差异，北碚站的三个流量级输沙率关系差别较大，寸滩站次之，朱沱站三个流量级的输沙率关系相差不大。

在三峡水库试验性蓄水期，朱沱站和北碚站都在变动回水区上游，蓄水运用对朱沱站和北碚站的输沙能力影响不大,试验性蓄水的点群与蓄水前几乎是重合的。但由于寸滩站位于变动回水区内,水库蓄水对寸滩站输沙能力产生影响,特别是在中小流量的蓄水期,寸滩站输沙能力减弱,表现为河道淤积;在消落期后期,由于河道水面比降加大,寸滩站输沙能力增大,变动回水区处于冲刷状态,汛期大流量阶段,几乎处于自然状态,输沙率公式变化不大。

4.2 重庆主城区河段冲淤和走沙规律

4.2.1 重庆河段冲淤变化

1. 河段汛期流量与汇流比

(1) 河段流量发生概率

根据重庆河段不同时期洪水发生的特点,绘制寸滩水文站年内不同时期流量发生的概率,如图4-11所示。在此基础上,求得年内不同时期汛前、汛期和汛后流量经常发生概率的范围,见表4-10①。

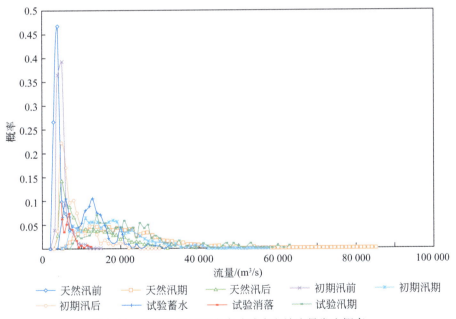

图4-11 不同时期三峡水库寸滩水文站流量发生概率

---

① 参考国际泥沙研究培训中心在2015年的重庆主城区港口与航道泥沙冲淤与调控措施研究报告。

表 4-10 不同时期三峡水库寸滩站年内流量发生概率分布情况统计表

时期	年内时段	流量变化范围 /(m³/s)	流量集中区间与概率		最大流量范围及概率	
			流量集中区间 /(m³/s)	概率/%	流量/(m³/s)	概率/%
三峡水库蓄水前	汛前	2 430 ~ 13 100	2 000 ~ 6 000	90.74	3 000 ~ 4 000	46.82
	汛期	5 510 ~ 84 300	6 000 ~ 35 000	90.91	9 000 ~ 10 000	5.09
	汛后	3 370 ~ 44 000	3 000 ~ 23 000	90.98	4 000 ~ 5 000	14.3
初期蓄水期	汛前	2 490 ~ 14 500	3 000 ~ 7 000	89.23	4 000 ~ 5 000	39.38
	汛期	4 920 ~ 57 000	5 000 ~ 28 000	90.07	10 000 ~ 11 000	6.46
	汛后	3 700 ~ 30 300	3 000 ~ 14 000	90.25	4 000 ~ 5 000	22.27
试验性蓄水期	消落期	2 770 ~ 11 800	3 000 ~ 8 000	91.08	4 000 ~ 5 000	36.63
	汛期	7 950 ~ 62 400	7 000 ~ 34 000	90.16	13 000 ~ 14 000	7.0
	蓄水期	4 322 ~ 33 000	4 000 ~ 19 000	89.33	5 000 ~ 6 000 12 000 ~ 13 000	各占 10.67%

由图和表可见：

1）三峡水库蓄水前后，汛期流量及变化范围最大，汛后次之，汛前流量及变化范围最小。在流量发生概率为90%左右时，流量集中范围同样是汛期最大，汛后次之，汛前最小。

2）汛前阶段，水库蓄水前流量变化范围和集中流量区间分别为 2430 ~ 13 100 m³/s 和 2430 ~ 6000 m³/s，初期蓄水期分别为 2490 ~ 14 500 m³/s 和 3000 ~ 7000 m³/s，而试验性蓄水期则分别为 2770 ~ 11 800 m³/s 和 3500 ~ 7500 m³/s，流量有逐渐抬高的趋势。

3）对于汛期和汛后阶段，流量变化范围从三峡水库蓄水前的 5510 ~ 84 300 m³/s 和 3370 ~ 44 000 m³/s 缩窄为初期蓄水期的 4920 ~ 57 000 m³/s 和 3700 ~ 30 300 m³/s，试验性蓄水期进一步缩窄为 7950 ~ 62 400 m³/s 和 4322 ~ 33 000 m³/s；集中流量区间与流量变化范围具有类似的变化特点，从三峡水库蓄水前的 6000 ~ 35 000 m³/s 和 3000 ~ 23 000 m³/s 缩窄为初期蓄水期的 5000 ~ 28 000 m³/s 和 3000 ~ 14 000 m³/s，试验性蓄水期进一步缩窄为 7000 ~ 34 000 m³/s 和 4000 ~ 19 000 m³/s；这可能是寸滩站上游新建水库蓄水运用造成的影响。

（2）嘉陵江汇流比发生概率

图4-12 为不同时期年内不同季节嘉陵江汇流比 η（定义为嘉陵江北碚站流量与长江寸滩站流量的比值）发生的概率分布，通过分析研究，图中概率分布可用正偏态分布表达[①]，即

$$f(\eta) = A e^{\frac{(\eta+\alpha_1)^2}{\beta_1}} + B e^{\frac{(\eta+\alpha_2)^2}{\beta_2}} \tag{4-3}$$

式中，A 和 B 为系数，α_1、α_2 和 β_1、β_1 为指数系数，由嘉陵江汇流比与概率资料确定。

---

① 参考国际泥沙研究培训中心在2015年的重庆主城区港口和航道泥沙中淤与调控措施研究报告。

根据嘉陵江汇流比的概率密度，进行在显著性水平为0.1时通过了置信度为90%的显著性检验，可求得不同时期年内不同季节嘉陵江汇流比集中发生的概率范围，见表4-11。嘉陵江集中汇流比区间是指各时期嘉陵江来水汇流经常发生的概率范围，三峡水库蓄水前后嘉陵江集中汇流比区间没有明显的变化规律；一般情况下，嘉陵江汇流比集中范围汛期最大，汛后次之，汛前最小。

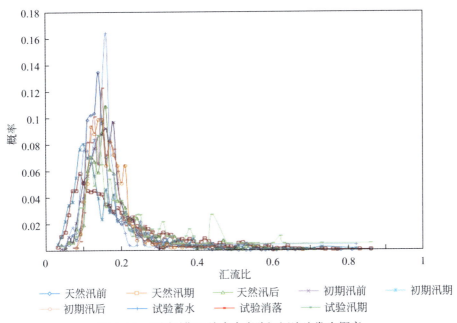

图4-12 不同时期三峡水库嘉陵江汇流比发生概率

表4-11 不同时期年内三峡水库嘉陵江回流比分布情况统计表

时期	蓄水前			初期蓄水期			试验性蓄水期		
年内时段	汛前	汛期	汛后	汛前	汛期	汛后	消落期	汛期	蓄水期
汇流比变化范围	0.05~0.86	0.03~0.86	0.04~0.71	0.04~0.49	0.03~0.82	0.04~0.71	0.07~0.59	0.06~0.86	0.04~0.82
汇流比集中区间	0.09~0.27	0.05~0.37	0.08~0.30	0.08~0.23	0.05~0.33	0.1~0.22	0.1~0.26	0.08~0.39	0.07~0.32

2. 不同时期水文站的输沙率

根据三峡水库蓄水前后主要水文站水沙资料分析，朱沱站、北碚站和寸滩站输沙率与流量之间遵循幂关系[①]，即

朱沱水文站：

$$Q_{sz} = K_z Q_z^{\alpha_z} \tag{4-4}$$

---

① 参考国际泥沙研究培训中心在2015年的重庆主城区港口与航道泥沙冲淤与调控措施研究报告。

北碚水文站：

$$Q_{sb} = K_b Q_b^{\alpha_b} \tag{4-5}$$

寸滩水文站：

$$Q_{sc} = K_c Q_c^{\alpha_c} \tag{4-6}$$

式中，Q_s 和 Q 分别为各水文站的输沙率和平均流量；各变量的下标 z、b 和 c 分别表示朱沱站、北碚站和寸滩站；K、α 为输沙率公式中的系数和指数，由实测资料确定，不同时期各水文站输沙率公式中的指数和系数见表 4-12。

表 4-12　三峡水库重庆河段各水文站不同时期输沙率公式参数统计表

水文站	参数	蓄水前			蓄水初期			试验性蓄水期		
		汛前	汛期	汛后	汛前	汛期	汛后	蓄水期	消落期	汛期
朱沱	K_z	1.383× 10⁻¹⁰	2.599× 10⁻⁶	1.542× 10⁻⁸	4.100× 10⁻¹⁰	6.069× 10⁻⁶	1.653× 10⁻⁸	1.229× 10⁻⁶	2.545× 10⁻¹⁰	3.006× 10⁻¹⁰
	α_z	3.432	2.355	2.855	3.284	2.235	2.827	2.354	2.789	2.294
北碚	K_b	3.846× 10⁻⁸	7.018× 10⁻⁶	7.223× 10⁻⁸	2.533× 10⁻⁶	4.257× 10⁻⁶	4.483× 10⁻⁸	1.180× 10⁻⁶	0.000259	3.265× 10⁻⁸
	α_b	3.017	2.431	2.919	2.168	2.772	2.743	2.297	1.562	2.806
寸滩	K_c	2.614× 10⁻¹⁰	3.533× 10⁻⁶	5.131× 10⁻⁸	7.935× 10⁻¹⁰	7.455× 10⁻⁶	2.976× 10⁻⁸	7.922× 10⁻⁹	7.187× 10⁻⁷	7.578× 10⁻⁶
	α_c	3.320	2.289	2.692	3.130	2.164	2.688	2.820	2.313	2.146

3. 河段淤积比

根据重庆河段水量和沙量守恒原理，该河段的淤积率 ΔQ_s 为

$$\Delta Q_s = Q_{sz} + Q_{sb} - Q_{sc} \tag{4-7}$$

对应的淤积比 φ 可由式（4-8）表示为

$$\varphi = \frac{\Delta Q_s}{Q_{sz} + Q_{sb}} = 1 - \frac{1}{\dfrac{Q_{sz}}{Q_{sc}} + \dfrac{Q_{sb}}{Q_{sc}}} = 1 - \frac{1}{K_1(1-\eta)^{\alpha_z} Q_c^{\alpha_z - \alpha_c} + K_2 \eta^{\alpha_b} Q_c^{\alpha_b - \alpha_c}} \tag{4-8}$$

式中，η 为重庆河段嘉陵江汇流比，且 $\eta = \dfrac{Q_b}{Q_c} = \dfrac{Q_b}{Q_z + Q_b}$；$K_1 = \dfrac{K_z}{K_c}$，$K_2 = \dfrac{K_b}{K_c}$。

令 $\varphi = 0$，得重庆河段冲淤临界条件：

$$K_1(1-\eta)^{\alpha_z} Q_c^{\alpha_z - \alpha_c} + K_2 \eta^{\alpha_b} Q_c^{\alpha_b - \alpha_c} = 1 \tag{4-9}$$

由式（4-8）和式（4-9）可以看出，重庆河段的泥沙淤积不仅与河段的输沙特性有关，还与河段的水流条件有关，特别是嘉陵江的汇流比和来水条件。结合长江水沙年内变化特点，年内分为汛前（1月初至5月中旬）、汛期（5月中旬至9月中旬）、汛后（9月中旬至年末）等阶段，根据上述公式和表4-12中的参数，可以绘制重庆河段不同时期淤积比与流量和汇流比的关系曲线，进而分析三峡水库蓄水前后重庆河段冲淤特点。

4.2.2 水库蓄水前河段冲淤特征

（1）重庆河段冲淤特征

图 4-13 为三峡水库蓄水前重庆河段泥沙淤积比与汇流比的关系及嘉陵江汇流比的概率分布情况，由图可以看出三峡水库蓄水前重庆河段年内汛前、汛期和汛后不同时期的冲淤特点。

1）重庆河段淤积比与来流量和汇流比关系密切，在汛前，汇流比小于 0.25 时，淤积比随着流量的增大而增大；当汇流比大于 0.25 时，淤积比随着流量的增大而减小。在汛期或汛后，河段淤积比与流量的关系基本一致，淤积比关系曲线都是随着流量的增大向上平移，说明河段淤积比随流量的增大而增大；而且汛期流量大于 20 000 m³/s 或汛后流量大于 40 000 m³/s 时，河段淤积比恒大于零，河道一直处于淤积状态。

2）同流量下，河道淤积比随着汇流比的增大而减小，在较小汇流比时河道由淤积转为冲刷，汇流比增大到一定程度（如 0.25 左右），河段淤积比达到最小淤积比后，淤积比随汇流比的增加而逐渐增大，河道由冲刷逐渐转为淤积。也就是说，同流量下嘉陵江汇流比很小（如小于 0.1）或者很大（如大于 0.4），河道基本上是淤积；当汇流比适中（如在 0.1～0.4），河道基本上是冲刷。

3）结合表 4-11 和表 4-12 所示的寸滩站流量集中发生区间和汇流比集中发生区间，在经常发生流量和汇流比范围之内，汛前河道有冲有淤，以冲刷为主；汛期河道有冲有淤，以淤积为主，当流量大于 20 000 m³/s 时，河道恒为淤积；汛后河道有冲有淤，以冲刷为主，即河道处于冲刷走沙状态。

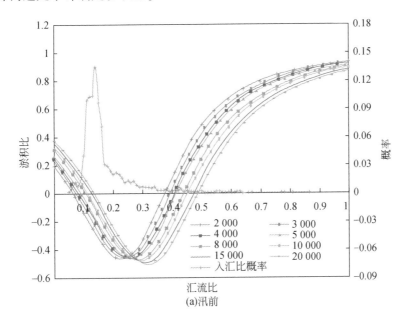

(a)汛前

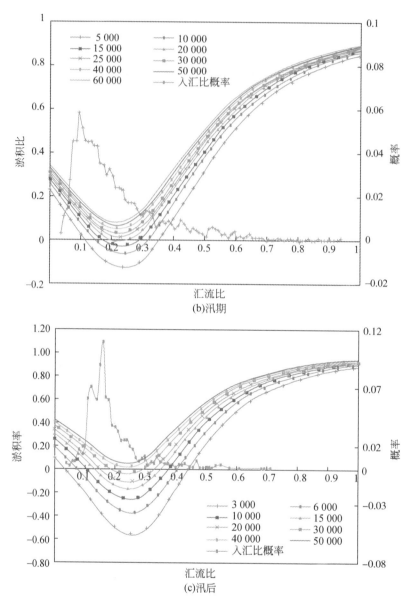

图 4-13　三峡水库蓄水前重庆河段淤积比与汇流比关系和汇流比概率分布

(2) 重庆主城区河段实测冲淤量

天然情况下，重庆主城区河段年内冲淤演变规律一般表现为"洪淤枯冲"，可概括为三个阶段[①]（彭万兵等，2005；中国工程院三峡工程试验性蓄水阶段评估项目组，2014），即：年初至汛初的冲刷阶段、汛期的淤积阶段、汛末及汛后的冲刷阶段，具有明显的周期性。在天然情况下，重庆主城区河段长期处于冲淤平衡状态。但是由于近期

---

① 参考泥沙评估课题专家组在 2015 年的三峡工程库区泥沙专题研究报告。

长江上游来沙量大幅度减少,以及重庆主城区河道采砂活动日益频繁,对河道冲淤带来明显的影响,使得 1980 年以来河道处于冲刷下切的状态(中国工程院三峡工程试验性蓄水阶段评估项目组,2014),见表 4-13。1980 年 2 月~2003 年 5 月,重庆主城区河段冲刷泥沙量为 1247.2 万 m³,其中 1980 年 2 月~1996 年 12 月河段冲刷量为 312.1 万 m³,1996 年 12 月~2002 年 12 月河段冲刷量为 416.2 万 m³,2002 年 12 月~2003 年 5 月冲刷量为 518.9 万 m³。

表 4-13 天然情况下重庆主城区河段冲淤量统计表 (单位:万 m³)

计算时段	长江干流		嘉陵江	全河段	备注	
	朝天门以上	朝天门以下				
1980 年 2 月~1996 年 12 月	-147.2	-2.6	-162.3	-312.1	岸线相对稳定	
1996 年 12 月~2002 年 12 月	-180.8	-189.6	-45.8	-416.2	重庆滨江路建设导致河道变窄	天然时期
2002 年 12 月~2003 年 5 月	-157.3	-273.4	-88.2	-518.9		
1980 年 2 月~2003 年 5 月	-485.3	-465.6	-296.3	-1247.2		

注:"+"表示淤积;"-"表示冲刷。

(3) 重点河段泥沙冲淤过程分析

表 4-14 和图 4-14 为重庆主城区河段内猪儿碛和金沙碛两个河段 1961 年汛前、汛期和汛后三个时段的冲淤量,九龙坡河段 1986 年和 1990 年不同时段的冲淤资料比较齐全,基本反映了一个年度内的冲淤变化过程(栾春婴和郭继明,2004;彭万兵等,2005),实测冲淤成果见表 4-15。从表和图中可以看出猪儿碛、金沙碛和九龙坡河段的冲淤特性。

表 4-14 1961 年猪儿碛和金沙碛河段冲淤量统计表

时段(月.日)	猪儿碛河段 (2.78km) 冲淤量/万 m³	时段(月.日)	金沙碛河段 (2.13km) 冲淤量/万 m³
汛前 (3.21~6.11)	-56.7	汛前 (3.22~6.12)	-24
汛期 (6.12~9.12)	149.7	汛期 (6.13~9.13)	238.8
汛后 (9.13~11.13)	-84.5	汛后 (9.14~11.12)	-202.8
合计 (3.21~11.13)	8.5	合计 (3.22~11.12)	12

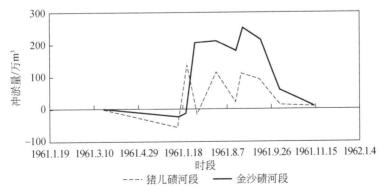

图 4-14 1961 年重庆主城区河段猪儿碛和金沙碛河段累积冲淤过程

表 4-15 重庆主城区九龙坡河段泥沙冲淤量统计表　　　（单位：万 m³）

时段/月	1986 年 (2.8km)			时段/月	1990 年 (3.4km)		
	冲刷量	淤积量	冲淤量		冲刷量	淤积量	冲淤量
2～9	-97.5	252.7	155.2	4～9	-106	209.9	103.9
9～11	-198.2	63.4	-134.8	9～12	-133	60.6	-72.4
2～11			20.4	4～12			31.5

1) 猪儿碛河段，汛前河段以冲刷为主，3 月 21 日～6 月 11 日河段冲刷量为 56.7 万 m³；汛期泥沙冲淤交替，以淤积为主，6 月 12 日～9 月 12 日累计淤积量为 149.7 万 m³；汛后 9 月 13 日～11 月 13 日为单一的冲刷过程，冲刷量为 84.5 万 m³。全年泥沙冲淤情况，3 月中旬至 11 月中旬，冲淤数量基本平衡。

2) 金沙碛河段在汛前略有冲刷，3 月 22 日～6 月 12 日冲刷量为 24 万 m³；汛期泥沙冲淤交替，以淤积为主，6 月 13 日～9 月 13 日累计淤积量为 238.8 万 m³；汛后 9 月 14 日～11 月 12 日为单一冲刷过程，冲刷量为 202.8 万 m³，其中 9 月 14 日～10 月 5 日，冲刷量为 154.4 万 m³，平均每天冲刷 7.0 万 m³，为走沙强度最大的时段。全年 3 月中旬至 11 月中旬，累积淤积量为 306.0 万 m³，冲刷量为 294.0 万 m³，冲淤数量基本平衡，表明 11 月中旬泥沙的冲淤已趋于平衡。

3) 九龙坡河段在 1986 年 2～9 月，以淤积为主，累积淤积量为 155.2 万 m³；9～11 月，以冲刷为主，累积冲刷量为 134.8 万 m³。2～11 月累积冲淤量为 20.4 万 m³，表明 11 月泥沙的冲淤已趋于平衡。1990 年该河段汛期淤积量和汛后冲刷量均小于 1986 年，但仍反映出汛期淤积，汛后冲刷的规律。

综上所述，重庆主城区九龙坡、猪儿碛、金沙碛 3 个河段泥沙冲淤分析成果表明，年初至汛前枯水季节，水流在河槽内运动，河段处于冲刷阶段；汛期水流漫滩，并受铜锣峡河段的壅水影响，河段主要表现为泥沙的淤积过程，汛后随着水位的降低，水流逐渐归槽，流速加大，且水流的含沙量较少，泥沙的运动形式主要表现为冲刷，逐渐恢复到汛前的枯水河床形态，达到年内冲淤基本平衡。总之，重庆主城区河段年内有冲有淤，其冲淤过程按总趋势可概括为三个阶段，即：年初至汛初的冲刷阶段、汛期的淤积阶段、汛末及汛后的冲刷阶段。

4.2.3　水库蓄水初期河段冲淤变化

（1）重庆河段冲淤变化

图 4-15 为三峡水库蓄水初期重庆河段淤积比与汇流比的关系及嘉陵江汇流比的概率分布情况，由图可见如下。

1) 当汛前汇流比小于 0.32 时，同汇流比下的河段淤积比随着流量增加略有增大；当汛前汇流比大于 0.32 时，河段淤积比随流量的增加而减小。汛期和汛后河段淤积比随流量的增加而增加。

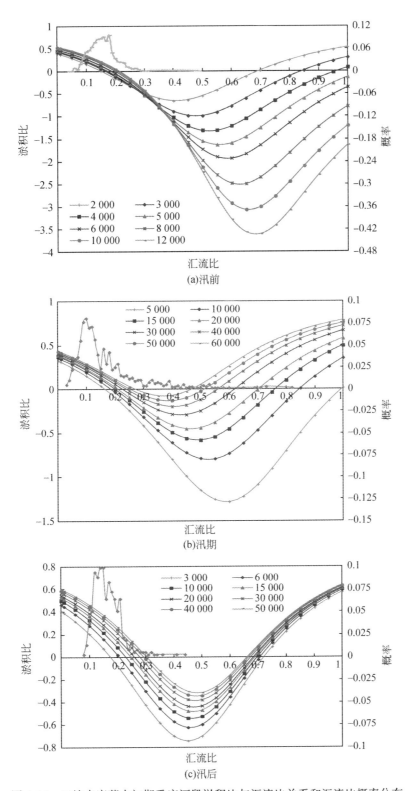

图 4-15 三峡水库蓄水初期重庆河段淤积比与汇流比关系和汇流比概率分布

2) 同流量下的河段淤积比随汇流比的增大而减小，由淤积逐渐转入冲刷；当汇流比增大到一定程度时，淤积比达到最小，然后河道淤积比随汇流比的增加而增大，或河道由冲刷转入淤积。

3) 同样，结合表4-1和表4-2所示的流量集中发生区间和汇流比集中发生区间，在汛前，当寸滩流量为3000~5000m³/s、汇流比为0.08~0.15时，重庆河段主要为淤积；当汇流比为0.15~0.23时，河段主要为冲刷；汛前河段虽然有冲有淤，但总体表现为冲刷。在汛期，当流量为5000~20 000m³/s、汇流比为0.05~0.18时，河道以淤积为主；当汇流比为0.18~0.33时，河道以冲刷为主；河道有冲有淤，总体表现为淤积。在汛后，寸滩站流量为4000~13 000m³/s、汇流比为0.1~0.22时，河段有冲有淤，汇流比较大时，河道冲刷幅度增大，总体表现为冲刷。

4) 与三峡水库蓄水前相比较，水库蓄水初期河道冲淤特点基本一致，都具有河段汛期以淤积为主、汛前和汛后以冲刷为主的特点，但淤积比曲线变化与天然情况有一定的差异。

(2) 重庆主城区河段实测冲淤量

在三峡水库围堰发电期和初期运行期，重庆主城区河段尚未受三峡水库壅水影响，属自然条件下的冲淤演变。表4-16为三峡水库蓄水初期重庆主城区河段泥沙冲淤量（中国工程院三峡工程试验性蓄水阶段评估项目组，2014），三峡水库蓄水初期重庆主城区河段泥沙冲刷量为80.7万m³，其中三峡水库围堰蓄水期（2003年5月~2006年9月）泥沙冲刷量为447.5万m³，三峡水库初期蓄水期（2006年9月~2008年9月）泥沙淤积量为366.8万m³。

表4-16 三峡水库蓄水初期重庆主城区河段冲淤量统计表 （单位：万m³）

	计算时段	长江干流		嘉陵江	全河段	备注
		朝天门以上	朝天门以下			
时期	围堰蓄水期（2003年5月~2006年9月）	-90.4	-107.6	-249.5	-447.5	135~139m运行期
	初期蓄水期（2006年9月~2008年9月）	-23.1	+353.5	+36.4	+366.8	144~156m运行期
	蓄水初期（2003年5月~2008年9月）	-113.5	+245.9	-213.1	-80.7	蓄水初期
年内	汛前（12~5月）	-17.0	-110.1	24.1	-103.0	
	汛期（5~9月）	116.8	169.6	36.0	322.5	
	汛后（9~12月）	-145.9	-44.3	-109.9	-300.1	

三峡水库蓄水初期，重庆主城区河段汛前（12~5月）有冲有淤，以冲刷为主，年平均冲刷量为103万m³；汛期（5~9月）有冲有淤，以淤积为主，年平均淤积量为322万m³；汛后（9~12月）同样有冲有淤，以冲刷为主，年平均冲刷量为300万m³。具有汛期河道淤积、非汛期河道冲刷的特点，与自然情况的河道冲淤一致，而且也与上述重庆河段的冲淤分析成果相同。进一步表明了三峡水库初期蓄水对重庆主城区河段冲淤特点没有明显影响。

(3) 重庆主城区河段冲淤过程

根据重庆主城区河段冲淤量的有关资料①（彭万兵等，2005；三峡工程泥沙专家组，2013a），河段 2002 年 12 月～2008 年 9 月（含三峡蓄水初期）冲淤过程与寸滩流量过程如图 4-16 所示。

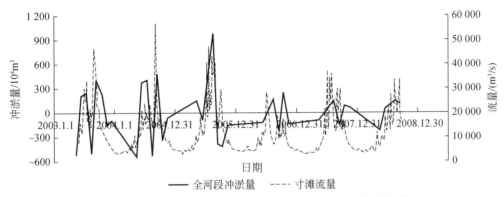

图 4-16　三峡水库蓄水初期重庆河段冲淤过程与寸滩流量过程

由图可见，三峡水库蓄水初期，重庆主城区河段年冲淤与寸滩流量变化关系具有明显的规律性和周期性。与天然情况相似，每年汛期河段冲淤变化幅度较大，以淤积为主；汛后开始发生大幅度冲刷，淤积越多，冲刷量越大；至来年汛前则发生小幅度冲刷，从多年平均看，以冲刷为主。显然，蓄水初期年内冲淤过程仍然可分为汛前冲刷（年初至汛初的冲刷阶段）、汛期淤积（汛初至汛末的淤积阶段）和汛末冲刷（汛末及汛后的冲刷阶段）三个阶段。

1）汛前冲刷阶段。汛前冲刷可分为退水冲刷和涨水冲刷两种，前者是指退水过程中发生的冲刷，主要发生在年初至 4 月之前，但由于该时段流量小、水位低，其走沙量不大；后者是指发生在 4～5 月的涨水阶段，由于该时期水流尚未漫滩，主槽流速增大，故河槽大量冲刷，走沙量较大。据统计，除 2005 年 6 月中旬汛前泥沙淤积达 59.7 万 m^3 外，2003 年、2004 年、2006～2008 年 6 月中旬汛前泥沙冲刷量分别为 305.9 万 m^3、173.4 万 m^3、243.6 万 m^3、111.9 万 m^3 和 158.6 万 m^3。

2）汛期淤积阶段。汛期河床有冲有淤，总体为淤。与天然情况相似，若上游来水来沙相对较大，则河床为淤，反之则河床为冲。汛期 5 月或 6 月中旬至 9 月或 10 月中旬，2003～2007 年河段总淤积量分别为 390.6 万 m^3、354.9 万 m^3、592.8 万 m^3、173.2 万 m^3 和 46.2 万 m^3；2008 年汛期淤积量为 259.2 万 m^3。

3）汛末至年末为冲刷阶段。天然情况下，汛后随着水位消落，水流逐渐归槽，流速增大，水流挟沙能力增强，加之上游来沙量减少，故河床总体为冲。据统计，2003 年 10 月中旬至 12 月下旬冲刷量为 260.7 万 m^3；2004 年和 2005 年 9 月中旬至 11 月中旬冲

---

① 参考长江水利委员会水文局在 2012 年的三峡水库进出库水沙特性、水库淤积及坝下游河道冲刷分析（2011 年度）报告；泥沙评估课题专家组在 2015 年的三峡工程库区泥沙专题研究报告；中华人民共和国水利部的中国河流泥沙公报。

刷量分别为 397.4 万 m³ 和 580.8 万 m³；2006 年 10 月中旬至 11 月中旬冲刷量为 142.6 万 m³；2007 年 10 月中旬至 11 月中旬淤积量为 66.1 万 m³。

4.2.4 水库试验性蓄水期河段冲淤变化

(1) 重庆河段冲淤变化

图 4-17 为三峡水库试验性蓄水期重庆河段淤积比与汇流比的关系及嘉陵江汇流比的概率分布情况，由图可见如下。

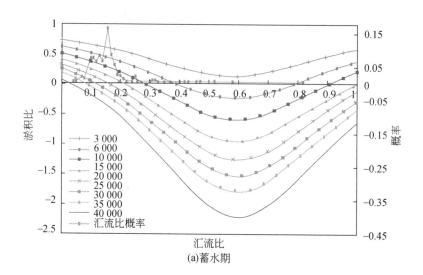

(a) 蓄水期

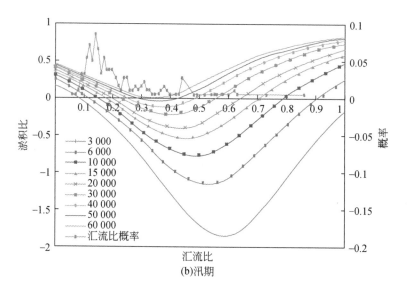

(b) 汛期

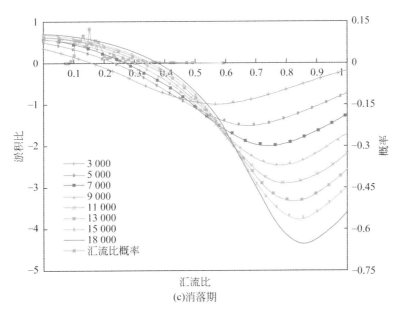

图 4-17　三峡水库试验性蓄水期重庆河段淤积比与汇流比关系和汇流比概率分布

1) 同汇流比条件下,汛后蓄水期河道淤积比随流量的增加而减小,表明小流量(如流量小于 4000m³/s 时)河道处于淤积状态,大流量时河道既有淤积也有冲刷,以冲刷为主;在汛期,河道淤积比随流量的增大而增加,表明汛期大流量时河道以淤积为主,如流量大于 60 000 m³/s 时,河道将恒为淤积;在汛前消落期,当汇流比小于 0.6 时,河道淤积比随流量的增大而增大,即大流量时河道淤积,小流量时河道淤积较少或者冲刷;当汇流比大于 0.6 时,河道淤积比随着流量的增大而减小。

2) 同流量河道淤积比随汇流比的增大而减小,除汛后和汛期流量较小(分别为小于 4000m³/s 和大于 60 000m³/s)外,河道由淤积逐渐转入冲刷;当汇流比增大到一定程度,淤积比达到最小,然后河道淤积比随汇流比的增加而增大。

3) 河道在流量集中发生和汇流比集中发生阶段,河道有冲有淤;在汛后蓄水期初期和汛前消落期后期河道以冲刷为主,在蓄水期后期和消落期初期河道以淤积为主,汛后蓄水期和汛前消落期仍然以淤积为主;汛期河道有冲有淤,小流量时冲刷,大流量时淤积,总体表现为淤积。

4) 与三峡水库蓄水前对比,试验性蓄水以来,河道冲淤规律发生明显变化,汛后蓄水期由蓄水前河道以冲刷为主转变为以淤积为主,汛前消落期由天然情况河道以冲刷为主转变为以微淤为主,汛期淤积明显减少,甚至发生冲刷。

(2) 重庆主城区河段实测冲淤量

三峡水库试验性蓄水后,重庆主城区河段的冲淤变化不仅受长江干流和嘉陵江来水来沙及其组合的影响,还与三峡水库的运行水位密切相关。

如表 4-17 所示试验性蓄水以来(2008 年 10 月~2013 年 12 月),重庆主城区河段实测累积冲刷量为 874.7 万 m³,其中滩和槽泥沙冲刷量分别为 181.5 万 m³ 和 693.2

万 m^3；长江干流朝天门以上河段、以下河段和嘉陵江河段全部表现为冲刷，泥沙冲刷量分别为 728.6 万 m^3、30.9 万 m^3 和 115.2 万 m^3。河段冲淤量由于受到上游来沙量减少、河道采砂及水库蓄水运用的综合影响，除 2009 年淤积外，其他年份河段都处于冲刷状态。

表 4-17　三峡水库试验性蓄水期重庆主城区河段冲淤量统计表（单位：万 m^3）

计算时段（年.月.日）		长江干流		嘉陵江	全河段
		汇口以上	汇口以下		
水文年	2008.9～2009.6	-98.3	-70.9	-85.0	-254.2
	2009.6.11～2010.6.11	-2.2	65.9	79.1	142.8
	2010.6.11～2011.6.17	-19.8	1.1	-80.9	-99.6
	2011.6.17～2012.6.12	-94.6	-67.8	-36.4	-198.8
	2012.6.12～2013.6.13	-347.8	145.9	53.7	-148.2
	2013.6.13～2013.12.9	-165.9	-105.1	-45.7	-316.7
合计	2008.9～2013.12.9	-728.6	-30.9	-115.2	-874.7

需要特别注意的是，近年来重庆主城区河道采砂活动频繁，统计的冲刷量中包括了河道采砂影响。据调查，2008～2013 年重庆主城区河段年采砂量在 200 万～400 万 t，与 2008 年试验性蓄水以来至 2013 年的年平均实测冲刷量接近。

（3）主城区河段冲淤变化过程

根据有关成果资料分析①（三峡工程泥沙专家组，2013a），重庆主城区河段 2008 年 9 月～2010 年 9 月冲淤过程与寸滩流量过程如图 4-18 所示，年内不同时段的冲淤分布见表 4-18，重庆主城区河段随水库运行方式在年内冲淤特点有较大的差异。

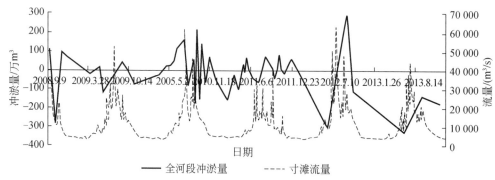

图 4-18　三峡水库试验性蓄水期重庆主城区河段冲淤与流量变化过程

---

① 参考长江水利委员会水文局在 2012 年的三峡水库进出库水沙特性、水库淤积及坝下游河道冲刷分析（2011 年度）报告；泥沙评估课题专家组在 2015 年的三峡工程库区泥沙专题研究报告。

表 4-18 三峡水库试验性蓄水期年内不同时段冲淤分布　　（单位：万 m^3）

时段/月	长江干流		嘉陵江	全河段
	汇口以上	汇口以下		
蓄水期（9~12）	-4.4	3.2	18.2	17.0
消落期（12~6）	-118.7	-25.5	-23.9	-168.1
汛期（6~9）	3.4	34.5	-7.4	30.5

1）汛期基本上为自然状态，重庆主城区河段有冲有淤，平均泥沙淤积量为 30.5 万 m^3，其中 2009 年淤积量为 39.7 万 m^3，2010 年冲刷量为 40.4 万 m^3，2011 年淤积量为 17.6 万 m^3，冲淤量较小，但 2012 年来水来沙量相对较大，淤积量有所增多，达到 275.6 万 m^3，2013 年则冲刷量为 139.9 万 m^3。

2）在蓄水期，河段平均淤积量为 17.0 万 m^3，其中 2008 年、2010 年、2011 年平均为淤积，淤积量分别为 159.7 万 m^3、205.1 万 m^3 和 85.7 万 m^3；2009 年、2012 年和 2013 年蓄水期冲刷，冲刷量分别为 77.7 万 m^3、94.2 万 m^3 和 176.8 万 m^3，这可能与来沙较少、河道采砂等有关。

3）在消落期，河段平均冲刷泥沙量为 168.1 万 m^3，除 2010 年表现为淤积外，大多以冲刷为主，前期淤积较多的年份，其汛前消落期冲刷量也较大，如 2011 年、2012 年和 2013 年泥沙冲刷量分别为 99.6 万 m^3、302.1 万 m^3 和 329.6 万 m^3。

(4) 推移质泥沙淤积问题

河道上修建水库后，推移质因其颗粒较粗，容易在库尾沉积，发生"翘尾巴"现象。重庆主城区河段位于变动回水区范围内的上段，推移质淤积状况，特别是是否存在累积性淤积对三峡水库的"翘尾巴"淤积的发生与否十分重要。库尾淤积不仅与水流条件有关，而且与来水来沙条件有关。勘测设计单位根据对川江大量卵石推移质的测验、调查、试验和研究成果，认为川江砾卵石推移质的数量并不大，论证阶段，朱沱站和寸滩站实测年平均砾卵石推移质输沙量分别为 32.8 万 t 和 27.7 万 t，20 世纪 90 年代以来，进入三峡的沙质推移质和砾卵石推移质泥沙数量总体都呈下降趋势。如寸滩站 1991~2002 年沙质推移质和卵石推移质的年平均输沙量分别为 25.83 万 t 和 15.4 万 t，三峡水库蓄水运用后 2003~2013 年年平均沙质推移质和砾卵石推移质输沙量仅分别为 1.47 万 t 和 4.36 万 t，比 1991~2002 年分别减少了 94% 和 72%。三峡入库推移质输沙量大幅减小，主要与上游水库拦沙、水土保持及河道采砂增多等因素有关。重庆主城区推移质输沙量的大幅度减少，而且在今后相当长的时间内维持较低的水平，再加上河道采砂的影响，致使重庆主城区河段的推移质淤积较少，甚至出现河段冲刷的现象。因此，三峡工程的建设不会出现堵塞重庆港和加重重庆以上洪水灾害的问题。

4.2.5 重庆主城区河段走沙规律变化

1. 河段床沙及其起动流量推导

(1) 床沙级配与床沙质

长江上游河道一般坡陡流急，河床主要由卵石或卵石挟沙构成。朱沱站仅搜集到天然状况下的卵石资料，寸滩站床沙资料较多，北碚站没有搜集到床沙资料，可采用寸滩站资料。据有关实测资料分析可以看出，朱沱站和寸滩站推移质泥沙粒径范围在 4.0~200mm，床沙粒径主要集中在 15~150mm 和 20~100mm，对应的中值粒径分别为 35mm 和 55mm；蓄水初期和试验性蓄水期寸滩站河床泥沙粒径均集中在 10~100mm，中值粒径约为 35mm，如图 4-19 和图 4-20 所示。

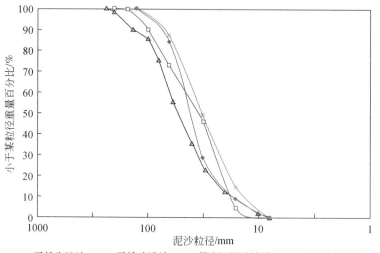

图 4-19 不同时期重庆主城区河段水文站卵石推移质级配

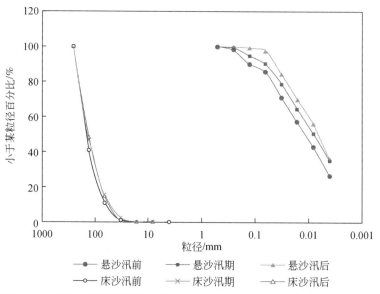

图 4-20 三峡水库试验性蓄水期（2009 年）寸滩水文站床沙和悬沙级配

根据利用床沙级配划分床沙质和冲泻质的方法（钱宁和万兆惠，1983），寸滩水文站5%床沙的细颗粒泥沙粒径为14mm，也就是说粒径小于14mm的悬移质泥沙为冲泻质，不参与河床造床，大于14mm的悬移质泥沙参与造床。从实测悬移质泥沙级配可知，在悬移质泥沙中，没有大于14mm的泥沙，也就是说悬移质泥沙不参与寸滩水文站河段的造床。

（2）起动流量公式推导

a. 河道流速 V 和水深 H 与流量 Q 的关系为：

$$V = \alpha_1 Q^{\beta_1} \tag{4-10}$$

$$H = \alpha_2 Q^{\beta_2} \tag{4-11}$$

b. 泥沙起动流速 V_c

目前常用的泥沙起动公式有沙莫夫公式和武汉水院公式（邵学军和王兴奎，2013），对于散粒体泥沙，张瑞瑾公式与沙莫夫公式的泥沙起动流速计算结果基本一致。因此，朱沱站和北碚站采用张瑞瑾全沙起动流速公式，寸滩站采用吕秀贞寸滩起动流速公式（彭润译和吕秀贞，1990）。

北碚站、朱沱站泥沙起动流速采用武汉水院公式：

$$V_c = \left(\frac{H}{D}\right)^{0.14} \left(17.6\frac{\gamma_s - \gamma}{\lambda}D + 6.05 \times 10^{-7}\frac{10 + H}{D^{0.72}}\right)^{0.5} \tag{4-12}$$

式中，γ_s、γ 分别为泥沙和水的容重。

寸滩站泥沙起动流速采用吕秀贞公式：

$$V_c = 0.997 D_m^{0.22} H^{0.167} D^{0.113} \sqrt{\frac{\gamma_s - \gamma}{\gamma}g} \tag{4-13}$$

c. 重庆河段泥沙起动流量

令 $V = V_c$，便得重庆河段不同水文测站泥沙起动流量公式。

北碚站、朱沱站泥沙起动流量公式：

$$Q = \frac{K}{\alpha_1}\left[\left(\frac{\alpha_2 Q^{\beta_2}}{D}\right)^{0.14}\left(17.6\frac{\gamma_s - \gamma}{\lambda}D + 6.05 \times 10^{-7}\frac{10 + \alpha_2 Q^{\beta_2}}{D^{0.72}}\right)^{0.5}\right]^{\frac{1}{\beta_1}} \tag{4-14}$$

寸滩站泥沙起动流量公式：

$$Q = \left[0.997\frac{\alpha_2}{\alpha_1}D_m^{0.22}D^{0.113}\left(\frac{\gamma_s - \gamma}{\gamma}g\right)^{0.5}\right]^{\frac{1}{\beta_1 - 0.167\beta_2}} \tag{4-15}$$

式中，D_m 为寸滩站泥沙平均粒径，蓄水前为0.0628m。

2. 重庆河段床沙起动流量

根据建立的起动流量公式，利用不同时期各水文站的水力几何关系参数（表4-1），点绘三峡水库试验性蓄水期的起动流量与粒径之间的关系，如图4-21和图4-22所示；各水文站不同时期床沙起动流量的特征值见表4-19。由图和表可见如下。

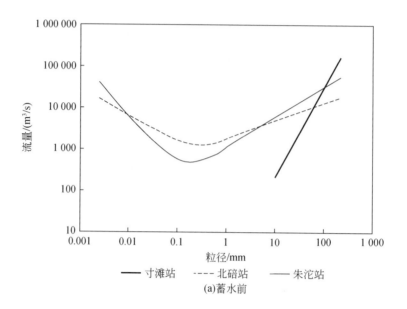

(a)蓄水前

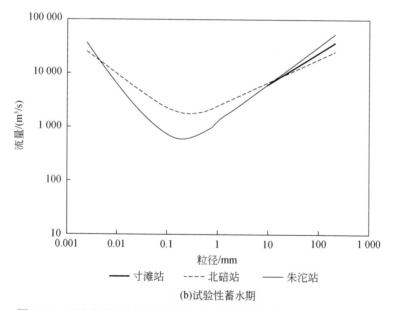

(b)试验性蓄水期

图 4-21 三峡水库重庆河段各水文站不同时期起动流量与粒径的关系

第4章 重庆主城区河段泥沙冲淤规律与航道碍航调控措施

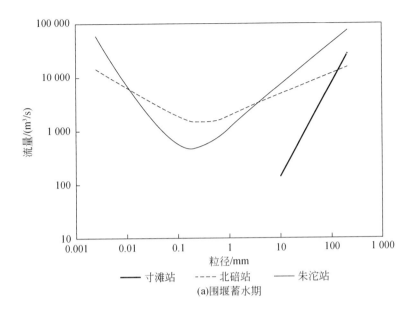

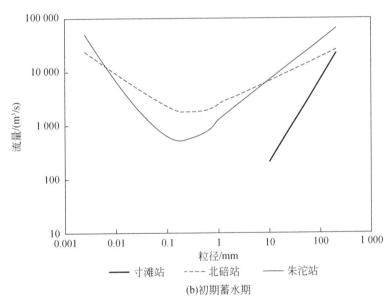

图 4-22 重庆河段各水文站三峡水库蓄水初期起动流量与粒径关系

表 4-19 三峡水库重庆河段各水文站起动流量范围统计表 （单位：m^3/s）

水文站		朱沱	北碚	寸滩
蓄水前	起动流量范围	8 163 ~ 46 420	6 698 ~ 13 404	992 ~ 32 355
	中值粒径起动流量	22 197	22 197	10 705
	最小起动流量	459	1 285	

续表

水文站			朱沱	北碚	寸滩
蓄水初期	围堰蓄水期	起动流量范围	9 221~54 128	4 559~11 016	1 158~12 141
		中值粒径起动流量	15 710	6 945	2 736
		最小起动流量	463	1 385	
	初期蓄水期	起动流量范围	9 085~49 217	6 712~17 990	1 158~12 141
		中值粒径起动流量	15 105	10 743	2 736
		最小起动流量	525	1 749	
试验性蓄水期		起动流量范围	14 058~45 475	7 030~19 144	6 315~24 015
		中值粒径起动流量	16 955	12 850	14 114
		最小起动流量	600	1 794	

1）无论是天然时期，还是蓄水初期或试验性蓄水期，各水文站起动流量与床沙粒径的关系具有类似的规律，对于朱沱站和北碚站，当泥沙粒径分别为 0.20mm 和 0.25mm 时，所需要的起动流量最小；当床沙粒径大于或小于临界值时，起动流量随粒径变化而增大。

2）在现有的床沙资料条件下，各站不同时期的起动流量见表 4-19，朱沱站和北碚站不同时期的起动流量变化范围虽然有所变化，但变化不大，也就是说朱沱站和北碚站泥沙起动流量没有受到水库蓄水的影响；蓄水初期各站起动流量与天然情况床沙起动流量相差不大，试验性蓄水期寸滩站床沙粒径小于 100mm 的泥沙较蓄水前更加难以起动，粒径小于 50~90mm 的泥沙较蓄水初期难以起动。

3. 重庆主城区河段走沙特点

（1）蓄水前的走沙特点与走沙条件

关于蓄水前重庆主城区河段走沙规律，有关部门开展了大量的观测，特别是对九龙坡、猪儿碛、金沙碛和寸滩等重点河段的冲淤进行了较为详细的测量，见表 4-20~表 4-22（刘德春等，1999，2009；栾春婴和郭继明，2004；彭万兵等，2005）。由表可以看出蓄水前重庆主城区河段走沙具有如下特点。

1）2001~2003 年测量资料表明，九龙坡、猪儿碛、金沙碛和寸滩四个河段 9 月中旬至 9 月 30 日的平均冲刷量约占 9 月中旬至 12 月中旬平均冲刷量的 32.9%；9 月中旬至 10 月 15 日的平均冲刷量约占 9 月中旬至 12 月中旬平均冲刷量的 70.1%。

2）1961 年测量成果表明，猪儿碛河段 9 月 12 日~9 月 30 日的冲刷量占汛后总冲刷量的 73%，9 月 12 日~10 月 15 日的冲刷量占汛后总冲刷量的 93%；金沙碛河段 9 月 13 日~9 月 30 日的冲刷量占汛后总冲刷量的 58%，9 月 13 日~10 月 15 日的冲刷量占汛后总冲刷量的 82%。

3）1992 年及 1994~2002 年 10 月中旬以后重点河段冲淤成果表明，10 年汛后平均走沙量九龙坡河段为 16.5 万 m^3，猪儿碛河段为 2.7 万 m^3，金沙碛河段为 2.8 万 m^3，寸滩河段为 9.8 万 m^3，表明四个重点河段 10 月中旬至 12 月中下旬平均走沙量不大。

第4章 重庆主城区河段泥沙冲淤规律与航道碍航调控措施

4) 表 4-22 所示的重点河段累积冲淤量沿高程分布表明（刘德春等，1999），四个河段走沙量较大的部位主要分布于浅滩和边滩滩唇部位，深槽部位走沙量很少，与山区性河道冲淤规律基本一致。

5) 综上所述，重庆主城区河段 9 月中旬至 10 月中旬是汛后主要走沙期，汛期淤积泥沙大部分被冲走，冲刷量一般可达 50 万～190 万 m^3，占汛末及汛后冲刷总量的 76%～91%，其中 9 月中旬至 9 月底的走沙量约占当年汛后走沙量的 50%；10 月中旬至 12 月下旬为次要走沙期，冲刷量不大，1992～2003 年 10 月中旬至 12 月中旬九龙坡、猪儿碛、金沙碛和寸滩河段的平均走沙量分别为 15.6 万 m^3、3.8 万 m^3、4.0 万 m^3 和 9.8 万 m^3。河段走沙量较大的部位主要分布于浅滩和边滩滩唇部位，深槽部位走沙量很少。

表 4-20　2001～2003 年重庆主城区四个重点河段不同时段走沙量统计表

（单位：万 m^3）

项目	9月中旬至9月30日	10月1日至12月中旬	9月中旬至10月15日	10月16日至12月中旬	9月中旬至12月中旬
2001 年	-133.8	-185.7	-271.3	-48.2	-319.5
2002 年	-15.3	-44.4	-29.6	-30.1	-59.7
2003 年	11.1	-51.3	6.9	-47.1	-40.2
三年平均	-46	-93.8	-98	-41.8	-139.8
占汛后/%	32.9	67.1	70.1	29.9	100

表 4-21　汛后重庆主城区四个重点河段冲淤量统计表　（单位：万 m^3）

项目	九龙坡（2.66km）	猪儿碛（2.84km）	金沙碛（1.75km）	寸滩（2.58km）
10 年淤积总量	304.2	208.5	64.2	159.9
10 年冲刷总量	-468.9	-235.4	-92.5	-257.6
累计淤积量	-164.7	-26.9	-28.3	-97.7
年平均冲淤量	-16.5	-2.7	-2.8	-9.8

表 4-22　重庆主城区四个河段累积冲淤量沿高程分布

河段名称	年份	130～135m	135～140m	140～145m	145～150m	150～155m	155～160m	160～165m
九龙坡	1996		-47.2	2.4	113	-16.9	-509.8	-1913.9
猪儿碛	1992			-182.6	-215.7	203.6	-1842.5	-865.1
金沙碛	1994					-893.3	-1149.7	-775.4
寸滩	1992	26.1	49.2	-226.2	451.3	-769.3	-1231.8	-447

重庆主城区河段冲刷走沙主要是由汛后退水期水流归槽和输沙不饱和引起的，走沙期主要集中在每年9月中旬至10月中旬。通过资料分析可初步求得重庆主城区河段的走沙条件①，即相应寸滩站流量为25 000~12 000m³/s时，重庆主城区河段发生明显冲刷；当寸滩站流量退至12 000~5000m³/s时，河床有冲有淤，总趋势为冲刷，但走沙量相对不大；当寸滩站流量小于4000m³/s时，走沙过程基本结束；这一走沙条件与寸滩站断面不同河槽特征流量是一致的，也都在寸滩站断面床沙起动流量范围之内。

（2）蓄水初期河段走沙特点与走沙条件

综合已有实测资料②（彭万兵等，2005），三峡水库蓄水初期，重庆主城区河段各年汛后走沙总量见表4-23，蓄水初期走沙过程与寸滩的流量过程如图4-23所示，由图和表可见如下。

表4-23 三峡水库蓄水初期重庆主城区各年汛后走沙总量统计表

（单位：万m³）

走沙时段	年份	河段			
		汇合口以上	汇合口以下	支流嘉陵江	全河段
主要走沙期 （9~10月）	2003	-77.1	-44.5	-36.4	-158
	2004	-228.4	-142.5	34.7	-336.2
	2005	-281.1	-68	-66.7	-415.8
	2006	36.6	142	61.9	240.5
	2007	69	47.5	-36.5	80
次要走沙期 （10~11月）	2003	-36.4	6	-72.3	-102.7
	2004	-21.8	103	-142.3	-61.2
	2005	-76.5	-8.9	-79.5	-165
	2006	-48.2	-77.4	-17	-142.6
	2007	-30.2	72.7	23.7	66.1
全部走沙期 （9~11月）	2003	-113.5	-38.5	-108.7	-260.7
	2004	-250.2	-39.5	-107.6	-397.4
	2005	-357.6	-76.9	-146.2	-580.8
	2006	-11.6	64.6	44.9	97.9
	2007	38.8	120.2	-12.8	146.1

---

① 参考刘德春和官学文在2003年中国水力发电工程学会水文泥沙专业委员会学术讨论会上的三峡工程变动回水区重庆主城区河段走沙规律观测分析；泥沙评估课题专家组在2015年的三峡工程库区泥沙专题研究报告。

② 参考长江水利委员会水文局在2012年的三峡水库进出库水沙特性、水库淤积及坝下游河道冲刷分析（2011年度）报告；泥沙评估课题专家组在2015年的三峡工程库区泥沙专题研究报告。

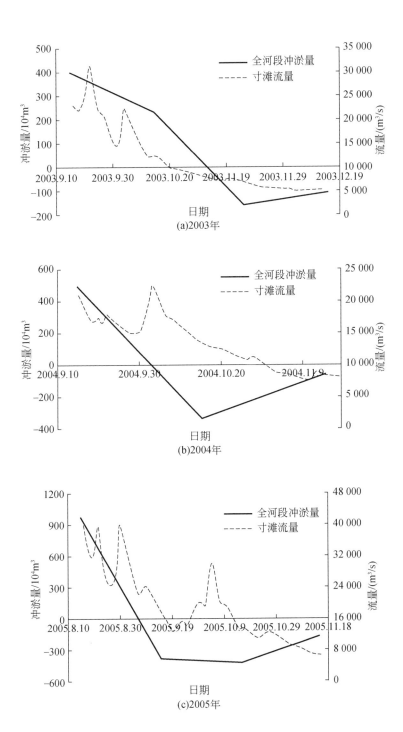

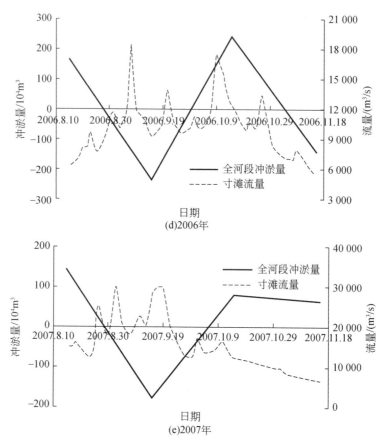

图 4-23 三峡水库蓄水初期重庆主城区河段走沙与寸滩流量过程

1）三峡水库围堰蓄水期重庆河段走沙过程与天然情况基本一致，汛期淤积量越大，走沙量也越大。重庆河段 2003～2005 年汛末流量回落前的淤积量分别为 390.6 万 m^3、481.7 万 m^3 和 979.7 万 m^3，走沙量分别达到 260.7 万 m^3、397.4 万 m^3 和 580.8 万 m^3。

2）在三峡水库初期蓄水运行阶段，重庆河段 2006 年和 2007 年寸滩汛期流量较小，淤积量较小，走沙过程不明显，甚至河段在走沙期发生淤积。

蓄水初期河道冲淤特点和走沙过程与天然情况基本一致，其走沙条件与天然情况也是相当的。当寸滩站汛末流量退至 25 000～15 000m^3/s 时，河段走沙明显，为主要走沙期；寸滩流量下降至 15 000～7000m^3/s 时，走沙过程不明显，为次要走沙期；当寸滩流量退至 7000～5000m^3/s 时，重庆河段走沙过程结束，河段还可能发生淤积，如图 4-23 所示。

（3）试验性蓄水期河段走沙特点与走沙条件

表 4-24 和表 4-25 分别为试验性蓄水期重庆主城区河段蓄水期和消落期走沙统计情况，图 4-24 为试验性蓄水期典型年重庆主城区河段冲淤量与流量过程。由表和图可以看出试验性蓄水期走沙具有如下特点。

1）三峡水库试验性蓄水期在汛期（6～9 月）水库基本处于畅泄状态，与天然状态冲淤特性一致，重庆主城区河段有冲有淤，总体仍处于淤积状态，多年平均淤积量为 30.5 万 m^3，是重庆主城区河段河床泥沙的淤沙期。

2）重庆主城区河段在汛后蓄水期（9~12月）的初期为冲刷走沙状态，中后期为淤积状态，总体处于淤积状态，多年平均淤积量约为 17.0 万 m^3；汛末9月中旬至10月中旬水库虽然处于蓄水状态，但蓄水对重庆主城区河段的影响较小，河段仍处于走沙状态，随着蓄水位的抬高，蓄水对主城区河段的影响逐渐显现，河段由水库蓄水前和蓄水初期的走沙状态转化为淤沙状态，使得9~12月的蓄水期总体处于淤积状态，走沙期较蓄水前和蓄水初期明显缩短，2008年和2009年主要走沙期集中在9月中旬至10月中旬，分别为30天和27天，而2010年和2011年主要走沙期则集中在9月下旬的13天内；2008~2011年蓄水期间重庆主城区河段冲淤量分别为 -128.8 万 m^3、-77.7 万 m^3、45.7 万 m^3 和 26.6 万 m^3，见表4-24。

表 4-24 三峡水库试验性蓄水期重庆主城区各年汛后走沙总量统计表

（单位：万 m^3）

计算时段（年.月.日）		长江干流		嘉陵江	全河段
		汇合口以上	汇合口以下		
主要走沙期	2008.9.15~10.15	-126.1	-94.9	-67.5	-288.5
	2009.9.12~10.9	-38.5	56.9	-18.1	0.3
	2010.9.18~9.30	-125	-4.2	-23.8	-153
	2011.9.18~9.30	6.2	17.5	-67.4	-43.7
次要走沙期	2008.10.15~11.15	101.5	57.5	0.7	159.7
	2009.10.9~11.16	-8.6	-15.3	-54.1	-78
	2010.9.30~11.18	89.4	52.4	56.9	198.7
	2011.9.30~11.18	21.6	-15.9	64.9	70.3
走沙期	2008.9.15~11.15	-24.6	-37.4	-66.8	-128.8
	2009.9.12~11.16	-47.1	41.6	-72.2	-77.7
	2010.9.18~11.18	-35.6	48.4	33.1	45.7
	2011.9.18~11.18	27.8	1.6	-2.5	26.6

3）重庆主城区河段在消落期（12~6月）的初、中期一般处于淤沙状态，后期河段处于冲刷走沙状态，总体处于冲刷走沙状态，多年平均冲刷量约为 168.1 万 m^3。三峡水库蓄水至 175m 高程后，初期和中期水位消落速率较慢，水库蓄水对重庆主城区具有壅水作用，河段处于淤积状态，在消落期末，水位消落速率加大，水面比降和水流流速增加，河段处于冲刷走沙状态，整个消落期河段总体上处于冲刷状态。除2010年汛前因前期淤积较少，汛前冲刷不明显外，2009年、2011~2013年汛前分别冲刷 125.4 万 m^3、264.3 万 m^3、302.1 万 m^3 和 329.6 万 m^3，见表4-25。

表 4-25　三峡水库试验性蓄水期重庆主城区各年消落期走沙总量统计表

（单位：万 m³）

计算时段（年.月）	长江干流		嘉陵江	全河段
	汇合口以上	汇合口以下		
2008.12~2009.6	-73.7	-33.5	-18.2	-125.4
2009.11~2010.6	70.4	16.1	94.3	180.8
2010.12~2011.6	-84.8	-113.6	-65.9	-264.3
2011.12~2012.6	-178.1	-51.4	-72.6	-302.1
2012.10~2013.6	-273	0.4	-57	-329.6

4）试验性蓄水期河段汛期处于淤沙期，汛后蓄水期初期仍然为走沙阶段，蓄水期的中后期为淤沙阶段，汛前消落期初期、中期河段处于淤沙状态，末期处于冲刷走沙阶段。与蓄水前和蓄水初期相比，重庆主城区河段走沙期明显缩短，走沙规律发生变化，走沙期为汛末和汛初时段。但是，由于来沙量大幅度减少和河段采砂的影响，实测走沙量明显增加，河段全年冲刷下切。

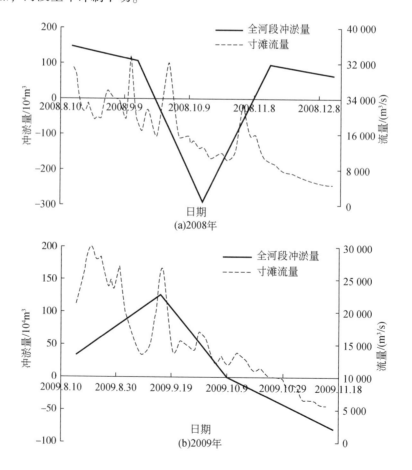

(a) 2008年

(b) 2009年

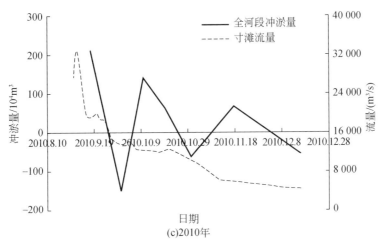

(c)2010年

图 4-24 三峡水库试验性蓄水期典型年重庆主城区河段冲淤量与流量过程

三峡水库试验性蓄水期，重庆主城区河段走沙过程受蓄水回水的影响与天然情况和蓄水初期发生很大的变化。图 4-25 为试验性蓄水以来各年蓄水期河段冲淤变化。结合图 4-25 就各年走沙情况和条件分析如下。

1）试验性蓄水开始于 2008 年，汛末为主要走沙期（9 月中旬至 10 月中旬），三峡水库试验性蓄水对重庆河段的影响尚未显现，与天然情况基本一致，当寸滩站流量减小至 25 000~15 000m³/s 时，河道走沙量及走沙强度较大，使得河道内汛期的淤积物冲刷；而后的次要走沙期（10 月中旬以后），受三峡水库试验性蓄水回水的影响，河段发生淤积。

2）对于 2009 年，重庆主城区河段汛期淤积较少，汛后寸滩流量降至 25 000m³/s 以下，主要走沙期和次要走沙期均有一定走沙能力，汛期淤积得到全面冲刷。

3）对于 2010 年和 2011 年，重庆主城区河段汛后走沙时间进一步缩短，主要发生在 9 月下旬，寸滩流量减小至 25 000~15 000m³/s 时，分别冲刷 153 万 m³ 和 43.7 万 m³，其后受水库蓄水期的影响，走沙明显减弱，并发生淤积。

4）对于 2012 年和 2013 年，因搜集的实测资料较少，从全年的冲淤综合情况来看，汛末或汛后当寸滩流量下降至 25 000 m³/s 时，河段发生冲刷；从其后的蓄水期及次年汛前消落期综合情况来看，河段总体发生冲刷。

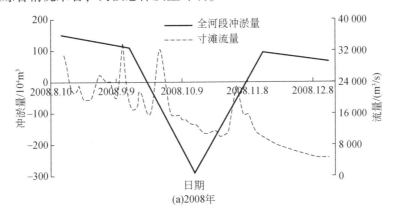

(a)2008年

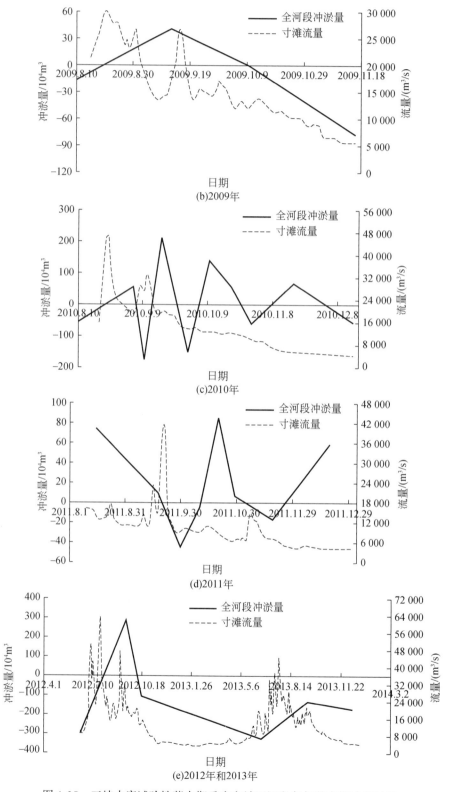

图 4-25 三峡水库试验性蓄水期重庆主城区河段各年蓄水期冲淤过程

4.3 重庆主城区河段航运条件与调控措施

4.3.1 水库蓄水后河段航运条件变化

1. 航道演变及其影响因素

(1) 试验性蓄水前航道演变

重庆主城区河段地处长江上游丘陵宽谷河段，从平面形态上看，该河段河道弯曲，特别是长江干流呈现连续弯道的形态，嘉陵江则自北向南由左岸在朝天门汇入长江。重庆主城区河段河道断面一般较窄（栾春婴和郭继明，2004），洪水期水面较宽，宽河段及分汊段一般大于1 000m，最宽约为1 500m，一般河段河宽为600~800m；枯水期河道较窄，水面宽为300~500m。嘉陵江河段两岸陡峭，大多由基岩组成，岸线凹凸不平，较为稳定。从河床纵剖面来看，则是深潭与浅脊相间，河床高程起伏不平呈锯齿状。根据重庆主城区河段大量的实测资料，重庆主城区河段航道演变具有如下特点（代文良和张娜，2009；代文良等，2010）。

1) 20世纪90年代以后，因长江、嘉陵江两岸滨江路的逐年修建，导致重庆主城区河道岸线不断发生变化，如长江干流黄沙碛至母猪碛段、长江通龙桥至哑巴洞段，嘉陵江石门大桥北桥头至刘家台段、嘉陵江大桥南桥头至朝天门段、嘉陵江化龙桥至磁器口段。1980年2月~2006年12月因修建滨江路导致河宽一般缩窄达到1.3%~20.8%；长江干流珊瑚坝的CY25断面河宽缩窄了221m，占原河宽的20.1%，嘉陵江金沙碛的CY46断面河宽缩窄了153m，占原河宽的20.8%。

2) 重庆主城区河段河床冲淤变化主要由悬移质泥沙的淤积与冲刷造成。汛期河床冲淤变化较大，冲淤交替，一般以泥沙淤积为主，汛后以冲刷为主。冲淤多分布于边滩及边滩滩唇部位，峡谷壅水上段宽阔处的缓流淤积，一些在汛期处于回流区的主槽也有较大的冲淤。一般情况下，汛期主要淤积部位和汛后主要冲刷部位基本相同。汛期淤积量和汛前、汛后冲刷量差别不大，年际间河床形态比较稳定，一般无明显单向性的冲刷和淤积现象，年际冲淤基本平衡。2002年重庆主城区河段深泓线与1980年对比，河段深泓线走向左右摆动不大，一般小于30m，无单向性变化，多年来基本保持稳定。

3) 1980年2月~2006年12月重庆主城区河段洲滩略有萎缩，2006年12月~2007年12月洲滩无明显变化，直至2008年9月河段洲滩边沿各等高线无明显变化。

4) 重庆主城区河段各年深槽等高线横向、纵向位置及范围基本一致。1980年2月~2007年12月，重庆主城区河段主槽变化不大，略有刷深，其中长江干流朝天门以下河段平均刷深0.51m，朝天门以上江段平均刷深0.40m，嘉陵江井口至朝天门段平均刷深1.28m。2007年重庆主城区河段深泓线与2002年对比，长江干流朝天门以上河段平均下切0.7m，长江干流朝天门以下江段平均下切1.5m，嘉陵江段平均下切0.5m。

5) 三峡库尾重庆河段横断面形态多为"U"型，少部分为"V"型或"W"型。除修建滨江路导致部分断面宽度有一定缩窄和河道采砂导致断面部分区域有一定下降外，各年间断面其他部位总体上较为吻合，断面形态较为一致，年内变化，一般是主槽的冲淤变化大于洲滩，个别较规则的断面冲淤较均匀，卵石组成的洲滩、碛坝年内冲淤变化较小。横断面的冲淤呈现汛期淤积、汛后冲刷的演变规律。

（2）试验性蓄水后航道演变

a. 纵剖面变化

图 4-26 为重庆主城区河段深泓线的变化①。由图可见，重庆主城区河段深泓纵剖面有冲有淤，年内和年际间深泓冲淤幅度一般在 2.0m 以内。

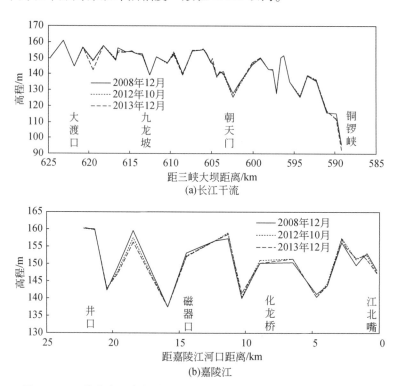

图 4-26 三峡水库重庆主城区河段长江干流和嘉陵江深泓纵剖面变化

b. 重点河段淤积量变化

三峡水库蓄水运用以来，特别是试验性蓄水以来，重庆主城区河段的冲淤特性发生变化，一些局部重点河段的冲淤变化更是备受关注，这些局部重点河段主要包括胡家滩河段、九龙坡河段、猪儿碛河段、寸滩河段、金沙碛河段等，试验性蓄水期局部重点河段的冲淤变化见表 4-26②。2008 年 9 月三峡水库试验性蓄水以来至 2013 年 12 月，各重点河段有冲有淤，胡家滩和九龙坡河段表现为冲刷，分别冲刷泥沙 67.4 万 m^3 和 183.8 万 m^3；猪儿碛、寸滩和金沙碛河段则分别淤积泥沙 7.0 万 m^3、25.9 万 m^3 和 2.5 万 m^3。

---

① 参考中华人民共和国水利部的中国河流泥沙公报。
② 参考泥沙评估课题专家组在 2015 年的三峡工程库区泥沙专题研究报告。

表 4-26　重庆主城区重点河段冲淤量及冲淤厚度统计表

河段	冲淤量/万 m³	冲淤厚度/m 平均	冲淤厚度/m 最大	最大淤积部位及影响
胡家滩	−67.4	−0.32		各断面表现为略微冲刷
九龙坡	−183.8	−0.72	3.9	最大淤积厚度为3.9m，位于CY33断面右侧，淤后高程为162m左右，处于主航道和码头作业区外，对航道影响不大
猪儿碛	7.0	0.03	5.9	最大淤积厚度为5.9m，位于CY15断面（干流，猪儿碛河段）深槽，淤后高程为144.8m，对通航无影响
寸滩	25.9	0.13	3.0	最大淤积厚度为3.0m，位于CY09断面深槽右侧，淤后高程为145m左右，处于主航道和码头作业区外，对航运无影响
金沙碛	2.5	0.02	3.4	最大淤积厚度为3.4m，位于CY44断面（嘉陵江，汇合口上游约4km）深槽右侧，淤后高程为153m左右，在通航及港口作业区域外，对通航无影响

c. 重点河段航道横断面冲淤变化

图 4-27 为重庆主城区河段典型断面的冲淤变化①。从各典型断面冲淤情况来看，胡家滩河段各断面均略有冲刷，河段平均冲深为 0.32m（CY39 断面），如图 4-27（a）所示；九龙坡河段各断面均表现为略有冲刷，河段平均冲深为 0.72m，最大淤积厚度为 3.9m（CY33 断面），处于主航道和码头作业区外，对航道影响不大，如图 4-27（b）所示；猪儿碛河段平均冲深为 0.03m，最大淤积厚度为 5.9m，淤后高程为 144.8m，对通航无影响，如图 4-27（c）所示；寸滩河段平均淤积厚度为 0.13 m，最大淤积厚度为 3.0m，位于 CY09 断面深槽右侧，如图 4-27（d）所示；金沙碛河段平均冲深为 0.02m，最大淤积厚度为 3.4m，位于 CY44 断面（嘉陵江，汇合口上游 4km 处）深槽右侧，航深满足要求，对通航无影响，如图 4-27（e）所示。

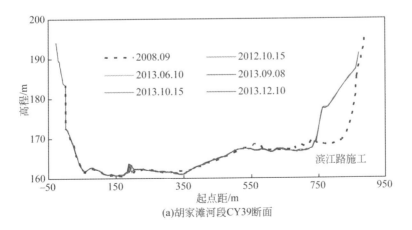

(a) 胡家滩河段CY39断面

---

① 参考泥沙评估课题专家组在 2015 年的三峡工程库区泥沙专题研究报告。

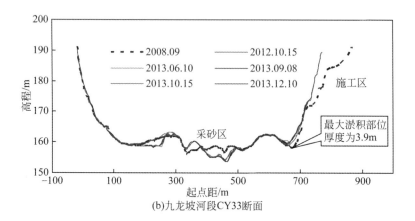

(b)九龙坡河段CY33断面

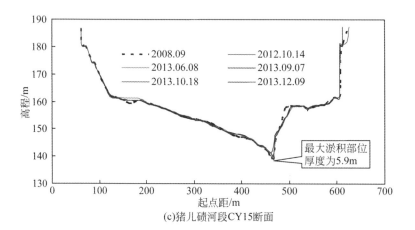

(c)猪儿碛河段CY15断面

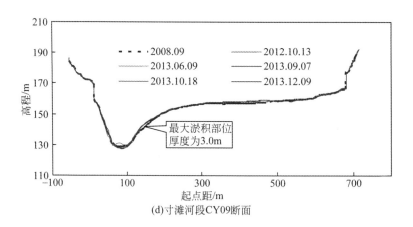

(d)寸滩河段CY09断面

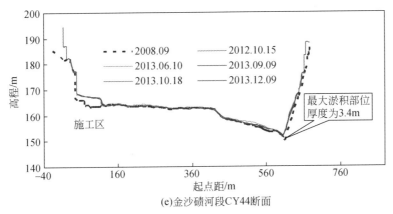

(e) 金沙碛河段CY44断面

图 4-27 三峡水库试验性蓄水后重点河段典型断面冲淤变化图

(3) 航道演变的主要影响因素

上述研究成果表明,三峡水库蓄水初期重庆主城区河段航道冲淤演变与蓄水运用前是一致的,因此,试验性蓄水前航道冲淤演变的主要影响因素也基本上是一样的。重庆主城区河段冲淤演变受来水来沙条件、河床边界条件、干支流相互顶托、局部河段前期冲淤状况和铜锣峡峡谷壅水等诸多因素的影响①(栾春婴和郭继明,2004;彭万兵等,2005;代文良和张娜,2009;代文良等,2010),泥沙冲淤变化极为复杂。

a. 来水来沙条件的影响

一般情况下,如果干、支流上游来水来沙量大(如大水大沙年),那么重庆主城区河段汛期淤积量和汛后冲刷量都较大,反之则较小。以 1961 年和 2001 年金沙碛河段泥沙冲淤量为例,1961 年北碚站年径流量和输沙量分别为 898 亿 m^3 和 1.72 亿 t(属大水大沙年),汛末 9 月 14 日~10 月 5 日河段冲刷量为 154.4 万 m^3,汛后 10 月 6 日~11 月 12 日河段冲刷量为 48.4 万 m^3;而 2001 年北碚站年径流量和输沙量分别为 458 亿 m^3 和 0.234 亿 t(属小水少沙年),汛末 9 月 10 日~10 月 15 日该河段冲刷量仅为 52.6 万 m^3,汛后 10 月 16 日~12 月 15 日河段累积淤积量为 22.2 万 m^3。

20 世纪 90 年代以来,受水利工程和水保措施的影响,重庆主城区河段来水来沙条件发生变化,特别是来沙量大幅度减少,河段来水来沙除 1998 年属大水大沙年外,其余年份多属中水小沙年、小水小沙年,致使重庆主城区河段汛后走沙量都比较小。

另外,水沙搭配系数(含沙量 S 与流量 Q 比值)大小是影响河床冲淤变化的一个重要指标。水沙搭配系数越小,则利于河床冲刷;反之,水沙搭配系数越大,则利于河床淤积。研究表明(代文良和张娜,2009),年初至汛初 S/Q 值较小,一般在 $0.1×10^{-4}$ 左右,这是年初至汛初冲刷的重要原因;汛期随着流量增大,含沙量也随之增大,但 S/Q 值增大得更多,一般在 $0.5×10^{-4}$ 左右,2007 年 7 月 27 日达 $1.5×10^{-4}$,这是汛期多为淤积的重要原因;汛末退水期,S/Q 值不断减小,这是天然情况重庆河段汛末退水期多为

---

① 参考泥刘德春和官学文在 2003 年中国水力发电工程学会水文泥沙专业委员会学术讨论会上的三峡工程变动回水区重庆主城区河段走沙规律观测分析。

冲刷走沙的重要原因。

b. 河床边界条件的影响

重庆河段属长江上游山区性河道，在平面上呈连续弯曲的河道形态，在纵向上，河道深泓起伏较大，浅滩和深槽交替，河道宽窄相间，窄河段流速大，宽河段流速小，河道冲淤交替，局部河段洪枯期主流位置大幅度摆动。为汛期泥沙淤积和汛后走沙提供了条件。鉴于寸滩河段归顺，九龙坡河段弯曲，1961年、1998年和2001年寸滩河段泥沙冲淤变幅不大，而九龙坡河段冲淤变幅大；另外，九龙坡河段汛期主流线由左岸深槽右移至九堆子滩面，深槽部位成为回流缓流区，汛期流速一般在1.0m/s左右，九龙坡码头前沿至滩子口一带产生大量泥沙淤积，形成很大的水下边滩；汛末及汛后退水期，主流回归深槽，流速达3.0m/s以上，而上游来水含沙量较小，一般小于1.0kg/m³，水流挟沙能力有很大富余，因此淤沙区产生强烈冲刷，如2001年CZ03（CY32）断面实测冲刷厚度达9m。

c. 干、支流相互顶托的影响

干、支流水流相互顶托对入汇口以上河段汛期泥沙淤积和汛后走沙产生一定影响，主要表现为嘉陵江汇流比对重庆河段淤积比的影响，其关系式见式（4-8）；且嘉陵江与长江水流相互顶托对重庆河段冲淤的影响距汇合口越远作用越小（倪晋仁和惠遇甲，1991）。通常情况下，当汛期汇流比较大时，嘉陵江对长江的顶托作用较强，入汇口以上干流河段泥沙淤积较多，嘉陵江段冲刷；反之则嘉陵江河段泥沙淤积较多，长江干流段冲刷。如金沙碛河段1994年1~2次和3~4次，两测次间最大汇流比分别为0.68和0.76，相应的金沙碛河段走沙量分别为15.7万m³和9.0万m³，猪儿碛河段淤积量分别为15.9万m³和-2.9万m³；又如1998年10月20日~11月6日，汇流比在0.07~0.10，九龙坡、猪儿碛河段分别冲刷了16.6万m³、32.9万m³，金沙碛河段淤积了1.1万m³。

d. 局部河段前期冲淤状况的影响

局部河段前期冲淤状况对后一时段泥沙冲淤产生一定影响。河床经过较大的冲刷或淤积过程之后，达到了暂时的平衡状态，在其后不同的水沙条件下，河床又需通过泥沙的自动调整来达到新的平衡，这种平衡主要表现为河床前期受到严重冲刷的部位将发生较大的回淤，而泥沙大量淤积的部位，则发生明显冲刷（钱宁和万兆惠，1983）。如猪儿碛河段，1961年6月12~22日已淤积泥沙192.9万m³，随后时段6月23日~7月3日，汇流比为0.682，朱沱站平均流量为18 684m³/s，平均含沙量为4.192kg/m³，通常情况本时段应产生淤积，但因前期淤积量很大，反而发生强烈冲刷，冲刷量达150.5万m³。7月4~25日，汇流比为0.369，朱沱站平均流量为22 614m³/s，平均含沙量为2.153kg/m³，由于前期河床冲刷严重，因此本时段泥沙大量落淤，淤积量达130.6万m³。

e. 铜锣峡峡谷壅水的影响

铜锣峡是位于重庆主城区河段下游的峡谷控制河段，在汛期，来流量较大，铜锣峡峡谷河段对重庆主城区河段具有顶托壅水作用，导致大流量时河道流速有所降低，汛期河道淤积；在小流量的枯水期，水流归槽后在河槽内运动，铜锣峡峡谷对重庆主城区河段没有壅水作用，主城区河段处于冲刷状态。金中武等（2014）分析了天然情况及三峡水库175m试验性蓄水后峡谷壅水规律，天然情况下峡谷开始产生壅水的流量约为15 000m³/s，随着上游来流量的增大，峡谷壅水作用逐渐增强，壅水作用可影响至重庆主城区河段嘉陵江汇口附近；三峡水库175m试验性蓄水后，坝前水位低于155m时，峡谷壅水作用与天然情况下基本一致，坝前水位高于155m时，峡谷壅水作用相对天然情况下有所减弱，壅水作用的临界流量为12 000~13 000m³/s；相对上游来流量和三峡坝前水位而言，铜锣峡峡谷壅水作用对重庆主城区河段洪水位增加没有控制性作用；而拓宽铜锣峡峡谷段河宽可削弱或消除峡谷壅水作用，对重庆主城区防洪有利。

f. 河道采砂的影响

随着重庆市市政建设的大力发展，建筑骨料需求量增加，河道采砂难以避免。河道采砂对河道冲淤的影响主要反映在两方面，一是挖砂使河段上游来沙量减小，来沙量的减少直接导致河段汛期淤积和汛后走沙量减少；二是在汛期淤积物上挖砂，减少了河道淤积量，从而直接减少了走沙量。1993和2002年长江水利委员会对长江和嘉陵江采砂情况进行了调查，两江开采的范围广、数量较大，每年超过1000万t。近期调查成果显示（中国工程院三峡工程试验性蓄水阶段评估项目组，2014），2008~2013年重庆主城区河段年采砂量在200万~400万t。由于建筑骨料开采的主要是粗颗粒的沙砾卵石，故对推移质运动影响较大。

g. 水库蓄水运用影响

三峡水库2003年蓄水运用以来，特别是2008年试验性蓄水以来，水库运用对重庆主城区河段冲淤产生重要影响，使得重庆主城区河段冲淤规律发生了变化，蓄水前航道具有汛期淤积、非汛期冲刷的特点，汛后是河段重要走沙期；试验性蓄水后，河道具有汛期淤积、汛后蓄水期淤积、汛前消落期冲刷的特征，消落期为走沙期。

2. 试验性蓄水前的航运条件

图4-28为不同时期三峡水库的回水变动区，围堰蓄水期（139—135m）回水区间为丰都至涪陵，初期蓄水期（156—144—148m）的回水区间为涪陵至铜锣峡，其影响均未

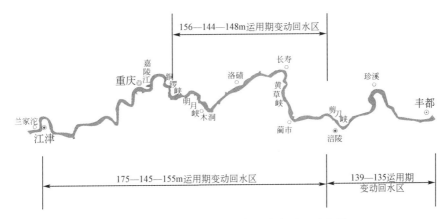

图4-28 不同时期三峡水库回水变动区示意图

到达重庆主城区河段,也就是说,蓄水初期三峡蓄水均未对重庆主城区河段的航运条件产生影响,仍然与天然状态一致。

重庆主城区河段两岸有众多港口码头,主要有新港作业区、九龙坡作业区、朝天门中心作业区以及寸滩作业区,对重庆市的发展起到了不可替代的作用。重庆主城区河段即为川江著名的弯窄浅险河段,分布众多碍航浅滩。重庆主城区河段航道条件最为紧张的为朝天门至大渡口河段,该河段由胡家滩、李家沱、谢家碛、猪儿碛四个大的弯道组成,各弯道转弯均较急,胡家滩、李家沱弯道中心角不足90°,谢家碛和猪儿碛弯道中心角不到120°。各弯道摆幅差异不大,约为4.8km。左右岸边石嘴、石梁众多,大小礁石随处可见,地形十分复杂。河床大多由基岩、卵石或卵石夹沙组成,两岸建有滨江路,有5座跨江桥梁,多年来河道河势基本稳定。天然情况下,嘉陵江口以上川江河段的航道情况尚好,一般能满足现行航道尺度要求,但在枯水期,该河段航道主要碍航问题是航道弯、窄、浅、险,著名碍航浅滩段有胡家滩、九龙滩、猪儿碛等部位,这些部位虽未进行筑坝整治,但航槽总体较为稳定,平均每三年或更长时间才维护疏浚一次。嘉陵江口的金沙碛河段,一般也可满足航行需要,遇嘉陵江丰沙年,或受川江较高水位顶托,可能在河口处淤成碍航"拦门沙",则需采用挖泥船疏浚,以维持枯水通航,但总的来说,出现此种碍航情况较少。嘉陵江下口以下洛碛至涪陵为川江浅滩较为集中的宽浅河段,枯水期航道容易出浅,有的滩险每年需要疏浚,有的则两、三年左右疏浚一次。

3. 试验性蓄水后的航运条件变化

(1) 航道尺度变化

三峡水库蓄水运用以来,特别是试验性蓄水后,水库回水变动区的航道尺度提高,航运条件大幅度改善[①](中国工程院三峡工程试验性蓄水阶段评估项目组,2014)。三峡水库175m试验性蓄水后,回水变动区上段(重庆以上河段)蓄水期航道条件有较大改善,1~4月消落期部分区段航道条件比较紧张,5~10月中旬航道条件与天然航道基本一致;中洪水期最小维护水深得到显著提升,但消落期1~4月最小维护水深仍停留在2.7m,并未得到有效提升。分月维护水深见表4-27。

表4-27 三峡水库回水变动区江津至重庆河段航道分月维护水深表

年份	分月维护水深/m											
	1月	2月	3月	4月	5月	6月	7月	8月	9月	10月	11月	12月
2005	2.7	2.7	2.7	2.7	2.9	3.0	3.0	3.0	3.0	3.0	2.9	2.7
2006~2010	2.7	2.7	2.7	2.7	3.0	3.0	3.0	3.0	3.0	3.0	3.0	2.7
2011~2012	2.7	2.7	2.7	2.7	3.2	3.5	3.7	3.7	3.7	3.5	3.2	2.7
2013	2.7	2.7	2.7	2.7	3.2	3.5	3.7	3.7	3.7	3.5	3.2	2.7

(2) 重点航道航运条件变化

鉴于重庆主城区河段的重要性,重点河段都位于重庆主城区河段,主要包括胡家滩

---

① 参考泥沙评估课题专家组在2015年的三峡工程库区泥沙专题研究报告。

水道、三角碛水道、猪儿碛水道等①（三峡工程泥沙专家组，2013a；中国工程院三峡工程试验性蓄水阶段评估项目组，2014）。

a. 胡家滩河段

胡家滩河段为一急弯河段，位于重庆新港区内。右岸为一巨大的卵石边滩，名为倒钩碛，左岸主要是一些专用码头，岸边有多处石梁。河段江中有一潜碛，最小水深为 0.8m，将河床分为左右两槽，左槽弯曲狭窄有明暗礁石阻塞。主流经倒钩碛而下，卵石输移带偏向右岸，在放宽段淤积，枯水期则出浅碍航，胡家滩河段河势如图 4-29（a）所示。

胡家滩水道在三峡水库蓄水接近或达到 165.8m 以上时受到坝前水位雍水影响，其中影响较大的主要是汛后蓄水，受雍水影响，泥沙在航道内淤积，因此造成了汛后（9～11 月）泥沙淤积的局面；水库蓄水期及消落期随着水位逐渐下降，胡家滩水道逐渐进入天然航道，但此时上游来流量不大，对泥沙冲刷作用不明显，因此出现消落期地形变化不大的情况（11～次年 3 月），此时往往最小水深接近最小维护尺度，给消落期航道维护带来很大困难，造成航道水深和航宽不满足维护尺度而碍航。近年来，胡家滩水道主航道淤积了 0.5m 左右，造成主航道出口低水位期水深仅为 0.9m 左右，航道 3m 等深线向主航道推进 60m 左右，泥沙淤积对胡家滩水道航道条件影响明显，如图 4-29（b）所示。2010 年消落期曾出现船舶搁浅现象，2009 年、2010 年消落期均对胡家滩实施了维护性疏浚，经过维护性疏浚的胡家滩水道，航道尺度满足维护要求。

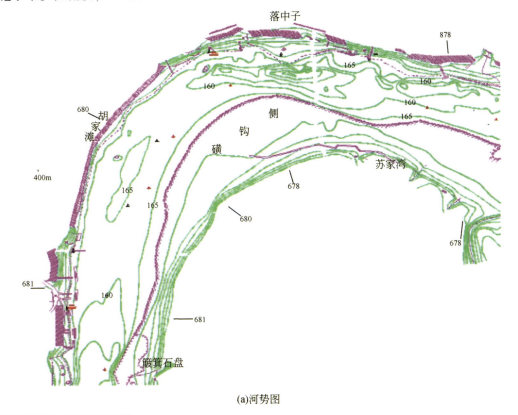

(a)河势图

---

① 参考泥沙评估课题专家组在 2015 年的三峡工程库区泥沙专题研究报告。

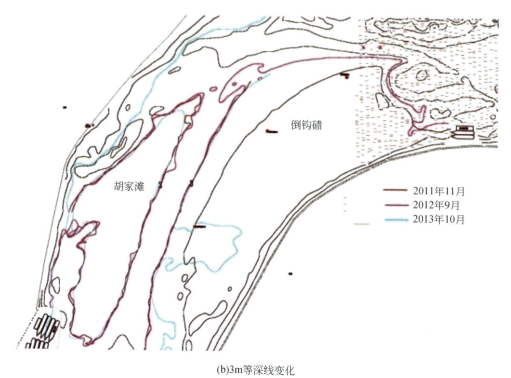

(b) 3m等深线变化

图 4-29　三峡水库重庆主城区胡家滩河段航道河势变化

b. 三角碛河段

三角碛水道为川江著名枯水期弯窄浅滩，三角碛江心洲将河道分为左右两槽，右槽为主航道，航道弯曲狭窄，九龙滩水位 3m 以下最为突出，设有三角碛通行控制河段，三角碛碛翅有斜流，碛尾有旺水，左岸龙凤溪以下有反击水。枯水期右岸鸡心碛暗翅伸出，与左岸芭蕉滩之间航槽浅窄、流急，三角碛河段河势如图 4-30 所示。三角碛右槽淤积的卵石常得不到有效冲刷，枯水期易形成碍航浅区，需靠疏浚维护航深。

图 4-30　三峡水库重庆主城区三角碛水道河势图

三峡水库蓄水运用以来，特别是试验性蓄水以来，三角碛水道卵砾石泥沙淤积量虽然不大，少量淤积发生在主航道，造成消落期航道尺度紧张，对航道条件影响大。航道在消落期逐渐由库区恢复至天然,在此期间比降和流速逐步增大至天然航道水平,转化时间受水库消落速度影响,转化时间长短对变动回水区航道条件影响较大。受汛后蓄水影响,适合推移质走沙期缩短,但其主要走沙天数减少不大。消落期航道条件较差,需采取维护性疏浚手段,保障消落期航道畅通。

c. 猪儿碛河段

猪儿碛水道平面形态较为复杂,河道有江心洲,南北分流,沿河两岸基岩出露,如鸡翅膀等,且两边常为大型的边滩所覆盖,如老鹳碛、月亮碛等,该河段河床及河岸边界条件较为稳定。猪儿碛河段主要有猪儿碛和月亮碛两淤沙浅滩,猪儿碛位于河心偏左,潜于河中,枯水期为川江最浅险航道,其下月亮碛脑暗翅伸布较开。枯水期,主流偏右直泄鸡翅膀扫湾下行,如图4-31所示。

三峡工程蓄水运用后,受水库壅水与嘉陵江大水顶托的双重影响,每年消落期重庆水位较低时,猪儿碛滩段就会出浅,需经20多天的冲刷走沙,水流才能相对集中和归顺,每年都有多艘船舶出浅碍航,究其原因主要是输沙特征较天然变化所致,试验性蓄水后导致河道走沙期推迟至次年水库消落期,走沙能力减弱,走沙期缩短,航道淤积变浅,甚至出现3m等深线不贯通的情形,如消落期水位消落快,则猪儿碛水道必然碍航。因此,为保证通航,一方面需要进行疏浚,另一方面要限制水库消落速度。

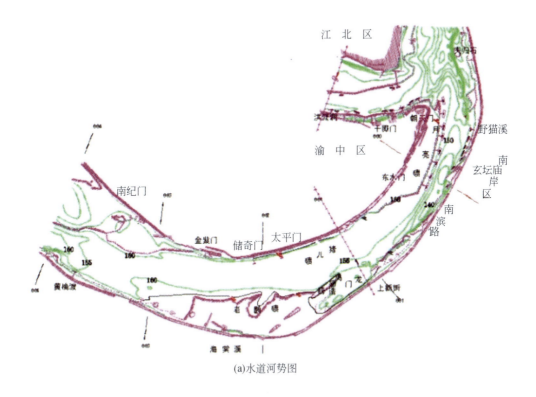

(a)水道河势图

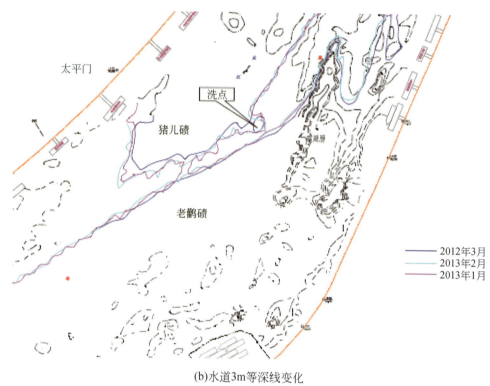

(b) 水道3m等深线变化

图 4-31　三峡水库重庆主城区猪儿碛水道河道河势图

d. 占碛子河段

占碛子河段，大中坝将长江分为两汊，占碛子位于左汊，为主航道，如图 4-32 所示。中洪水期右汊分流，左汊流速减缓，航道淤积，浅碛增大，至枯水期很易出浅碍航。2009 年 10 月观测到占碛子航槽内淤积体有较大增加，航深和航宽得不到保证。

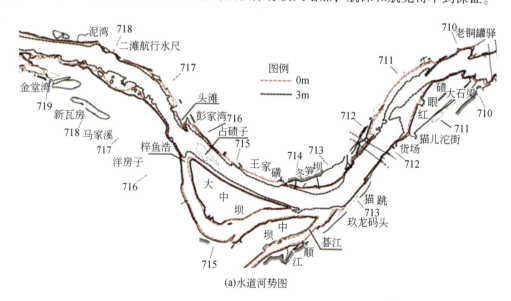

(a) 水道河势图

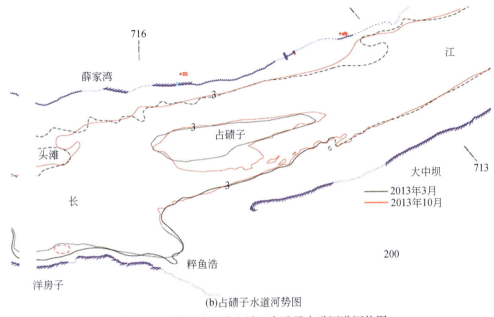

(b)占碛子水道河势图

图 4-32 三峡水库重庆主城区占碛子水道河道河势图

占碛子水道汛期冲淤变化与天然航道一致,三峡水库蓄水主要影响汛后冲刷,每年淤积量不大,但常造成消落期航道尺度不足,2010~2011 年、2011~2012 年、2012~2013 年、2013~2014 年消落期占碛子水道均进行了维护性疏浚,疏浚后均有不同程度的回淤。

4.3.2 水库试验性蓄水后河段碍航机理与成因

1. 航道碍航机理

三峡工程自蓄水运用以来,特别是试验性蓄水以来,回水变动区上段(江津至重庆河段)航道条件发生一定的变化。重庆主城区河段位于回水变动区的上段,河段内航运发达,港口码头和船只密布,河段泥沙冲淤变化及其对航运的影响已成为试验性蓄水期众所关注的敏感问题。变动回水区上段(江津至重庆河段)的航道变化特点如下[①]:

1) 回水变动区河段航道年内冲淤过程主要表现为:汛期与天然情况冲淤规律一致,卵砾石运动明显,汛期会发生一定的卵石淤积;汛后 9 月中旬至 10 月中旬,未受蓄水影响,洪水期退水冲刷作用明显,汛期淤积泥沙得到冲刷,10 月中旬后,逐渐受三峡蓄水影响,水动力条件减弱,卵砾石、细沙逐渐淤积在河段内,蓄水期航道基本稳定;消落期航道自上而下逐渐进入天然状态,水动力条件逐渐加强,泥沙逐渐开始冲刷下移,航道主要表现为冲刷,此时长江上游正值枯水期,主流集中在主槽,泥沙输移主要集中在主航槽。

---

① 参考泥沙评估课题专家组在 2015 年的三峡工程库区泥沙专题研究报告。

2) 试验性蓄水以来，河段大规模细沙累积性淤积表现不明显，与来沙量大幅度减少和河道采砂有关，河段主航道河床组成以卵砾石为主。

3) 泥沙淤积主要体现在消落期卵砾石不完全冲刷及消落初期卵砾石在主航道内集中输移引起的微小淤积。由于消落期航道富余水深不大，虽然泥沙淤积量不大，但对航道条件影响较大。碍航较为明显的主要集中在重庆主城区河段的胡家滩、三角碛、猪儿碛。

4) 回水变动区上段在从水库过渡至天然河段及恢复天然河段后，航道条件较差，消落期常出现海事事故。从数量上看，试验性蓄水后的第一个消落期（2009年汛前）事故比较多。发生这类事故的原因是多方面的，从客观上说，主要是前期泥沙淤积导致航槽移位或淤高的河床未及冲刷，而此时流量又较小，因而航深不足；同时试验性蓄水后部分河段的冲淤规律有所变化，出现了一些人们不熟悉的新情况，如推移质的积聚和游移等。

5) 在消落期，重点航道不仅存在累积性淤积，而且航道流态不稳定。根据消落期典型航道流速、流向及河心比降测量结果表明，坝前水位为163.91m，上游来流为3630m³/s时，九龙滩港区流速基本在2.5m/s以上，最大达到3.37m/s，比降基本在0.2‰，最大达到2‰；三角碛主航道流速在1.7~2.43m/s，比降在-1.2‰~1.3‰。坝前水位为153.8m，上游来流为4100m³/s时，九龙滩港区流速在2.67m/s以上，最大达到3.82m/s，比降基本在0.4‰以上；三角碛主航道流速在0.75~2.44m/s，比降在-1.0‰~0.8‰。可见消落期时重庆主城区河段仍有较大流速，对航道泥沙进行冲刷，航道流态较差。

作为敏感和重要的航道，三峡水库试验性蓄水后，重庆主城区河段航道条件发生变化，每年壅水状态和天然状态交替，冲淤变化频繁。当坝前水位175m时，寸滩水位抬高7~17m，重庆主城区航道约有半年时间得到较大的改善。据观测资料显示，重庆主城区河段年内汛期淤积的细颗粒泥沙在消落期基本能够得以冲刷，对航道条件影响较大的仍然以粗颗粒泥沙和卵砾石为主。当坝前水位消落至165m及其以下时，河段自上而下恢复天然情况，此时一般处于每年的2~5月，流量较小，汛期淤积的细沙和卵砾石往往难以全部冲刷掉，这些累积淤积的泥沙会对航道产生影响。也就是说，重庆主城区河段的碍航机理是，卵砾石不完全冲刷及消落初期集中输移引起的淤积，消落中后期流量小难以把前期淤积的卵砾石和细沙全部冲刷，重点河段形成累积性淤积，枯水河槽内卵砾石局部淤积引起碍航，而且碍航浅滩位置较为固定。

2. 碍航事故及成因分析

（1）主城区河段船舶搁浅事故

在水库消落期，重庆主城区水位下降，比降流速加大，引起航道条件变化。2009年、2010年、2011年、2012年和2013年分别在4月底、2月底、4月中旬、5月上旬和5月初降到坝前水位160m，重庆主城区河段处于天然状态，河床地形若没有恢复到前期状态，特别是在一些重点河段，就会出现碍航事故。从重庆几个轮船公司收集的资料来看，2009~2013年重庆主城区河段出现了48起船舶搁浅现象和事故，其中2009年、

2010年、2011年、2012年和2013年出现的船舶搁浅事故分别为7次、25次、4次、8次和4次。2009年出现事故主要集中在3~5月、2010年主要发生在1~6月、2011年主要发生在3~5月、2012年主要出现在5~6月、2013年则主要出现在1~3月。由此表明河段事故主要集中在1~5月，为消落期，该时段航道恢复为天然状态。一般情况下，1~4月为消落期，入库流量较小、水位较低，容易发生搁浅事故。从数量上看，试验性蓄水后的第一个消落期（2009年汛前）和第二个消落期（2010年汛前）事故比较多。

(2) 主城区河段碍航成因分析

结合重庆主城区重点河段发生的碍航特点，通过调研及资料分析，变动回水区重点河段发生海损事故的原因主要包括以下五方面。

1) 航运标准和航道要求的变化：随着重庆市航运发展的要求，船舶尺度与航运量都有较大幅度的增加，重庆主城区河段的航运标准与航道要求也将相应提高，当新的航运标准和航道要求没有得到满足时，船舶将可能会出现碍航事故。

2) 航道泥沙淤积：汛期与天然情况冲淤规律一致，卵砾石运动明显，汛期会发生一定的卵石淤积；汛后10月中旬后，水库蓄水造成河道卵砾石、细沙逐渐淤积在河段内，消落期泥沙逐渐开始冲刷下移，若不能把前期淤积泥沙完全冲走，特别是粗颗粒泥沙，将会存在碍航可能。

3) 水流条件变化：三峡水库试验性蓄水后，消落期水库调度呈现消落初期水位降落缓慢，库水位维持较高，对于改善变动回水区航道条件较为有利，从变动回水区上段的三角碛事故情况可以看出，2010年、2011年三角碛事故均为6起，主要发生在1~4月初，2012~2014年事故有所减少，2012年、2014年仅有2起，除与水库水位较高有关外，航道部门提前疏浚也有一定关系，但总体而言消落初期航道条件有所改善；消落期末，坝前水位快速消落，日均降幅在0.4m左右，甚至达到0.5m，水位快速消落，回水末端附近水流条件恶化造成碍航，2014年铜锣峡至长寿段5月19日~6月5日（16天）共发生事故15起，其中5月20日一天发生4起事故。

4) 上游来水情况：从事故数据看出，消落期丰水则事故少，如2012年；消落期来水枯则事故多，如2010年、2013年和2014年。特别是4月中旬至5月底，如果上游来流偏枯，此时库水位快速消落，则变动回水区航道条件有所恶化，海事事故增多。

5) 库水位快速消落期间水流条件变化：船舶行船主要根据当地水流条件确定船舶航路和航法，船员基本有一定的操作规程或经验，由于坝前水位快速消落，造成滩险附近水流条件较天然河段有较大变化，特别是在水库与天然河段交界区域，水流特性出现明显变化，对行船人员造成较大的误导作用，因此也造成海事事故增加。

4.3.3 重庆主城区河段碍航调控措施

三峡水库蓄水运用后，库区航运条件发生大幅度改善，但是在回水变动区范围内，特别是在回水变动区中上段（江津至长寿河段）仍然会发生局部碍航问题。为了应对三峡水库试验性蓄水后泥沙淤积对航道条件的影响，除了开展一些航道整治与建设的工程措施外，还可以采用挖泥疏浚的措施，在重庆主城区河段开展了试验性、维护性、应急性疏浚工程，缓解泥沙淤积造成的影响，同时利用水库调度和开展船舶运营管理，减少碍航事故的发生（三峡工程泥沙专家组，2013a；中国工程院三峡工程试验性蓄水阶段评估项目组，2014）。就目前航道情况和水库运行技术水平，挖泥疏浚仍然是目前维护航运条件最有效的措施。

（1）航道建设

三峡水库航道条件的改善，除了充分利用三峡水库蓄水改善外，航道部门还针对不同蓄水阶段的航道特点，在135～139m蓄水期、144～156m蓄水期和175m试验性蓄水期三个时期进行了一系列的航道建设，特别是试验性蓄水以来，回水变动区开展了多项航道建设工程，包括铜娄段炸礁工程、木娄段航标设施完善建设工程、变动回水区碍航礁石炸除一期工程。

另外，三峡库区航运效益的提升，也极大地促进了长江上游的航运发展，为了促进长江上游航道发展，延伸三峡库区航运效益，交通运输部于2005～2009年对重庆至宜宾段航道进行了整治，使航道等级提升至Ⅲ级，改善了该段航道条件，主要包括泸渝段航道建设工程和叙泸段航道建设工程。

（2）三峡库区航道维护性疏浚

三峡水库175m试验性蓄水后，库区回水上延至江津，由于水库蓄水改变了库区河段泥沙运动规律，造成变动回水区河段消落期碍航现象较为明显，交通运输部根据三峡后续工作规划安排，于2010～2014年度逐年对重点碍航水道实施维护性疏浚，保证了重庆主城区河段航运通畅，具体实施情况见表4-28。

表4-28　三峡库区航道维护性疏浚实施情况统计表

时段	疏浚水道	疏浚量/m³	所处位置	疏浚时间（年.月.日）
2010～2011年	胡家滩	61 024	胡家滩	2011.2.3～2011.3.21
	占碛子	32 794	占碛子	2010.12.8～2011.1.22
2011～2012年	占碛子	33 145	占碛子	2011.12.23～2012.3.12
	三角碛	52 765	三角碛	2011.12.24～2012.2.11
	黄花城	141 035	关门浅	2012.6.7～2012.9.1
2012～2013年	长寿	106 714	忠水碛	2013.2.8～2013.4.15
	三角碛	60 912	鸡心碛、鼓鼓碛	2012.12.24～2013.4.24
	占碛子	7 900	占碛子	2013.1.14～2013.2.20
2013～2014年	占碛子	18 862	占碛子	2013.12.2～2013.12.26
	洛碛	31 936	上洛碛	2013.12.2～2014.1.6

通过近几年的积极探索，已经形成了较为完整的应急清淤机制，为保障消落期变动回水区航道畅通提供有力支撑。

（3）水库调度与船舶运行管理

三峡水库蓄水运用后，在变动回水区中上段（江津至长寿河段）仍然会发生局部碍航问题，偶有碍航事故发生。发生这类事故的原因是多方面的，从客观上说，主要是前期泥沙淤积导致航槽移位或淤高的河床未及时冲刷，而此时流量又较小，因此航深不足;同时试验性蓄水后部分河段的冲淤规律有所变化,出现了一些人们不熟悉的新情况,如推移质的积聚和游移等,回水变动区的泥沙淤积问题除利用航道整治、挖泥疏浚等措施外,还可以利用水库调度的方式来改变回水变动区的泥沙淤积和水流条件,减少回水变动区的泥沙淤积,特别是推移质泥沙的淤积,加大航道水流深度。

在消落期,当坝前水位消落在165m及其以下时,河段自上而下恢复天然情况,此时一般处于每年的2~5月,流量较小,汛期淤积的细沙和卵砾石往往难以全部冲刷掉,这些累积淤积泥沙会对航道产生影响,特别是当坝前水位快速消落时,回水末端附近水流条件变化造成碍航的概率大大提高,因此,三峡水库坝前水位降落不易过快。

在新的条件下管理、运行方面需要有一个适应和摸索的过程,需要提高船舶运营管理水平。例如,针对航深紧张、部分船舶吃水超标的现象,重庆海事部门要求在整个消落期主城区河段的船舶减载,将吃水控制在2.4m(船舶载重不超过1000t),结果事故就明显减少。说明防止船舶超载、吃水过深是十分重要的。针对胡家滩河段右槽淤积较多,而两岸码头众多、江面船舶密集、船舶尺度巨大,水位消落出浅时,挖泥船布设钢缆对过往船舶影响较大,施工与通航的矛盾特别突出等情况,航道部门提前安排在2010年12月高水位时对此河段进行预先疏浚,这对保障该河段下一个消落期的航行安全十分有利。当然,它要求对河段内的淤积发展趋势有明确的预测,做到有的放矢。

在近期,当淤积量不很大的情况下,通过不断总结经验、加强和改进管理、提前与及时进行疏浚,加上库水位的适当调度,便有可能将本河段冲淤变化对航运的影响大大减少,避免船舶搁浅等事故的发生,近几年发生事故的次数明显减少。

4.4 小　　结

采用现场调研、资料分析和理论研究等手段,系统分析了不同时期重庆河段的冲淤变化和走沙规律,总结了重庆主城区河段港口与航道的演变特点、碍航机理和维护措施,主要认识如下。

1) 重庆河段典型水文站断面水力几何参数和输沙率与流量的关系仍然遵循幂函数,其中蓄水前输沙率变化特点随年代和流量级的不同而有所变化;三峡水库蓄水初期典型水文站输沙变化特点与蓄水前没有明显变化,试验性蓄水期朱沱和北碚站输沙特性不受三峡水库蓄水的影响,而寸滩站受水库蓄水的影响较大,输沙能力减弱。

2) 根据河段径流量和输沙量连续原理,导出了重庆河段的淤积比公式,指出河段淤积比与嘉陵江汇流比和寸滩站流量有重要关系;三峡水库蓄水初期,重庆(主城区)河段冲淤特点与蓄水前一致,基本不受影响,具有汛期淤积、非汛期冲刷的特点;试验性蓄水期河道冲淤特性发生较大的变化,河段由蓄水前的汛后冲刷转为淤积,消落期河段仍为略冲或微淤,汛期淤积减少;受河道来沙减少及采砂影响,消落期和年内主城区河段冲刷。

3) 分析和建立重庆河段典型水文站床沙起动流量公式和起动流量范围,指出蓄水初期重庆主城区河段走沙特点与蓄水前是一致的,而试验性蓄水期重庆主城区河段的走沙特点和走沙条件发生一定的变化。试验性蓄水期重庆主城区河段的走沙期从蓄水前和蓄水初期的 9~12 月变为蓄水期的初期和消落期的末期，走沙时间缩短。

4）重庆主城区河段蓄水前后的航运条件和碍航机理发生了一定的变化。河段河床形态总体较为稳定，蓄水前部分重点河段枯水期会出现碍航现象；三峡水库（试验性）蓄水以来，重庆主城区河段的航道条件总体上得到较大改善，但在试验性蓄水期水位消落期，特别是当坝前水位在 165m 以下和消落过快时，主城区河段前期泥沙（含推移质）淤积未能全部冲走，河段会形成累积性淤积，出现航槽变化、水深不足、不利流态等碍航现象。

5）在试验性蓄水期重庆主城区一些重点河段发生了一些碍航事故，其主要原因包括航运标准和航道要求变化、航道泥沙淤积、水流条件变化、上游来水条件、库水位快速消落等；维护航道航运条件的主要措施包括：航道建设、维护性疏浚、水库调度和船舶运营管理等，其中挖泥疏浚仍然是目前维护航运条件最有效的措施。

第 5 章
Chapter 5

三峡水库泥沙絮凝形成机理与影响

本章通过三峡水库泥沙实测资料分析，结合概化模型试验，探讨了三峡水库泥沙絮凝的机理，以及对泥沙沉降的影响，为水库数学模型的改进完善提供条件。

5.1 泥沙絮凝研究现状

对絮凝过程的研究有三个重要阶段，即 M. von Smoluchowski 的絮凝动力学理论、胶体稳定性（DLVO）理论和分形几何理论在絮凝中的应用（杨铁笙等，2003），其中以 DLVO 理论为代表的胶体稳定理论是解释絮凝发生的基础理论和基本原理，絮凝动力学理论和分形几何理论可以在絮凝机理的基础上，直观地描述絮凝的发生和发展过程，研究泥沙絮凝的基础在于絮凝基本原理，如何将 DLVO 理论用于解析泥沙絮凝过程，在此基础上量化各种影响因素对泥沙絮凝过程的影响。

DLVO 理论基于双电层理论，对水体中离子絮凝作用机理进行量化描述，解析离子对泥沙絮凝过程的作用原理。该理论在 20 世纪 40 年代，由苏联学者 B. V. Deryagin、L. Landau 和荷兰学者 E. J. Verwey、J. T. G. Overbeek 分别提出，经过大量试验和观测的检验，证明此理论能够解释实际发生的基于离子作用的絮凝现象。对于天然水体中泥沙的絮凝，大量试验和观测结果说明，其絮凝的基本动力来源于颗粒表面离子所带电荷的作用力，因此对于这类问题的研究，可以将 DLVO 理论作为絮凝的基本原理。

5.1.1 泥沙颗粒絮凝的微观机理

泥沙颗粒大都是铝或镁的硅酸盐晶体，根据其分子结构不同而分为各种不同的矿物和土体。由于矿物表面离子的同晶代换，低价阳离子（如 Mg^{2+}、Fe^{2+}、Zn^{2+}）等置换了晶体中的 Si，使颗粒表面带负电，因而在水体中吸引反离子，即阳离子以保持电中性，从而在颗粒表面形成双电层，如图 5-1 所示（张瑞瑾，1998）。

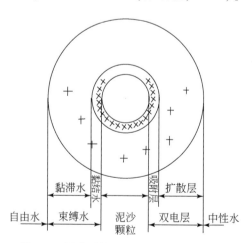

图 5-1 泥沙颗粒上双电层与吸附水膜结构

分散在水体中的极细泥沙颗粒由于布朗运动和沉降速度极小而具有沉降稳定性，而微粒因表面电荷相互排斥而具有聚合稳定性。聚合稳定性的破坏会产生絮凝现象，同时也会破坏体系的沉降稳定性，即加速泥沙的沉降速度。

聚合稳定性的破坏一般通过两种机理：一种是通过克服微粒间静电斥力后由 Van der walls 力引起颗粒的相互聚结长大，这被称为凝聚（coagulation）。另一种是由线型的高分子化合物在微粒间"架桥"连接而引起微粒的聚结，这被称为絮凝（flocculation）。通常所称的絮凝同时包含这两种作用。

凝聚作用与水中离子有关，DLVO 理论认为，当增大电解质浓度或反离子（一般是阳离子）价数时，颗粒表面双电层会被压缩，从而使综合位能曲线上势垒高度降低，增大颗粒间碰撞、凝聚的概率。图 5-2 为综合位能曲线（常青等，1993）。

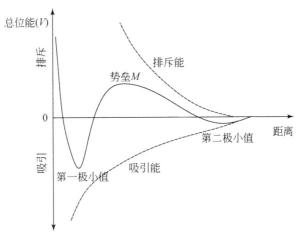

图 5-2 综合位能曲线

综合位能的表达式为

$$V_T = V_R + V_A \tag{5-1}$$

$$V_A = -\frac{A}{12\pi D^2} \tag{5-2}$$

$$V_R = \frac{64 n_0 K_B T}{\kappa} \gamma_0^2 e^{-\kappa D} \tag{5-3}$$

式中，V_T 为综合位能；V_R 为排斥能；V_A 为吸引能；D 为两颗粒之间的距离；n_0 为离子浓度（以数量表示）；K_B 为 Boltzmann 常数；T 为热力学温度；A 为 Hamaker 常数，是物质的特征常数，其计算方法为

$$A_{131} = (A_{11}^{1/2} - A_{33}^{1/2})^2 \tag{5-4}$$

式中，A_{131} 为颗粒在介质中（水体中）有效 Hamaker 常数，A_{11} 与 A_{33} 分别为颗粒与介质本身的 Hamaker 常数。

$$\kappa = \left(\frac{2 n_0 z^2 e^2}{\varepsilon K_B T}\right)^{\frac{1}{2}} \tag{5-5}$$

式中，κ^{-1} 为双电层厚度。

$$\gamma_0 = \frac{\exp\left(\dfrac{ze\varphi_0}{2K_B T}\right) - 1}{\exp\left(\dfrac{ze\varphi_0}{2K_B T}\right) + 1} \tag{5-6}$$

式中，z 为离子价位；e 为电子电量；φ_0 为颗粒表面电位。

有机物通过架桥作用可以促成泥沙颗粒絮凝，但其絮凝原理较为简单，且在天然水体中，能溶于水且能够促成泥沙颗粒絮凝的有机物较少，一般不会对泥沙絮凝产生较大影响，因而在很多天然水体泥沙絮凝沉降研究中只针对离子絮凝（凝聚作用）进行研究和分析。

5.1.2 形成絮凝的主要影响因素

由于水体环境本身比较复杂，加之泥沙颗粒运动本身也极其复杂，因此影响泥沙絮凝的因素众多，要理清泥沙的絮凝沉降规律，除了基本的絮凝原理，还得了解各种因素对泥沙絮凝沉降过程的影响，这也是泥沙絮凝研究中最热门的主题，许多学者都对此进行了细致的研究。张志忠（1996）分析了长江口细颗粒泥沙的粒度、矿物、电荷与泥沙絮凝的关系；蒋国俊等（2002）应用灰色模型中的关联度分析理论，分析了影响细颗粒泥沙絮凝沉降的主要因素。根据关联度的大小指出，影响细颗粒泥沙絮凝沉降的主要因素依次为水温、沉降历时、盐度、粒度、含沙量和流速，其中盐度和粒度是阈值型影响因素，沉降历时、含沙量和流速是连续型影响因素，水温是具有阈值型和连续型双重特性的影响因素。只要阈值型影响因素达到或超过了阈值，细颗粒泥沙就发生絮凝作用，因素值的变化对沉降强度影响不大。连续型影响因素对细颗粒泥沙絮凝沉降的影响是连续的，它们不仅影响絮凝作用发生，而且影响絮凝沉降强度。陈庆强等（2005）总结了以往研究成果中影响长江口细颗粒泥沙絮凝的若干因子，包括：水体盐度、水温、含沙量、粒度、流速及水化学要素（包括 pH、有机质含量、阳离子浓度等）。金鹰等（2002）认为影响长江口黏性细颗粒泥沙的因素很多，机理也较复杂，主要在内因、外因两个方面，内因主要是泥沙矿物成分、粒径大小、有机质含量等，外因主要为介质水的含盐度、离子价数、含沙浓度、流速、pH 等。吴荣荣等（2007）认为影响钱塘江口泥沙絮凝的因素很多，除了电解质，还有泥沙粒径的大小、盐度、含沙量、pH、温度、有机质含量、矿物成分、水流速度及紊动情况等。王保栋（1994）对河口细颗粒泥沙絮凝作用的研究工作进行了综合评述，通过分析认为河口细颗粒泥沙絮凝作用的影响因素除了其本身的表面电荷及盐度、有机物等水化学因素外，水流切应力是影响絮凝的又一重要因素。

由于水体环境不同，各家总结的泥沙絮凝影响因素也略有差异，但根据已有的研究成果，影响泥沙絮凝的主要因素大致可以分为两个方面：一是水体中的化学因素，包括离子浓度、离子种类及价位、有机物的种类及含量、水体与泥沙的 pH；二是水沙运动方面的因素，包括水流运动、泥沙含量、泥沙级配等。

(1) 水体离子的影响

根据泥沙的基本特性以及絮凝的基本原理可知，水体中对絮凝影响较大的是阳离子，大量研究也是着眼于阳离子浓度对絮凝沉降过程的影响。

阳离子浓度的改变会影响颗粒表面双电层间的排斥力，改变双电层厚度，从而影响颗粒间的聚合稳定性，郭玲等（2004）的研究结果证明了这一点对于泥沙颗粒絮凝过程同样适用。从颗粒表面的双电层构造以及 DLVO 理论也可以定性的分析得到：阳离子浓度增大对絮凝有促进作用，但过大的阳离子浓度反而会使絮凝受限，因此存在絮凝最佳的阳离子浓度。蒋国俊和张志忠（1995）采用长江口水体试验及实测资料分析后认为，阳离子浓度影响细颗粒泥沙的絮凝。浓度过低，缺乏足够使细颗粒泥沙充分絮凝的阳离子，浓度过高，细颗粒泥沙表面双电层水膜外形成反离子层，产生反 ζ 电动点位，导致细颗粒泥沙趋于稳定，抑制其絮凝。Hunter 和 Liss（1979）、Edzwald 等（1974）的研究结果也证明这一点，其研究结果发现河口细颗粒泥沙带有负电荷，随盐度增大，Zeta 电位逐渐降低，说明双电层间斥力减小，当盐度小于 3 时，Zeta 电位随盐度的增大而迅速降低，当盐度大于 3 时，降低缓慢。陈洪松和邵明安（2002）研究发现，泥沙中值沉速（中值粒径）随泥沙初始浓度和 NaCl 浓度的增大而增大，但泥沙初始浓度和阳离子浓度较高时中值沉速渐趋缓慢。王家生等（2005）采用多种阳离子进行的静水沉降试验也得到了类似的结果，但不同价位离子对絮凝影响的浓度上限不同，说明不同的水体环境也会有不同的最佳离子浓度。关许为等（1996）以长江口附近的水体进行试验后认为，在盐度较小时絮凝随盐度增加而增加，但当盐度超过一定值后，盐度对絮凝的影响就不明显了，甚至会使絮凝有所减弱。张志忠等（1983）等通过试验表明，盐度在 3~15 时最适宜细颗粒泥沙絮凝。陈邦林（1985）认为长江口水体中 10~13 为最佳絮凝盐度。周晶晶等（2007）的实验结果表明，皂土在 15‰~20‰ 的电解质浓度中絮凝程度最大，最佳絮凝浓度与阳离子种类有关。

聚沉值是指引起浑水产生明显聚沉所需的最小电解质浓度。从综合位能曲线中可以看出，当位能曲线的最高点恰为 0，即势垒为 0，此时颗粒能够顺利越过势垒，达到较为稳定的结合。根据以上分析，处于临界聚沉状态的位能曲线在最高点处需满足

$$V_T = V_R + V_A = 0 \tag{5-7}$$

$$\frac{dV_T}{dL} = \frac{dV_R}{dL} + \frac{dV_A}{dL} = 0 \tag{5-8}$$

式中，L 为颗粒间的距离。发生临界聚沉时的离子浓度：

$$n_0 = C \frac{\varepsilon^3 (K_B T)^5 \gamma_0^4}{A^2 z^6} \tag{5-9}$$

式中，C 为常数。

由式（5-9）可见，当颗粒表面电位较高时，γ_0 趋于 1，聚沉值与反离子价数的 6 次方成反比。在表面电位较低时，聚沉值与离子价数 2 次方成反比。综合分析可知，聚沉值与反离子（对于泥沙来说一般是阳离子）价数的关系应在 z^{-2} 到 z^{-6} 之间，总体是与离子的价位成反比，也就是说，从离子浓度的角度来看，高价离子更易促成絮凝。这一点也被许多已有的试验和研究结果所证实。

周晶晶等（2007）根据试验结果得到，细颗粒泥沙的絮凝量与电解质中的阳离子的价态有关，价态越高，电荷数量越大，更容易中和泥沙表面的负电荷以及压缩双电层，因此阳离子价态越高絮凝量越大。蒋国俊和张志忠（1995）则发现相同离子浓度下，高

价阳离子形成的絮凝体颗粒间引力较强,凝聚较牢固。王家生等(2005)分别采用Na^+、Ca^{2+}、Mg^{2+}、Al^{3+}进行了静态沉降试验,研究阳离子对河流中细颗粒泥沙沉降的影响,结果显示,在同样离子浓度条件下,离子价态高者对泥沙絮凝沉降影响较大。陈洪松和邵明安(2000a,2000b)、陈洪松等(2001)用耕植土进行的絮凝试验结果表明,常见的阳离子在浓度相同的情况下对絮凝影响程度从小到大分别为Na^+、K^+、NH_4^+、H^+、Mg^{2+}、Ca^{2+}、Al^{3+}、Fe^{3+},价位相同的离子对絮凝的影响无明显差异。金鹰认为海水中絮凝量和阳离子的关系为$Na^+<K^+<Mg^{2+}<Ca^{2+}<Ba^{2+}<H^+<Al^{3+}<Fe^{3+}$,与陈洪松结论基本相同,但也存在差异,说明不同离子对絮凝的影响程度尚需进一步研究。

(2) 水体有机物的影响

河流水体中有机物包括自然界中的动、植物和微生物腐烂所形成的腐植酸以及人工合成的有机物,种类繁多,较为复杂,以往大多数关于泥沙絮凝的研究中,关于有机物的研究多限于有机物含量的多少对于泥沙絮凝沉降的影响,如陈洪松和邵明安(2001a)发现在液面下同一深度处,泥沙浓度随时间呈指数衰减,有机质含量并不影响泥沙浓度随时间的变化规律。去除有机质后,细颗粒泥沙絮凝的最佳电解质浓度降低;对于相同的电解质浓度,其絮凝沉降加快,泥沙平均沉速明显增大。刘启贞等(2006)的试验成果表明,随着腐殖酸浓度增大,细颗粒泥沙絮凝率降低,絮凝体粒径增大,电位绝对值增大。这主要是有机裹层的存在,使絮凝体的电负性增大,增加了絮凝体的稳定性。但在其他研究成果中,对于有机质作用下阳离子絮凝能力的相对有效性还有很大的争议(Ali,1987;Yousaf,1987;Theillier,1989)。赵慧明等(2012)研究了生物膜在泥沙颗粒上形成的絮凝结构,测得生物絮凝泥沙干容重是普通淤泥干容重的1~1.173倍,为1342~1574kg/m³。

从目前已有的研究成果来看,由于有机质种类过于庞杂,而研究的针对性不足等因素造成有机质对絮凝的影响研究成果较少,缺乏普遍规律,其对絮凝的影响尚难以进行较为准确的估算,还需根据具体情况具体分析。

(3) 水体 pH 的影响

郭玲等(2004)详细观测了泥沙颗粒的 Zeta 电位变化后认为,Zeta 电位随电解质溶液酸度的变化而变化,酸度降低,可使细颗粒泥沙的 Zeta 电位(绝对值)减少,从而导致絮凝沉降速度加快。金德泽等(1998)发现少沙河流泥沙问题用以前的物理因素很难解释,认为主要原因是忽略了少沙河流的絮凝现象,而絮凝的根本原因是中国江河大多是碱性水,河流泥沙主要是从流域冲蚀而来,中国土壤有酸性和碱性之别,在少沙河流中酸性泥沙在碱性水中能起交换质子的中和反应,形成絮凝。李英士等(2001)认为我国江河水基本是碱性水,酸性泥沙在碱性水中能相互吸引形成絮凝,因此酸性泥沙与碱性泥沙有区别,主要是酸性程度引起的,土壤的酸性程度是由流域的土壤酸性系数乘上相应面积之和而得。李庆吉等(2000)统计了酸性土壤地区有实测或设计中值粒径的27个大中型水库的中值粒径 d_{50},分析土壤地理中各酸性土壤的 pH、酸性情况,细颗粒所占百分比等因素后认为,酸性程度 S 是泥沙絮凝的最关键因素,中值粒径 d_{50} 是泥沙絮凝的主要因素。从根本上来说,pH 是水体或泥沙表面上离子种类及浓度的外在表现,因此,pH 可以作为泥沙絮凝的一项参考指标,而不能作为泥沙絮凝的基本影响因素。

(4) 水流运动的影响

对于天然河流的水体来说，泥沙絮凝的主要动力来自 Van der walls 力，这种力的作用距离极短，因此细颗粒泥沙絮凝需要颗粒充分接近，布朗运动、水流运动、差异沉降三种原因均能引起颗粒的碰撞和接触。其中水流运动是泥沙能够悬浮于水中且相互接近的重要原因。在恒定剪切条件下，水流中黏性细颗粒泥沙形成的絮团，其中值粒径会随着絮凝时间的延长而呈现出明显的阶段性变化规律，即先快速增加，后缓慢增加，最终达到稳定平衡状态（Prat and Ducoste, 2006; Biggs and Lant, 2000; Serra and Casamitjana, 1998; Spicer and Pratsinis, 1996; Serra et al., 1997; Yukselen and Gregory, 2004; Bouyer et al., 2001; Colomer et al., 2005; Hopkins and Ducoste, 2003）。

同时水流运动速度增大，尤其是流速梯度增大，从而使水流剪切力增加，也会限制絮凝的进一步发展，甚至直接剪切破坏已形成的絮团。根据已有的研究成果，目前较为公认的观点是：水流紊动剪切对絮团发育有双重作用，在低剪切水流条件下，随着水流剪切强度的增大，絮团平均粒径随之增加；在高水流条件下，随着紊动剪切强度的进一步增大，絮团的平均粒径反而减小。例如，Berhane 等（1997）通过对亚马孙河大陆架底的絮团进行观察后认为紊动剪切对絮团发育有双重作用，在低剪切条件下促进絮团的发育，然而在高剪切水平下引起絮团。刘启贞（2007）在长江口也发现了相同的规律。

张志忠（1996）定义动水中絮凝体处于被剪破和形成的临界流速为动水絮凝临界流速，通过试验发现，长江口泥沙絮凝的动水临界流速为 12~20cm/s。蒋国俊等（2002）采用长江口泥沙所进行的动水絮凝沉降试验结果显示，一般情况下在流速大于 40cm/s 时，细颗粒泥沙基本不发生絮凝沉降，但在流速小于或等于 30cm/s 时，细颗粒泥沙絮凝沉降强度随流速的减小逐渐增强。陈庆强的试验结果也说明在流速小于或等于 30cm/s 时，细颗粒泥沙絮凝沉降强度随流速的减小逐渐增强，流速大于 40cm/s 时细颗粒泥沙基本不发生絮凝。事实上，水流运动对泥沙絮凝的影响，其本质应在于水流剪切力对泥沙絮凝的促成和破坏，流速并非问题的本质。因此，以流速梯度来表征水流运动对泥沙絮凝的影响更为贴切。朱中凡等（2010）的试验结果显示，在低剪切紊动作用时（剪切流速梯度 $G<30s^{-1}$ 或 $41s^{-1}$），紊动剪切强度的提高促进絮凝发育，絮团尺度的统计平均值增大；相反，在高剪切紊动作用下（$G>30$ 或 $41s^{-1}$），紊动剪切强度的提高抑制絮凝发育，絮团尺度的统计平均值减小；在中间某一剪切状况下（$G=30$ 或 $41s^{-1}$），絮凝发育达到最佳状态，絮团尺度的统计平均值最大。Serra 等（2008）在研究乳胶颗粒的絮凝特性时，也是采用流速梯度为参照量，研究流态对絮凝的影响。

水流运动还会对絮凝后的泥沙沉速产生影响，从泥沙运动力学的角度来看，流速增大，紊动增强，泥沙不易沉降。吴荣荣等（2007）采用钱塘江河口所进行的泥沙絮凝试验结果显示，流速 60cm/s 是钱塘江口泥沙的不淤流速。

由此可见，水流运动会对絮凝沉降过程产生较为明显的影响，对于絮凝的影响可以采用流速梯度来考察，对于沉降的影响则可以采用流速本身来度量。

(5) 含沙量的影响

悬浮体系泥沙浓度越大，颗粒平均距离越小，单位时间内颗粒自由无碰撞运动距离就越小，碰撞的概率也就越大，随着泥沙浓度增大，絮凝作用越强烈。采用长江口泥沙试验时发现，在其他条件相同的情况下，泥沙含量越高，絮凝沉降速度越快（吴许为和陈英祖，1995）。但含沙量存在着一个极限浓度，当泥沙含量超过这个极限浓度后，对絮凝的影响反而变得不明显（钱宁，1989）。针对河流泥沙的絮凝研究发现，泥沙浓度对絮凝沉降影响的过程是，随着泥沙浓度的增加，絮凝沉降速度先增加，达到最大值以后又逐渐减小。且絮凝沉降速度达到最大值时的泥沙浓度和最大值本身均不同：达到最大值的泥沙浓度随着离子浓度增加而减小，最大值则随着离子浓度的增加而增加。由此可见，含沙量（泥沙浓度）与离子浓度间有较为密切的关系，两者对絮凝的影响需要综合考虑。

（6）泥沙级配的影响

从泥沙絮凝的基本原理可以推出，泥沙絮凝必然存在一个临界粒径，只有小于该临界粒径的泥沙才有可能产生较为稳定的絮凝，但对于不同的水体环境，临界粒径会有所差别（王堂伟等，2009；张德菇和梁志勇，1994；钱宁和万兆惠，1983）。许多实验及观测也说明这一点，如陈洪松的试验中，阳离子为铝离子时，絮凝的临界粒径为 0.027mm（陈洪松和邵明安，2001b）；阳离子为钠离子时，随着离子浓度的变化，絮凝临界粒径为 0.0227~0.0264mm，平均临界粒径为 0.0245mm（陈洪松和邵明安，2002）。张志忠（1996）根据不同粒径泥沙的比表面积、表面电荷密度、矿物成分等因素，认为长江口细颗粒泥沙的临界粒径划定为小于 0.032mm。

天然水体的泥沙粒径分布较广，其自身的沉降速度也存在差异，这种不等速沉降（差异沉降）也给泥沙颗粒之间相互接触、碰撞创造了条件。张金凤和张庆河（2012）利用格子 Boltzmann 方法模拟了不同密度絮团和单个颗粒静水沉降过程，分析了絮团和颗粒相对运动轨迹和碰撞效率，得到了一些认识，为深入理解不同粒径泥沙的絮凝下沉过程提供了一种手段。

（7）水温的影响

水温是一个重要的环境物理指标，可以通过控制水体中细颗粒泥沙的布朗运动强度以及水体生物化学过程来影响细颗粒泥沙的行为（陈庆强等，2005）。试验观测结果显示，通常情况下水温较低时，长江口细颗粒泥沙絮凝沉降强度较低，甚至不发生絮凝沉降，一旦水温超过 25℃，细颗粒泥沙发生迅速的絮凝沉降，且具有随水温升高絮凝沉降强度增大的变化趋势（蒋国俊等，2002）。从理论上讲，温度对于絮凝的影响是双重的：温度升高使颗粒双电层厚度增加，颗粒之间的排斥力增大，不利于颗粒的碰撞絮凝；温度升高加剧了颗粒的布朗运动，增加颗粒碰撞概率，对絮凝有利。是否存在一个最佳温度值或范围，需要进一步的研究（杨铁笙等，2003）。在 DLVO 理论的基本方程式中，已经包含了温度的影响。因此，直接从絮凝的基本原理中寻求温度对絮凝的影响是一条可行的途径。

温度不仅影响絮凝过程，絮凝后形成的絮团的沉降过程也会受到温度的影响，其原理在于温度变化会改变水体黏度，从而改变泥沙的下沉速度，这一问题在河流动力学中关于泥沙沉速的公式中均有考虑，不需在此进行探讨。

5.1.3 絮凝体沉降速度

泥沙絮凝所形成的絮团，其密度一般远小于单颗粒泥沙的密度，且由于其构造不同于单颗粒泥沙,其沉速难以用单颗粒泥沙沉速公式来估算。陈洪松和邵明安(2001c)在静水沉降试验中发现,在相同盐度下,细颗粒泥沙的絮凝沉降速度随电解质摩尔浓度的增大而增大。有鉴于此,王家生等(2006)提出将离子浓度加入到泥沙沉速公式中,以考虑絮凝作用对泥沙沉速的改变。显然,此公式对于静水沉降可以采用,但对于河流中流动的天然水体,这样的考虑并不够周全,絮凝不仅与离子浓度有关,水流的运动状态对絮凝形成、破坏及下沉也很重要。周海等(2007)以流速为主要参变量,在直水槽中进行细颗粒泥沙絮凝沉降试验。结果显示,动水絮凝沉降速率和沉降量受碰撞絮凝概率与剪切破碎概率、絮凝体所受外力与本身抗力两大关系的制约,而流速又通过制约以上两大因素的变化,成为制约絮凝沉降速率和沉降量的主要因素。考虑多种因素的综合作用,黄建维和孙献清(1983)得出黏性细颗粒泥沙沉速经验计算式:

$$\omega = \omega_{\max}\left[1 - \left(\frac{F-1}{F}\exp^{-kC_0H}\right)\right] \tag{5-10}$$

式中,$\omega_{\max}$ 为极限絮凝沉降速度(黄建维建议取当量粒径为 0.03mm 的单颗粒泥沙沉速);F 为絮凝因子,$F = 0.0007d_{50}^{-1.9}$;k 为系数;C_0 为含沙量;H 为水深。

严镜海(1984)从颗粒碰撞概念出发,用泥沙单个颗粒粒径计算絮凝后泥沙絮团的直径,再用所得絮团直径也可求得泥沙沉速:

$$\omega = \frac{g}{18\nu}\left(\frac{\gamma_s - \gamma}{\gamma}\right)d_f^2 \tag{5-11}$$

式中,d_f 为絮团直径,ν 为水的粒滞系数。它与泥沙单个颗粒粒径 d_0 关系为

$$d_f = \left(\sqrt[3]{\frac{S_0}{S_k}\frac{\gamma_s - \gamma}{\gamma_s' - \gamma}}\right)d_{50} \tag{5-12}$$

式中,γ_s、γ_s' 分别为泥沙絮凝前后的容重;γ 为水的容重;S_0、S_k 分别为泥沙絮凝发生前、后单位水体内颗粒(或絮团)个数。

由此可见,絮团的容重是影响絮凝的重要因素,而絮团的容重在很大程度上取决于絮凝体的结构,因此对于絮团结构的研究也备受重视。柴朝晖等(2011a)利用 SEM 图像分析法和统计学方法,研究了黏性细颗粒泥沙絮体孔隙大小、形状及孔径分布,同时探讨了絮体孔隙大小及孔径分布与絮体沉速之间的关系,在此基础上又引入分形维数的概念来描述泥沙絮凝体的结构(柴朝晖等,2011b),结果显示,淤泥絮体孔隙二维分形维数与絮体沉速之间存在一定的联系,可用孔隙二维分形维数大小近似反映淤泥沉降快慢。金同轨等(2003)和谭万春(2004)用分形理论模拟研究黄河泥沙颗粒在高分子絮凝剂作用下的絮凝体结构。洪国军和杨铁笙(2006)则以分形生长理论为基础,使用改进的受限反应絮团聚集(RLCCA)模型,在计算机上模拟颗粒泥沙悬浮体系絮凝-沉降过程。王龙等(2010)考虑了泥沙颗粒在水中的多体相互作用,以及颗粒间的 XDLVO 势,分析了盐度、泥沙浓度、Hamaker 常数、水合作用对泥沙絮凝沉降的影响,获得了泥沙絮凝沉降速度的拟合公式。张金凤等(2006)为了从微观结构出发研究絮团运动机理,由扩散受限絮凝体聚集模型生成不同大小的分形絮团,引入格子 Boltzmann 方法模拟三维分形絮团的静水沉降,获得了絮团沉速的变化过程。

对于黏性细颗粒泥沙来说,最重要的是能够简单而准确计算其絮凝沉降速度,以评

估絮凝对于细颗粒泥沙沉降以及河床冲淤的影响，而目前缺少的恰恰就是能够考虑所有因素且能较为准确反映絮凝后泥沙沉降过程的方法。因此，在理清泥沙絮凝的基本原理、分析其影响因素的前提下，将关键及主要影响因素纳入计算所考虑的范围，才能从根本上解决泥沙絮凝沉降问题。

5.1.4 絮凝室内试验和现场观测方法

试验及观测是检验理论方法或结果最为直接和客观的方法。但是由于泥沙絮凝很难直接被肉眼所观察到，即使是借助显微镜等设备也需仔细辨别才能分辨出是否发生了絮凝，以及絮团的尺寸，因此研究絮凝问题不仅存在理论上的困难，在试验及观测方面也存在困难。目前，国内外已有学者对试验，甚至野外现场的絮凝过程及絮团结构进行观测，观测设备以粒度仪为主。

陈锦山等（2011）利用现场激光粒度仪（LISST-100）实测得到长江流域干流4050km 范围内 13 个主要站位的絮团大小、分布和沿程变化特征，对比分散粒径和悬浮物浓度发现，长江干流水体的现场悬浮物絮团粒径平均为 35μm（洪季），泥沙中值粒径平均为 5μm。李秀文和朱博章（2010）也是利用现场激光粒度仪 LISST-100 在长江口水域进行了大范围絮凝体测验。程江等（2005）于 2003 年 6 月利用现场激光粒度仪（LISST-100）在不扰动的情况下，获取了长江口徐六泾处悬浮细颗粒泥沙絮凝体的现场粒径系列资料，应用谱分析方法研究了絮凝体粒径在大小潮、表底层的变化规律。Mikkelsen 和 Pejrup（2001）也曾用现场激光粒度仪（LISST-100）观测 North Sea 和 Horsens Fjord 两处沿海的泥沙絮凝粒径。这些观测结果都说明该仪器能够用于测量絮团粒径，但是却无法观测絮团沉速。Fennessy 等（1994）、Dyer 和 Manning（1999）则采用 INSSEV（in situ settling velocity）这种仪器在野外测量了泥沙的絮团尺寸和沉降速度，但是采用这种仪器的报道较少，而且也无通用规格，是否通用仍需确认。

5.1.5 本书絮凝研究技术方案

本书泥沙絮凝研究采用野外观测、理论分析和室内试验相结合的综合研究方法，研究三峡水库中泥沙絮凝机理及沉降规律，分析絮凝对库区泥沙运动过程的影响，主要技术路线如图 5-3 所示。

在具体实施方案上，主要开展了四方面的工作：①以水沙资料佐证水库中是否存在泥沙絮凝现象。首先，从水库淤积情况判断，数学模型计算中已经发现，需要加大泥沙的沉速才能与实际淤积量相匹配，说明水库中泥沙的沉降速度可能会明显大于通常单颗粒泥沙的沉速，造成这种现象最可能的原因就是泥沙形成絮团，导致沉速增大；其次，以三峡水库入库水文站所测得泥沙级配为基础，在水库中现场测量或在实验室沉降筒中测量泥沙的垂线分布以及沉降速度，结合泥沙沉速公式，推测水库中是否存在絮凝以及泥沙絮凝的程度。②从絮凝机理上分析三峡水库存在絮凝的可能性。首先，找出絮凝影响因素，分析各种因素的影响机理，找出主要因素，尽可能确定各影响因素对絮凝的影响范围；其次，从现场取回三峡水库水样，带回实验室进行检测，主要检测水体中影响絮凝的各主要因素，对比影响因素的影响范围，确定三峡水库在理论上是否存在絮凝。

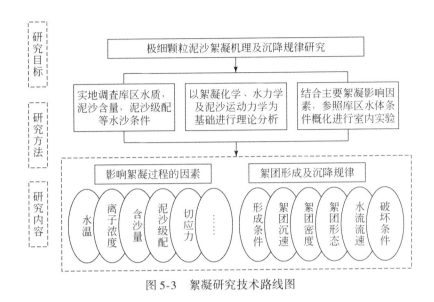

图 5-3 絮凝研究技术路线图

③试验观测及分析。首先，通过调研寻找观测到絮凝体形状，计算絮团体积，测量絮团密度等表述絮团的关键特征，为开展实验室研究奠定基础；其次，通过资料分析或理论计算可以确认水库中存在泥沙絮凝，以三峡水库水体为样本，在实验室采用静水沉降试验，观测、分析三峡水库中泥沙絮凝、沉降规律。④提炼泥沙絮凝沉降量化关系式。首先，通过理论分析和试验结果，提出泥沙絮团大小、密度等关键特征与其影响因素之间的关系；其次，通过试验观测及理论计算，得出絮团沉速与相关因素之间的关系；最后，综合以上两种关系，最终得到考虑水体环境因素的泥沙沉速关系式，针对三峡水库水体，提出关键因子，建立简洁实用的泥沙沉速计算式，可用于水库泥沙絮凝沉降估算和数学模型计算。

5.2 三峡水库泥沙絮凝现场观测与分析

5.2.1 水库水体背景资料解析

（1）离子种类及浓度变化

三峡水库主要离子浓度见表 5-1（张晟，2005）。阴离子浓度最大为 SO_4^{2-}，变化范围在 19.19～23.52 mg/L，变异系数为 5.5%；其次为 Cl^-，变化范围在 6.51～0.02 mg/L，变异系数为 13.5%；最小为 F^-，F^- 在三峡库区水体中含量最稳定，浓度基本无变化。阳离子浓度最大为 Ca^{2+}，变化范围在 38.51～47.35mg/L，变异系数为 6.7%；其次为 Na^+，变化范围在 13.58～20.54mg/L，变异系数为 1314%；再次为 Mg^{2+}，变化范围在 11.58～14.98mg/L，变异系数为 812%；最小为 K^+，变化范围在 2.80～4.36mg/L，变异系数为 13.2%。

表 5-1　三峡水库水体主要离子浓度统计表　　（单位：mg/L）

采样点	F^-	Cl^-	SO_4^{2-}	Ca^{2+}	Mg^{2+}	Na^+	K^+
1	0.45	8.71	21.34	43.72	13.51	18.53	3.46
2	0.47	10.02	22.04	38.51	12.88	17.53	2.80
3	0.47	8.51	21.56	42.55	14.52	19.57	3.32
4	0.46	8.78	22.97	46.05	14.99	20.05	3.44
5	0.45	7.48	21.49	47.22	14.44	18.55	4.36
6	0.46	8.24	23.52	46.62	14.97	20.54	3.43
7	0.47	8.23	21.45	45.70	14.98	19.46	4.14
8	0.46	7.10	19.19	46.45	12.91	15.39	3.11
9	0.45	7.22	0.06	44.32	13.9	16.39	3.30
10	0.47	6.56	21.78	47.35	12.77	14.50	3.56
11	0.47	6.51	21.05	39.92	11.58	13.58	3.01

（2）水流流速的变化

表 5-2 为三峡水库流速情况统计表（陈桂亚等，2014）。根据三峡水库入库流量与过流面积可以估算出库区的平均流速，非汛期蓄水发电，坝前平均流速在 0.1m/s 左右，汛期水位降低，加之入库流量加大，平均流速增大，可达 0.7m/s 以上。从流速的空间分布来看，由于过水面积沿程增加，相应的断面平均流速则沿程减小。

表 5-2　三峡水库蓄水前后流速特征统计表

蓄水期	水位	过水面积 A/m²						平均流速 V/（m/s）					
		庙河—奉节	奉节—万县	万县—忠县	忠县—清溪场	清溪场—寸滩	寸滩—朱沱	庙河—奉节	奉节—万县	万县—忠县	忠县—清溪场	清溪场—寸滩	寸滩—朱沱
枯季（Q = 5 000m³/s）	天然情况	7 621	4 732	4 921	5 254	5 710	4.461	0.87	1.22	1.17	1.16	1.09	1.21
	139m	41 665	30 840	24 951	12 663	5 861	4 461	0.14	0.17	0.21	0.45	1.06	1.21
	156m	52 289	43 286	40 825	28 567	10 075	4 467	0.11	0.12	0.13	0.19	0.62	1.21
	172m	62 533	56 157	58 348	45 712	21 739	5 495	0.09	0.09	0.09	0.12	0.25	1.00
汛期（Q = 30 000m³/s）	天然情况	14 367	15 667	16 897	13 515	13 558	13 704	2.28	2.05	1.86	2.29	2.32	2.23
	135m	39 636	30 163	26 118	17 081	13 634	13 704	0.85	1.04	1.21	1.82	2.31	2.23
	145m	45 514	35 778	32 032	21 583	13 976	13 707	0.74	0.87	0.99	1.45	2.25	2.23

（3）含沙量的变化

三峡水库蓄水后库区干流泥沙含量仍存在季节性变化特征，但差异程度已较蓄水前大为降低。从寸滩断面来看，蓄水后，库尾水域泥沙含量的季节性变化特征仍然非常明显，但泥沙含量较蓄水前已有明显下降，从万州沱口断面和坝上太平溪断面来看，库中和库首水域泥沙含量的季节性差异在蓄水后显著减小。库中的万州沱口断面泥沙含量在 2011 年汛期最高值约为 120mg/L，而在蓄水前的 2001 年汛期最高值约为 1200mg/L；坝上太平溪断面在 2011 年汛期最高值仅为 49mg/L，而在蓄水前的 2001 年汛期最高值为 1629mg/L，可见蓄水后库区干流泥沙含量的下降主要发生在汛期，如图 5-4 ~ 5-7 所示（娄保锋等，2012）。

第5章 三峡水库泥沙絮凝形成机理与影响

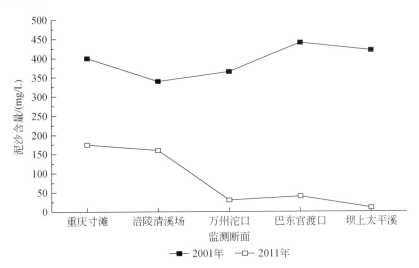

图 5-4　三峡水库蓄水前后干流含沙量对比

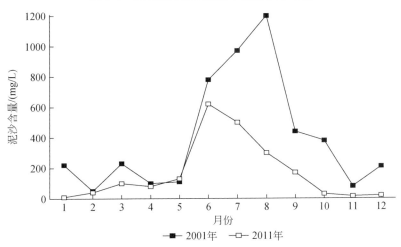

图 5-5　三峡水库寸滩断面含沙量年内变化过程

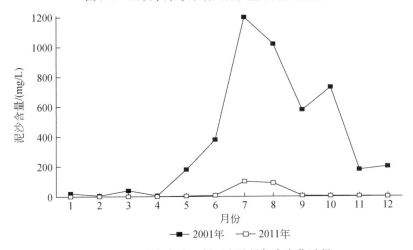

图 5-6　三峡水库沱口断面含沙量年内变化过程

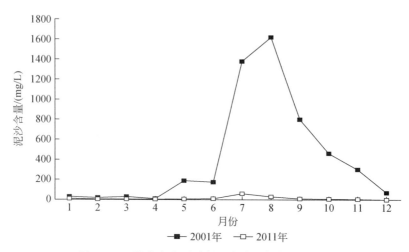

图 5-7　三峡水库太平溪断面含沙量年内变化过程

（4）水温的变化

三峡水库在蓄水初期，据 2003 年 6 月～2004 年 6 月的监测结果显示，最高水温约为 25℃，出现在 7 月末 8 月初；最低水温约为 10℃，出现在 2 月，如图 5-8 所示（刘宁等，2006）。蓄水初期水库水体没有出现明显的水温分层现象。

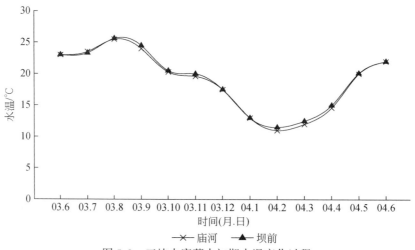

图 5-8　三峡水库蓄水初期水温变化过程

在降温期，监测断面距大坝越远，温度越低，其温度从高到低依次为庙河断面、巴东断面、万州断面、清溪场断面、寸滩断面；而在升温期，情况恰好相反，除了清溪场断面受乌江低温水流影响水温略低于万州断面外，从上游至坝前，水温依次降低，说明库区水体的水温变化无论是时间上还是幅度上均表现出一定的迟滞现象，如图 5-9 和 5-10 所示（刘宁等，2006）。

随着水库蓄水时间增加，部分断面上存在明显的水温分层现象，随着水深增加，水温逐渐减小，底层水温与表层水温的温差最大可达 10℃ 左右，如图 5-11 所示（王悦等，2011）。

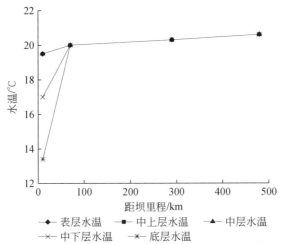

图 5-9 2009 年 4 月 15 日三峡水库实测水温沿程变化

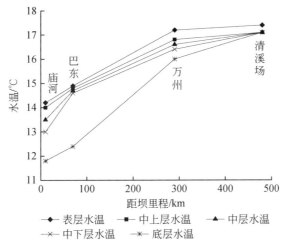

图 5-10 2009 年 4 月 25 日三峡水库实测水温沿程变化

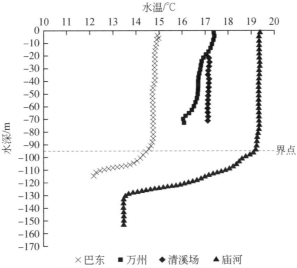

图 5-11 三峡水库水温沿垂线分布

(5) 水体背景数据的综合分析

根据目前已经收集的三峡水库水体环境因素，包括水体主要阳离子种类和含量、水流流速、含沙量和泥沙级配以及水温变化，结合前期泥沙絮凝基本原理及影响因素的范围，初步分析认为，三峡水库水体环境具备了泥沙絮凝的环境要素，可能存在泥沙絮凝。

5.2.2 水库泥沙絮凝程度现场取样资料分析

为了进一步证实三峡水库存在泥沙絮团，在理论分析的基础上，在三峡水库中选取有可能产生絮凝的位置，采用级配对比方法论证水库中是否存在絮团及絮团的基本特征。具体的研究方式为，采用 LISST 现场观测水体中的泥沙粒径级配，将同一位置取出的水样带回实验室，用双氧水除去水中有机物，用偏磷酸钠中和水中阳离子，这样可以基本将有助于泥沙絮凝的因素消除。然后采用超声震荡的方式破坏水体中可能存在的泥沙絮团，将泥沙分解成单颗粒，去除掉絮凝因素之后采用马尔文激光粒度仪测得室内级配，最后将两种级配结果进行对比，可以分析出水库中是否存在泥沙絮团。

根据泥沙絮凝的定义，泥沙絮凝之后形成的絮团直径大于原有的单颗粒直径，本书将采用现场测量级配数据与实验室测得的单颗粒级配数据进行对比，据此作为泥沙是否存在絮凝的判断依据，其中现场级配数据采用 LISST-100 测得，室内级配是依据水文测量规范确保泥沙处于单颗粒状态下，采用马尔文激光粒度仪测得的数据，两种测量仪器在正式测量之前首先进行了对比校正，确保数据不会出现系统性偏差。

(1) 现场测点的布置

现场测量在三峡库区布置了两个河段，分别是奉节河段和庙河至坝前河段，具体位置如图 5-12 所示。奉节河段布设 S113、S114、S116、S118 四个典型断面，共 44 条垂线，308 个测点；庙河至坝前河段布设 8 个监测断面，除坝前 DX01 断面布置 3 条垂线外，其余 7 个监测断面上各布置 10 条垂线，每条垂线从水面至河床依据相对水深布置 7 个测点，总计 73 条垂线，511 个测点。现场测量时间为 2013 年汛期 7 月 15~18 日连续四天，测量数据包括各个监测点的水温、流速、含沙量和颗粒级配，并从中选取代表性测点，在其位置上进行悬移质泥沙取样，并带回实验室，利用马尔文激光粒度仪进行单颗粒粒径级配的分析。此外，除了进行上述水体测点的取样分析之外，本次研究还对坝

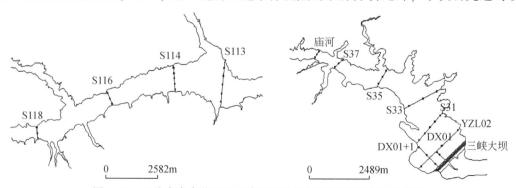

图 5-12 三峡水库奉节河段和庙河河段现场取样测点分布示意图

区淤积的表层底泥进行了取样分析,取样时间为2013年12月9日,取样距离距坝前约10km,取样点共三处。

(2) 现场测点絮凝程度分析

室内按实验规范,确保泥沙处于单颗粒状态下测量级配,本次测得三峡水库中单颗粒泥沙中值粒径的平均值为0.009mm。表明三峡水库水体中大部分泥沙处在絮凝临界粒径以下,具备泥沙颗粒产生絮凝的基本条件,并且粒径越细,颗粒表面的物理化学作用越强,絮凝现象也就越明显。现场测量利用LISST-100直接测量的泥沙级配数据中,中值粒径最小为0.008mm,最大达到0.140mm,现场测量粒径值明显大于室内单颗粒粒径值。

为了反映水库泥沙絮凝程度,定义泥沙中值粒径放大倍数 Z 为

$$Z = \frac{D_F}{D_P} \tag{5-13}$$

式中,D_F 为现场实测絮团中值粒径值,D_P 为实验室内测得的单颗粒中值粒径值;Z 为泥沙中值粒径放大倍数,表示泥沙颗粒的絮凝程度,简称絮凝度。

图5-13为三峡水库819个现场测点絮凝度的分布图,絮凝度 Z 大于1表明水库现场测点存在絮凝,从分布图中可以看出,在水库现场819个测点中,99.4%的测点存在不同程度的絮凝,其中粒径放大倍数主要集中在2~8,约占83.6%,即细颗粒泥沙经过絮凝形成的絮团粒径大小,其83.6%为单颗粒粒径的2~8倍,是三峡水库泥沙颗粒发生絮凝最为集中的部分。

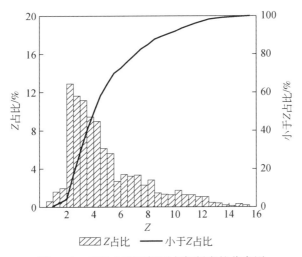

图5-13 三峡水库现场测点絮凝度的分布图

图5-14和图5-15为三峡水库奉节河段和庙河河段观测断面断面平均粒径分布图,特征粒径分别取 D_{25}、D_{50} 和 D_{75} 三种,由图可见,奉节河段三种特征粒径沿程均呈现增大的趋势,而庙河河段只有特征粒径 D_{50} 以上的部分呈增大的趋势,并且增加幅度趋于减缓,在特征粒径 D_{50} 以下部分的粒径却呈减小的趋势,两个河段共同的变化趋势是特征粒径越粗、粒径增加的幅度也就越大。在水库没有絮凝发生的情况下,泥沙级配中粗颗

粒泥沙应该是优先沉降到床面上的,水体中的泥沙粒径沿程呈减小的趋势,粒径越粗,减小趋势越明显;而三峡水库现场测量的泥沙粒径沿程分布规律正好相反,表明库区水体中的泥沙发生了絮凝。

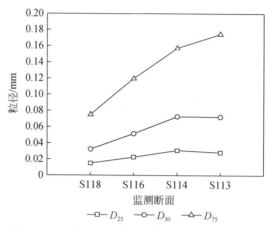

图 5-14　三峡水库奉节河段断面平均粒径分布图

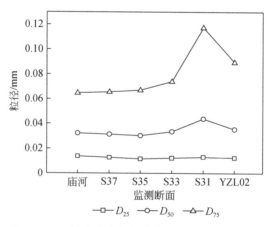

图 5-15　三峡水库庙河河段断面平均粒径分布图

图 5-16 为三峡水库坝前淤积表层底泥离散前后的级配图,由图可见,离散后的床沙级配明显小于离散前的床沙级配,离散后床沙中细颗粒泥沙的比重明显增加,粗颗粒泥沙的比重明显减小,中值粒径由 0.016mm 减小至 0.011mm,这表明三峡水库淤积底泥中存在一定程度的絮凝现象,从而间接证明了库区水体中存在泥沙絮凝现象。需要说明的是,此次取样位于淤积底泥的表层,泥沙沙样的絮凝程度基本在 2~3,应该是水体中泥沙絮凝程度最小的一部分泥沙。

图 5-17 为三峡水库坝前淤积底泥离散前后各粒径所占床沙中各粒径的百分数,由图可见,离散后的床沙粒径分布相对于离散前的粒径分布向左偏移,表明离散后细颗粒泥沙所占比例明显增加,这与淤积底泥中存在絮凝的认识是一致的。此外,从图中还可以看出,离散前后泥沙颗粒所占百分数在某一粒径处变化不大,这一粒径即为泥沙絮凝的

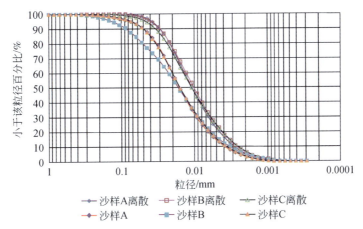

图 5-16　三峡库区坝前淤积底泥离散前后的床沙级配图（坝前 10km，2013 年 12 月 9 日）

临界粒径，此处约为 20μm，即 0.02mm，表明三峡水库水体中的泥沙絮凝主要发生在小于 0.02mm 的泥沙颗粒中，大于 0.02mm 的泥沙颗粒基本不发生泥沙絮凝，这一结论与下文的理论分析结果是基本接近的，实际测量结果与理论分析结论得到了互相验证。

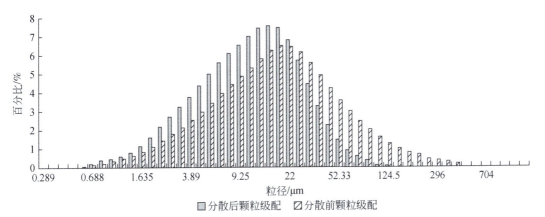

图 5-17　三峡水库坝前底泥离散前后各粒径所占床沙的百分数

5.2.3　水库泥沙絮凝的基本特征

1. 絮凝的基本特征

为了便于分析三峡库区的泥沙絮凝分布特征，本书将絮凝程度进行了分级，絮凝度 Z 小于 3 的为轻度，絮凝度 Z 在 3~7 的为中度，絮凝度 Z 大于 7 的为重度，具体分级见表 5-3。

表 5-3　絮凝程度分级表

Z	1~3	3~7	大于 7
絮凝程度	轻度	中度	重度

在通常情况下,水深在断面上沿横向分布的变化很大,从不同水深的泥沙絮凝程度变化可以看出某一断面的粒径絮凝度分布特征,图 5-18 和图 5-19 为奉节河段和庙河河段不同絮凝度沿水深的变化。由图可见,就断面分布而言,泥沙絮凝主要发生在水体中上层,而且是絮凝度重度以上的集中区域,就奉节河段而言,在水面至水下 20m 的区域内,全断面 70% 以上的重度絮凝发生在该区域,40% 以上的中度絮凝发生在该区域,轻度絮凝近 30%;就庙河河段而言,全断面 45% 以上的重度絮凝发生在该区域,35% 以上的中度絮凝发生在该区域,轻度絮凝也接近 30%。因此,断面中上层区域是库区絮凝发生的主要位置。

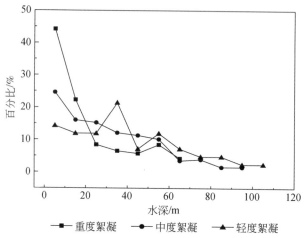

图 5-18 三峡水库奉节河段泥沙絮凝度沿水深的变化

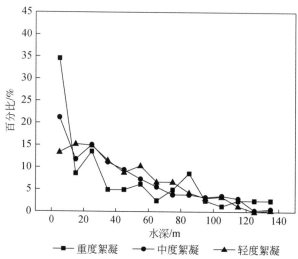

图 5-19 三峡水库庙河河段泥沙絮凝度沿水深的变化

采用断面相对水深可以比较泥沙絮凝度的沿程变化情况,图 5-20 和图 5-21 为奉节河段和庙河河段不同絮凝度沿相对水深的变化情况。就断面相对水深而言,两个河段不同相对水深下的絮凝程度基本接近，表明不同水域在垂直分层上的絮凝程度是基本接近的；但沿程来看，奉节河段不同垂层的絮凝程度主要集中在中度、重度以上，而庙河河段主要集中在轻度、中度以下，由此可以看出，三峡库区的泥沙絮凝程度沿程是衰减的。

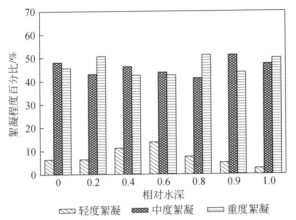

图 5-20　三峡水库奉节河段不同相对水深下的泥沙絮凝度变化

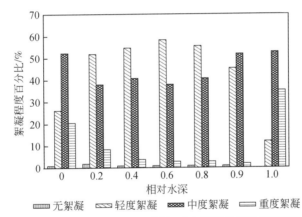

图 5-21　三峡水库庙河河段不同相对水深下的泥沙絮凝度变化

2. 水库泥沙絮凝影响因素

三峡库区细颗粒泥沙絮凝的影响因素十分复杂，主要包括含沙量、水流流速、水化学因素和水温四个方面。

(1) 含沙量的影响

图 5-22 为断面平均含沙量与平均絮凝度的关系，库区所有监测点含沙量的变化范围在 1.0kg/m³ 以下，奉节河段的泥沙絮凝度 Z 在 3~9，庙河河段的泥沙絮凝度 Z 在 3~5，两个河段的泥沙絮凝度随含沙量增加呈减小趋势，这与絮凝程度和含沙量成正比的变化规律不同，也与下文的试验结果不同，产生这种差别的主要原因可能与动水和静水有

关,毕竟泥沙絮凝度随含沙量增加而增加的结论是在静水中得出的,静水中含沙量的增加将导致泥沙颗粒碰撞机会的增大,从而促进絮凝的产生;而在动水中,水流的剪切和紊动,可能会破坏泥沙的絮凝,水体中含沙量越小,这种影响应该也会越趋明显,而现场两个测量河段的断面平均含沙量均在 0.4kg/m³ 以下。

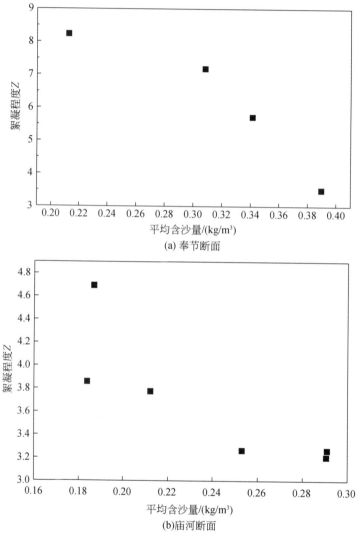

图 5-22 三峡水库不同断面含沙量对絮凝度的影响

(2) 水流流速的影响

图 5-23 为现场实测庙河至坝前河段和奉节河段各监测断面的流速分布。表面流速相对较大,随着水深的增加呈减小趋势。上游流速较大,奉节河段距离坝中心约 151km 处的 S118 断面最大流速达到了 1.1m/s;坝前流速较小,YZL02 断面最大流速仅为 0.27 m/s。

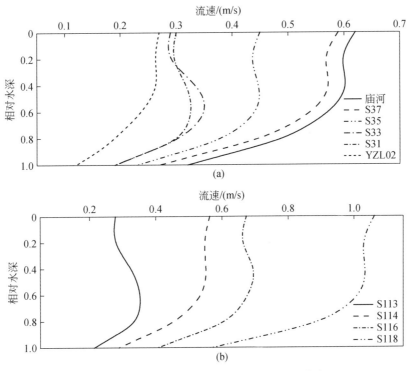

图 5-23 三峡水库各监测断面流速沿水深分布

图 5-24 为奉节河段和庙河河段断面平均流速与絮凝度 Z 的关系，由图可见，两个河段的絮凝度随着断面平均流速的增加而减小，其中奉节河段的断面平均流速从 0.42m/s 增加到 1.08m/s，对应的泥沙絮凝度从 8 减小到 3 左右；庙河河段的断面平均流速从 0.15m/s 增加到 0.55m/s，对应的泥沙絮凝度从 4.5 减小到 3.2 左右，无论是流速还是泥沙絮凝度，奉节河段的变化幅度都大于庙河河段。

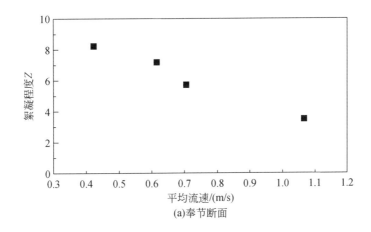

(a) 奉节断面

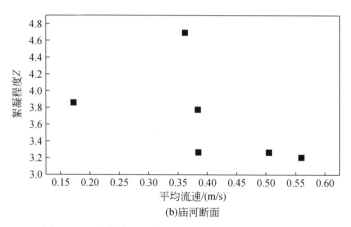

图 5-24 三峡水库不同断面平均流速与絮凝度的关系

从现场测量的数据来看，奉节河段和庙河河段的测点流速变化范围在 0.05~1.70m/s，测点流速的变化范围相对较大，絮团破坏的临界流速应在本次测量的流速范围内，为了便于比较分析，将本次测量所有数据点绘测点流速与粒径絮凝度的关系图，如图 5-25 所示。由图可见，当流速小于 0.70m/s 时，粒径絮凝度随流速增加略有增加，但总体变化幅度不大；当流速大于 0.70m/s 以后，粒径絮凝度随流速的增加而减少，而且变化幅度比较明显。表明三峡水库的絮凝临界流速约为 0.70m/s，这与李炎等分析长江口泥沙絮凝沉降特征而确定的絮凝临界流速 0.76m/s 基本接近。

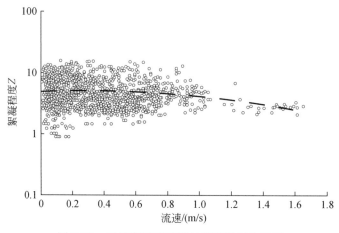

图 5-25 三峡库区絮凝度与流速的变化关系

（3）水化学因素的影响

化学因素包括水中电解质、pH 及颗粒表面的有机物等。现场取水样于实验室内利用 ICP-MS 测定主要金属离子浓度，并用电位法测定 pH，结果见表 5-4。

表 5-4 三峡水库水样检测结果统计表

检验项目	铁	钾	钠	钙	镁	pH
检验结果	1.69 mg/L	3.66 mg/L	25.7 mg/L	118 mg/L	27.2 mg/L	8.44

由于现场测量集中在汛期 7 月 15 日～7 月 18 日连续四天内进行，测量的时间段内水体相对稳定，无外来泥沙、电解质、有机质等进入水体影响离子浓度，改变水中化学环境，因此忽略化学因素对絮凝程度变化作用的影响。

（4）水温的影响

由实测数据可知庙河至坝前河段监测断面和奉节河段监测断面温度变化幅度不大，分别在 25.8～26.4℃ 和 26.2～27.1℃ 波动，随水深增加，温度差较小。蒋国俊通过室内试验证明形成絮凝的临界温度为 25℃，温度大于 25℃ 时促进细颗粒泥沙聚集形成絮团。根据蒋国俊的研究结论，三峡水体实测温度会促进细颗粒泥沙形成絮凝，但温度范围变化不大，所以对泥沙的絮凝程度变化的影响作用可以忽略。

5.3 三峡水库泥沙絮凝形成机理分析

5.3.1 絮凝絮团形成的力学机理

絮凝是细颗粒泥沙的运动状态之一，会在一定程度上影响泥沙输移和沉降。以往的研究成果大部分是针对河口地区的水体环境，而河流淡水环境的实际絮凝特征及变化过程长期以来缺乏观测和研究。近期的研究成果表明，淡水环境中尤其是在水库中，存在泥沙絮凝现象。例如，董年虎等（2010）采用数学模型计算三峡水库泥沙运动过程中发现，若不考虑泥沙絮凝的影响，计算得到的水库淤积量会显著偏小。陈锦山等采用现场激光粒度仪实测了长江从金沙江石鼓至长江口徐六泾河段 13 个主要站位的泥沙絮团大小，其结果表明长江河道中存在絮凝，且絮团粒径从上游往下游呈逐渐增大趋势。胡康博等对引黄水库沉沙条渠中沉积泥沙的絮凝程度进行了分析后发现泥沙沉积物颗粒具有一定的絮凝能力。由此可见，淡水环境中尤其是在水库中也会存在泥沙絮凝，导致泥沙沉速增加，增大了泥沙淤积速率。若不考虑泥沙絮凝对淤积沉降的影响，可能会使水库设计中低估泥沙淤积速度和淤积量，从而给水库后期运行带来不利影响。

（1）泥沙絮凝的理论基础

天然水体中泥沙颗粒表面的电荷作用是絮凝发生的主要原动力，因异价离子的同晶代换效应，在水中泥沙颗粒表面电荷显负，可以用胶体化学中的胶体稳定性理论（DLVO 理论）解释其聚散行为。泥沙颗粒间存在范德华（Van der Walls）吸引作用，而当颗粒相互接近时又因双电层的重叠而产生排斥作用，颗粒的稳定性就决定于两者的大小。DLVO 理论从粒子之间的相互作用能来说明胶体的稳定性现象，粒子间的相互作用能：

$$V_T = V_A + V_R \tag{5-14}$$

式中，V_A、V_R 分别为粒子间的相互吸引能和排斥能。假定泥沙颗粒为球形，则两颗粒间

吸引能和排斥能的表达式分别为（Bell et al., 1970）

$$V_A = -\frac{H}{6}\left[\frac{2R_1R_2}{D^2-(R_1+R_2)^2} + \frac{2R_1R_2}{D^2-(R_1-R_2)^2} + \ln\frac{D^2-(R_1+R_2)^2}{D^2-(R_1-R_2)^2}\right] \quad (5\text{-}15)$$

$$V_R = \frac{128\pi n_0 K_B T}{\kappa}\gamma_0^2\left(\frac{R_1R_2}{R_1+R_2}\right)\exp(-\kappa D) \quad (5\text{-}16)$$

式中，$\gamma_0 = \dfrac{\exp(ze\varphi_0/2K_BT)-1}{\exp(ze\varphi_0/2K_BT)+1}$；$\kappa = \left(\dfrac{e^2\sum\limits_i n_{0i}z_i^2}{\varepsilon K_BT}\right)\dfrac{1}{2}$，$\kappa^{-1}$ 为双电层厚度；H 为 Hamaker 常数，是物质的特征常数，与组成粒子的分子之间的相互作用有关；A 为受力面积；D 为距离粒子表面的距离；K_B 为 Boltzmann 常数；n_0 为离子浓度；z 为颗粒表面离子的价数；n_{0i} 和 z_i 分别为当溶液中存在不同离子时，离子 i 的浓度和价位；e 为电子电荷量；T 为绝对温度；φ_0 为粒子表面电位；ε 为介质的介电常数，水的介电常数为 $78.5\varepsilon_0$，ε_0 是真空介电常数，通常取 $8.8541878\times10^{-12}\text{F/m}$。

根据 DLVO 理论表达式得到的综合位能曲线上存在三个极值点，由近及远依次为第一极小值、势垒和第二极小值。第一极小值和第二极小值处粒子间的合力表现为吸附力，排斥能最大处称为势垒；其中第二极小值处的吸引能相对较小，颗粒在此处可以形成不稳定的聚结；当两个胶体颗粒间的距离越过势垒所在位置，到达第一极小值处则发生较为稳定的结合，产生较为稳定的絮团（常青等，1993）。

（2）三峡水库中泥沙粒径的基本特征

泥沙粒径是影响絮凝作用的重要因素之一，在特定水体环境中，只有临界粒径以下的泥沙颗粒会产生絮凝，三峡水库的来沙级配较细，2010 年实测水体中悬移质的年平均级配如图 5-26 所示。

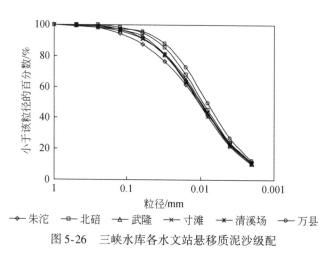

图 5-26 三峡水库各水文站悬移质泥沙级配

由图可见，三峡水库干流和支流进口站（朱沱站为三峡库区长江干流入口站，北碚站为嘉陵江入库站，武隆站为乌江入库站）的来沙都很细，年平均级配的中值粒径为 0.01mm，泥沙级配从库区进口往下游呈现逐渐减小的趋势，但是总体变化幅度不大，至库区中部的万县站中值粒径减小为 0.008mm，各测站小于 0.031mm 的粒径的泥沙颗粒占比达到了 80% 左右,这一比例在万县更是高达 88%。从三峡水库库区中各个测站的实测泥沙级配可以看出水库中悬移质泥沙极细,仅从粒径范围上来看,有产生絮凝的可能性(钱宁和万兆惠,1983;王党伟等,2009)。

(3) 三峡水库水体离子浓度及表面电位的分布

细颗粒泥沙为絮凝提供了基础条件,但是否能够产生絮凝还与水体的水环境因素,尤其是水体中离子的种类和浓度等密切相关。

根据张晟等(2005)对三峡水库水体中离子浓度的调查结果显示,三峡水库中所含阳离子主要有 Ca^{2+}、Mg^{2+}、Na^+ 和 K^+,其浓度分别为 1.166mol/m^3、0.624mol/m^3、0.893mol/m^3 和 0.088mol/m^3;阴离子则主要为 SO_4^{2-}、Cl^- 和 F^-,其浓度分别为 0.245mol/m^3、0.235mol/m^3 和 0.024mol/m^3。丁武全等(2010)对三峡库区中泥沙颗粒表面电位的测量结果显示,三峡库区中土体颗粒表面电位在 $160\sim200\text{mV}$ 之间。

5.3.2 三峡水库泥沙絮凝形成的理论分析

(1) 絮团形成机理分析

根据 DLVO 理论关于综合位能的表达式,以三峡水库中的水体环境指标为基础,得到三峡水库水体中不同粒径泥沙颗粒的位能曲线如图 5-27 所示。随着泥沙粒径增大,势垒的位置并未发生改变,距离颗粒表面 $1.3\times10^{-9}\text{m}$,位于双电层厚度以内。综合位能曲线上的势垒高度与粒径的二次方成正比,粒径为 0.01mm 的泥沙颗粒综合位能曲线上势垒高度为 $8.32\times10^{-14}\text{J}$,随着粒径的增加,势垒高度会急剧增大,因此粒径越小的泥沙颗粒形成稳定絮凝所需的能量越小。

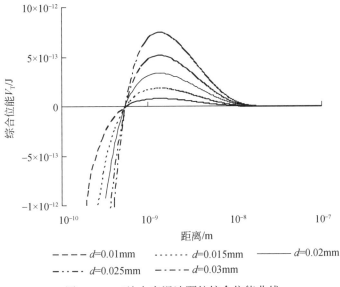

图 5-27 三峡水库泥沙颗粒综合位能曲线

由颗粒之间势能的变化可知,泥沙颗粒只可能在势能曲线的第一极小值和第二极小值附近形成絮凝。泥沙颗粒在相互接近过程中,首先可能在位能曲线的第二极小值附近形成絮凝。从三峡水库泥沙颗粒综合位能曲线上可以看到，第二极小值的位置在距离颗粒表面约 $3.1×10^{-8}$m，约为双电层厚度的 10 倍，以 0.01mm 的泥沙颗粒为例，其第二极小值处位能为 $3.3×10^{-17}$J，不同粒径第二极小值处的位能与粒径的平方成正比。第二极小值处的位能很小，只要相对运动速度所形成的动能小于第一极小值处的位能，理论上就可以形成絮凝。要在第二极小值处形成絮凝，颗粒之间相对运动速度需小于逃脱的临界速度。

$$V_{\min 2} = \frac{1}{2}mU^2 \quad (5-17)$$

式中，$V_{\min 2}$ 为第二极小值处位能；U 为逃脱第一极小值的临界速度；m 为泥沙颗粒的质量。

第一极小值附近形成的絮团较为稳固，但只有当颗粒间的相对运动速度所形成的动能大于势垒后才能形成较为稳固的絮凝体。假设颗粒在互相接近过程中水流阻力可以忽略，则根据能量守恒定律，颗粒的动能需要大于势垒处的位能，能够越过势垒的临界相对运动速度 U_c 应满足，即

$$V_{T\max} = \frac{1}{2}mU_c^2 \quad (5-18)$$

式中，$V_{T\max}$ 为势垒处的位能。当颗粒之间相对运动速度大于 U_c 时，泥沙颗粒才可以越过势垒，在第一极小值和势垒之间形成较为稳固的絮团。

图 5-28 为不同粒径的泥沙颗粒逃脱第一极小值以及越过势垒所需的最小相对速度。两种临界速度与粒径之间的关系基本一致。以 U_c 为例，其大小与粒径成反比，当粒径很小时，随着泥沙粒径增加，U_c 先是急剧减小，但随着粒径逐渐增大，U_c 减小的速度逐渐趋缓，最后 U_c 逐渐趋于稳定值。虽然两种临界速度随粒径的变化趋势相同，但从数值上来看 U_c 远大于 U，粒径为 $5×10^{-7}$m 的颗粒越过势垒所需的相对速度 U_c 可达 0.92m/s，而逃脱第二极小值所需的速度 U 仅为 0.02m/s；粒径为 0.03mm 对应的 U_c 为 0.12m/s，同样粒径的泥沙颗粒对应的 U 为 0.003m/s。根据两种临界速度的定义可知，当泥沙相对运动速度位于这两种临界速度之间时，泥沙不会发生絮凝。

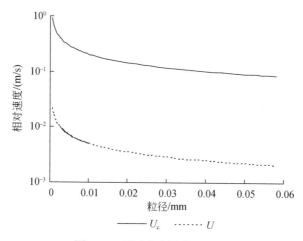

图 5-28　形成絮凝的临界速度

颗粒间相对运动的形成原因主要有三方面：一是由于沿水深或河宽方向的平均流速梯度，二是脉动流速，三是由于粒径不同造成颗粒沉降速度的差异。能够发生絮凝的泥沙粒径都很小，可以认为在水平方向上颗粒与水流运动完全同步。根据天然河道中流速分布规律，水流沿垂向或水平方向均在两颗粒粒径之和的尺度范围内产生的流速差很小，既不会促使颗粒越过势垒，也不会对第二极小值附近的泥沙絮团构成破坏。

根据窦国仁（1999）关于脉动流速分布公式的成果，在水力粗糙区具有如下形式：

$$\frac{\sqrt{u'}}{u_*} = \left\{ \frac{50\frac{y}{\Delta}}{11.6+100\frac{y}{\Delta}} + 0.36\left(1-\frac{y}{h}\right)\left[\frac{100\frac{y}{\Delta}}{1+20\frac{y}{\Delta}} + \frac{4640\left(\frac{y}{\Delta}\right)^2 - 2000\left(\frac{y}{\Delta}\right)^3}{\left(1+20\frac{y}{\Delta}\right)^3}\right]^2 \right\}^{\frac{1}{2}}$$

(5-19)

式中，u_* 为摩阻流速；y 为距床面的垂直距离；Δ 为床面糙率高度；h 为水深；u' 为脉动流速，脉动流速与库区水面比降、水深及床面粗糙度有关。

图 5-29 为三峡水库忠县以下河段水面平均比降与坝前水位及入库流量之间的关系，水面比降与坝前水位成反比，与入库流量成正比，库区中水面比降极小，大多不足万分之一，加之库区淤积后泥沙颗粒极细，床面粗糙高度也相应较小，因此库区中摩阻流速及脉动流速均较小。根据式（5-19）计算得到不同条件下库区万县附近的脉动流速，如图 5-30 所示。靠近河床底部脉动流速较大，离开床面往上脉动流速逐渐减小，在 $\frac{y}{\Delta}$ = 100 000 附近出现了拐点，此后随着 $\frac{y}{\Delta}$ 增大，脉动流速开始急剧减小。脉动流速与坝前水位成反比，当坝前水位降至 145m 时，沿垂线上最大脉动流速约为 2.7cm/s，当坝前水位达到 175m 时，最大脉动流速仅为 0.4cm/s。

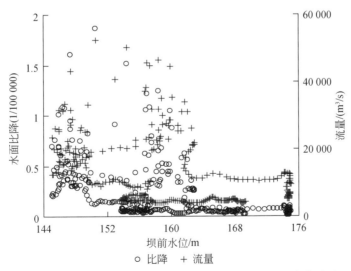

图 5-29 三峡水库忠县以下河段水面平均比降与坝前水位关系

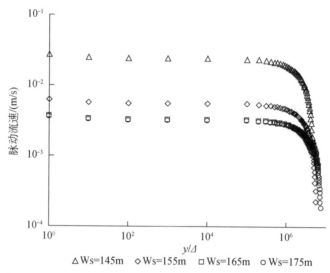

图 5-30　不同坝前水位下脉动流速沿垂线分布（Ws 为坝前水位）

对比脉动流速 u'（图 5-30）与泥沙颗粒形成絮凝的速度范围（图 5-28）可以看出，三峡库区的水流紊动难以使颗粒越过势垒而形成絮凝，水库中的泥沙只能在第二极小值附近形成絮凝。结合悬移质沿垂线分布规律以及图 5-30 所示的水流脉动流速分布，从紊动速度对泥沙絮凝的促进（1cm/s 以下的脉动流速有利于泥沙碰撞，可以增加絮凝概率）和破坏（脉动流速大于 1cm/s 时，第二极小值附近形成的絮凝容易被破坏）的两方面作用来看，当坝前水深较大，或当泥沙处于水体的中下层时更容易产生絮凝。

研究表明差速沉降也是形成絮凝的重要原因之一。根据三峡水库悬移质泥沙的级配可以计算出静水条件下，颗粒之间沉降速度之差均在 2cm/s 以下，由图 5-28 所示的形成絮凝的临界速度来看，颗粒间不能越过势垒形成强絮凝，但可以在第二极小值附近形成较为疏松的弱絮凝。

(2) 絮团存在条件及临界粒径

第二极小值附近容易形成絮凝，同时由于此处作用力相对较小，在水流剪切力的作用下难以形成较大的絮团。

当两颗粒表面间距大于第二极小值所在位置时，颗粒间作用力如图 5-31 所示。由图可见，颗粒间的综合作用力表现为引力。在两个颗粒接近的过程中，最初颗粒间的斥力非常微弱，而引力相对较大，此时颗粒相互吸引；在颗粒相互接近过程中，综合引力达到极大值，以 25℃ 水体中两个粒径为 0.01mm 的泥沙颗粒为例，综合引力极大值距离颗粒表面 3.6×10^{-8}m，作用力大小为 1.24×10^{-9}N。当泥沙颗粒继续接近时，斥力急剧增大，到第二极小值处，颗粒间引力和斥力达到平衡，同时颗粒间吸引能达到极值。

泥沙在水中主要受到重力作用而下沉，从而与周围的水体间存在流速梯度。颗粒表面的束缚水很难与颗粒之间产生滑动，杨铁笙等（2002）则以 ζ 电位为基础计算得到的滑动层厚度与双电层厚度在同一量级上，与离子浓度有关。从前述分析可知，第二极小值位于束缚水层之外，因此当颗粒沉降时，颗粒最外层自由水相对于颗粒的速度即为颗

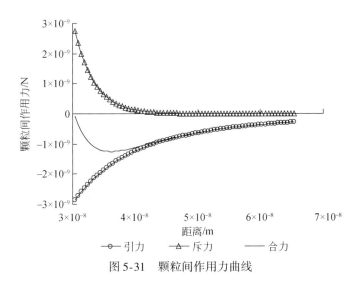

图 5-31 颗粒间作用力曲线

粒的沉速。假设分子水膜的内部水流结构与边界层的流速分布一致，为层流运动，其流速梯度为线性分布，则颗粒边界受到的水流剪切力（F）为

$$F = \mu A \frac{\omega}{\delta} \tag{5-20}$$

式中，A 为颗粒间接触面的面积；μ 为水体动力黏度；ω 为颗粒沉速；δ 为颗粒间 1/2 的自由水厚度。

当水流剪切力大于颗粒间的吸附力时，絮凝无法继续发展或已有的絮凝会被破坏，也就是当颗粒无法越过势垒，只能在第二极小值处形成絮团时，其形成的絮团的最大沉速是受限的。根据三峡水库中颗粒间在第二极小值附近的最大引力，可以计算出不同水温条件下絮凝体最大沉降速度，如图 5-32 所示。由图可见，随着温度升高水体中所能形成的絮团最大沉速也越大。5℃时絮团的最大沉速 ω 为 0.15mm/s，30℃时絮团最大沉速可以达到 0.28mm/s。

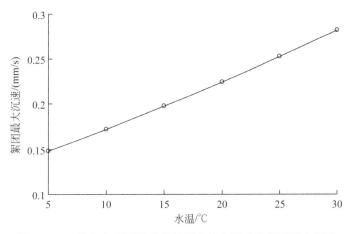

图 5-32 三峡水库不同温度条件下水体中形成的絮团最大沉速

三峡水库表面水温变化范围为 10~25℃，库区沿垂向存在温度分层，表面与底部的水温相差 5℃左右，因此三峡库区可能形成絮团的最大沉速应为 0.15~0.25mm/s。由于泥沙粒径不是完全连续的，所以实际沉降过程中絮团沉速一般不会正好等于最大沉速，而是表现为实际絮团最大沉速会小于上述理论分析值。陈锦山等（2011）在长江万州附近实测结果显示，23.3℃水体环境下絮团中值粒径对应的沉速为 0.13mm/s，位于本书得到的絮团沉速范围内，间接说明了本书分析结果是合理的。

采用絮凝最大沉速反算可以得到单颗粒泥沙粒径，即絮凝临界粒径。采用张瑞瑾沉速公式反算得到三峡水库中能够形成絮凝的临界粒径约为 0.019mm，在此粒径以下的泥沙需要考虑絮凝作用的影响，即当单颗粒泥沙沉速小于絮团最大沉速时，其沉速应修改为絮团沉速。

5.4 三峡水库泥沙絮凝沉降室内试验

5.4.1 试验基本情况

（1）试验原理

静水沉降试验是通过固定测量同一位置处的含沙量变化，以现有的泥沙沉速公式，反推泥沙级配信息，由此得到的泥沙粒径称为当量粒径，即具有相同沉速的单颗粒泥沙粒径。假设 OBS（光学后向散射浊度计）探头在水面以下距离为 L，初始时刻含沙量为 S_0，t 时刻测得的含沙量为 S，则可以通过式（5-21）计算得到泥沙级配信息。

粒径小于 d 的泥沙占比 p 为

$$p = S/S_0 \tag{5-21}$$

d 为沉降速度为 L/t 时的当量粒径，可以通过泥沙沉速计算得到（张瑞瑾，1998）

$$\omega = \frac{1}{25.6}\frac{\gamma_s - \gamma}{\gamma}g\frac{d^2}{\nu} \tag{5-22}$$

式中，ω 为泥沙沉速；γ_s 为泥沙容重；γ 为水容重；g 为重力加速度；d 为单颗粒泥沙粒径；ν 为水的运动黏度。

对比当量粒径与原始单颗粒级配之间的差别，可以得到三峡水库泥沙絮凝的特征以及絮凝对沉速的改变程度。

在前期调研的基础上，确定三峡水库泥沙絮凝的主要影响因素及其实际发生的量值范围，在此范围内设置不同的试验组次，采集或配置与三峡水库水体环境（泥沙含量、级配、有机物含量、pH、温度及离子种类和含量）基本相同的水体，在实验室的静水沉降筒中观测泥沙絮凝沉降过程，采用 OBS 测量泥沙浓度变化，从而反算出泥沙沉速及当量粒径。通过对试验结果的分析，得到主要影响因素与库区泥沙沉速之间的关系式。

影响絮凝的因素主要有离子浓度、水流流速及含沙量。三峡水库离子浓度常年较为稳定，试验中采用平均值，静水试验不考虑流速，试验中重点观测泥沙絮凝程度与含沙量之间的关系。

(2) 试验仪器及测量方法

含沙量是试验中的关键因素，为了提高实验的精度，提高数据的可靠性，室内试验采用 OBS 测量含沙量，即光学后向散射浊度计（optical back-Scatter sensor），如图 5-33 所示，OBS 是一种光学测量仪器，它通过接收红外辐射光的散射量监测悬浮物质，然后通过相关分析，建立水体浊度与泥沙浓度的相关关系，进行浊度与泥沙浓度的转化，得到泥沙含量。

OBS 由美国 Compbell 公司生产，可在湖泊、河流、河口及近岸环境下，监测河流与航道疏浚、废水和污水排放，控制湖塘淤积测量等，其主要技术参数见表 5-5。

图 5-33 OBS 实物图

表 5-5 OBS 工作参数表

浊度（NTU）	工作水深/m	温度/℃	电导率/（mS/cm）
0~4000	0~200	0~35	65

OBS 浊度计的核心是一个红外光学传感器。众所周知，光线在水体中传输，由于介质作用会发生吸收和散射，根据散射信号接收角度的不同可分为透射、前向散射（散射角度小于 90°）、90°散射和后向散射（散射角度大于 90°）。从理论上讲，监测任一角度的红外光线散射量均可测量浊度。散射浊度计主要是监测散射角为 140°~160°的红外光散射信号，此间散射信号稳定。之所以选择红外光线是因为红外辐射在水体中衰减率较高，太阳中的红外部分完全被水体所衰减，这样 OBS 发射光束不会受到强干扰，这表明了三种特征：第一，散射率随散射角度增大而减小；第二，在后向散射范围内散射率比较稳定；第三，在后向散射接收范围内，无机物质的散射强度明显大于气泡和有机物质。

由于 OBS 浊度计是一个光学测量仪器，所测量的是悬浮颗粒反射信号，而本书需要得到的是泥沙浓度值，因此在测量和校准中会有诸多影响因素给仪器测量带来误差。在 OBS 浊度计测量过程中，泥沙粒径的大小对浊度非常敏感，自然水域中悬浮物的粒径尺寸为 0.2~500μm（溪流、河湾和海洋），10μm 颗粒克重的外表面积是 100μm 颗粒克重的 10 倍。试验显示淤泥和粗沙后向性发散的范围很大，实验室用淤泥和中等程度的泥沙进行试验，它们的敏感度变化系数为 3.5，重要的是野外和实验室不同，即使在同一测量区域内也有变化，尤其是在风暴期间水体的泥和沙比例会发生变化，这都会给 OBS 的测量带来较大的误差。在泥沙浓度较高时，发射的红外光会沿着相连路径衰减，因而泥沙浓度增加，后向散射强度减少，这种现象多发生在 $5kg/m^3$ 以上的泥沙浓度测量时。

泥沙的颜色发生变化会降低测量的准确性，白色的方解石反射信号很强，黑色的磁铁矿是吸收红外光的，有色淤泥颗粒的敏感变化从黑色至灰色变化 10 倍。通常水色对 OBS 的测量影响很小，除非 OBS 波长被有色物质吸收很强，而且浓度很高，一般在河流、河湾和海洋环境中有色物质浓度低，不会产生实质性的影响。虽然自然环境中气泡会发散红外光，但是 OBS 的信号不会受到实质性的影响，因为大多时候气泡的浓度比泥沙的浓度小两个数量级，而传感器对矿物质颗粒的敏感度是气泡或有机物质的 4～6 倍。因此气泡的干扰对 OBS 测量没有实质性的影响，但当泥沙浓度和悬浮物质较少时，OBS 信号来自浮游生物，水体的气泡浓度较高时会影响浊度数据。

盐水中传感器的附着物会使浊度计读数偏低。海水和淡水中的海藻使散射增强从而引起 OBS 数据的偏高，而在清水中传感器的玻璃被清洁后数据会偏高。在清水中使用过长，会在传感器上形成一层类似涂层一样的沉积物，会阻碍红外发射，使读数明显下降。具体使用测量含沙量时还应结合特定的环境率定校准读数和含沙量的关系，以保证准确性。

OBS 测量含沙量的基本原理是通过向水中发射一束近红外光，然后接收由悬浮颗粒反射回的光束来进行工作的，其基本指示量为电压值，因此试验中需要在电压值与含沙量之间建立关系，结果如图 5-34 所示。

由图可见，含沙量率定范围为 $0.1～9.9kg/m^3$，两个探头测得电压与含沙量值之间的关系略有差别。根据 OBS 自身的工作原理，率定需分为高浓度和低浓度两种模式，含沙量分界点为 $0.6kg/m^3$。低浓度情况下含沙量与电压值呈线性关系，高浓度条件下含沙量与电压值呈非线性关系。通过回归后，拟合得到的含沙量与电压值之间的相关系数平方值均可达到 0.98 以上，说明 OBS 可以通过电压很好地反映水体的含沙量，可以用于本试验研究。

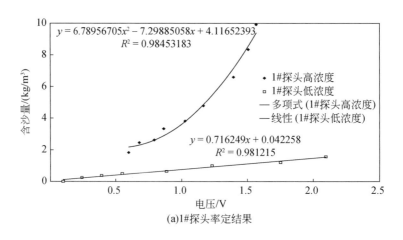

(a)1#探头率定结果

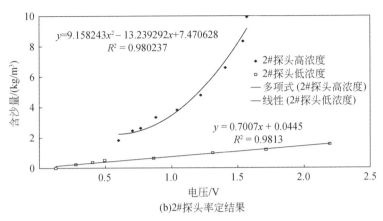

图 5-34 OBS 电压值与含沙量关系

（3）试验装置

静水沉降试验在高 2m，直径 1m 的有机玻璃筒中进行，可以尽量减小泥沙沉速计算的误差，同时也可以消除边壁对泥沙沉降的影响。为了保证静水沉降试验初期泥沙颗粒在沉降筒中均匀分布，试验采用水力循环装置，采用 OBS 测量含沙量及其变化过程，OBS 探头分别位于距离筒顶部 85cm 和 125cm 处。图 5-35 为试验装置示意图。

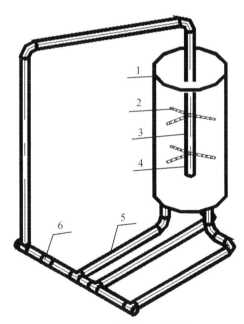

图 5-35 试验装置示意图

注：1 为沉降筒；2 为横向进水口；3 为竖向进水管；4 为 OBS；5 为分流管道；6 为水泵

试验中在沉降筒内上下相隔 40cm 布置两个 OBS，一方面可以监测试验初期含沙量分布是否均匀，另一方面也可以减少单颗粒重新絮凝导致试验的误差，两者的测量数据可以进行相互比对和检验。试验中首先加入适量水和泥沙，通过水泵和管道循环约 10

分钟后,通过两个 OBS 观测不同位置的含沙量,当整个沉降筒中的浑水含沙量达到均匀状态时,停泵进入静水沉降阶段。静水沉降开始时泥沙在沉降筒内呈均匀分布,通过取样在激光粒度仪中测量发现泥沙级配与单颗粒级配基本一致,说明水力搅拌过程中絮团被破坏,沉降初始时刻泥沙为单颗粒状态,不存在絮团。当水泵停止时,水流在惯性力作用下仍会在沉降筒内旋转约 1min,颗粒之间可以充分接触、相互碰撞形成絮团。

(4) 试验组次

三峡水库中影响泥沙絮凝的主要因素有三个,分别为离子浓度、水流流速和含沙量。现场实测资料表明,水库水质状况较为稳定,水体离子浓度在时间和空间上变化不大时,离子浓度变化对泥沙絮凝的影响可以忽略。水流流速对絮凝的形成和破坏的临界点也可根据现场观测数据得出。水库实测的含沙量变化范围为 $0 \sim 1.5 \text{kg/m}^3$,变化幅度相对较大,且从现场实测资料中难以单独提出含沙量与絮凝程度的具体关系,因此室内试验以三峡水库平均的离子浓度作为水质背景,以含沙量作为主要参考因素,采用静水沉降方法揭示絮凝程度与含沙量之间的关系。每组试验沉降时间为 $48 \sim 72 \text{h}$,共进行了 11 组试验,具体的试验条件见表 5-6。

表 5-6 室内试验条件和组次统计表

试验编号	初始含沙量/ (kg/m^3)	主要化学指标		水温/℃
		主要阳离子种类	阳离子浓度/ (mol/L)	
1	0.22	Ca^{2+}、Mg^{2+}、Na^+	5.33	15
2	0.31	Ca^{2+}、Mg^{2+}、Na^+	5.31	15
3	0.36	Ca^{2+}、Mg^{2+}、Na^+	5.36	15
4	0.51	Ca^{2+}、Mg^{2+}、Na^+	5.37	15
5	0.55	Ca^{2+}、Mg^{2+}、Na^+	5.35	16
6	0.72	Ca^{2+}、Mg^{2+}、Na^+	5.38	16
7	0.95	Ca^{2+}、Mg^{2+}、Na^+	5.38	16
8	0.99	Ca^{2+}、Mg^{2+}、Na^+	5.36	16
9	1.02	Ca^{2+}、Mg^{2+}、Na^+	5.34	16
10	1.49	Ca^{2+}、Mg^{2+}、Na^+	5.33	16
11	1.56	Ca^{2+}、Mg^{2+}、Na^+	5.33	16

5.4.2 试验数据分析

(1) 泥沙沉降过程

三峡水库水体含沙量基本都位于 1.5kg/m^3 以下,因此试验中含沙量控制在 1.5kg/m^3 以下。图 5-36 为沉降筒中典型的含沙量变化过程,由图中所示含沙量变化过程曲线可以看出,沉降基本可以分为三个阶段,$0 \sim 1.5 \text{h}$ 含沙量急剧减小,说明泥沙沉降较快;$1.5 \sim 4 \text{h}$ 出现了拐点,含沙量变化开始显著减小,这一阶段泥沙沉速显著降低;4h 以后含沙量变化较为缓慢,说明此时筒中剩余泥沙已经很难下沉。含沙量拐点出现的时间以及含沙量具体数值与初始含沙量基本无关。三种初始含沙量条件下,拐点出现时的含沙量为 0.25~0.3kg/m³，拐点过后含沙量降至 0.12kg/m³。

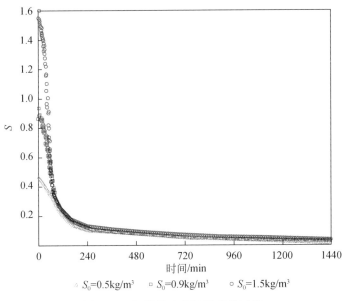

图 5-36　沉降筒中含沙量变化过程

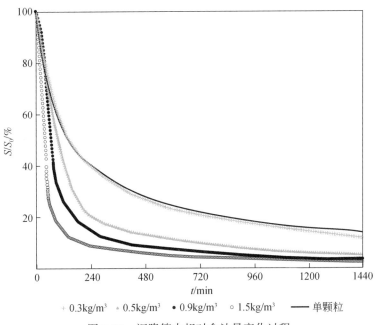

图 5-37　沉降筒中相对含沙量变化过程

为了反映出不同含沙量的沉降效率，图 5-37 中给出了相对含沙量随时间变化过程。由图可见，在沉降开始后最初的 30min 内，处于单颗粒状态的泥沙与絮凝后的泥沙沉降效率基本相同，与含沙量无关，说明这一时间段内沉降的泥沙均处于单颗粒状态，基本不包括絮团。由表说明在三峡水库水体含沙量范围内，无论含沙量如何变化，三峡水库较大颗粒的泥沙颗粒在沉降过程中没有受到絮凝的影响，始终保持单颗粒沉降，不参与絮团的形成。30min 后随着含沙量不同，泥沙絮凝程度存在差异，沉降效率曲线开始分化，说明这部分泥沙受到絮凝影响，絮凝后的沉降效率明显高于单颗粒状态的泥沙沉降效率，含沙量越大，含沙量变化幅度越大。当含沙量小于 0.3 kg/m³ 时，由于泥沙颗粒之间距离增加，碰撞概率减小，难以形成絮团，在泥沙沉降效率曲线上表现为沉降效率与单颗粒状态泥沙的群体沉降效率基本相同。

（2）絮凝影响的粒径范围

絮凝仅对细颗粒泥沙的沉降产生影响，对于不同的水体和泥沙来源，细颗粒的分界也不尽相同。因此要分析絮凝对泥沙沉降的影响，首先需要理清絮凝影响的泥沙粒径范围，该粒径范围的上限即为絮凝临界粒径，粒径大于絮凝临界粒径的单颗粒泥沙基本不受絮凝影响。图 5-38 为试验得到的静水沉降当量粒径级配与原始单颗粒粒径级配的对比。由图可见，在四种含沙量情况下，当量粒径级配曲线均比原始单颗粒级配发生明显左移，说明粒径增加，表明泥沙在沉降筒中存在一定程度的絮凝现象。从级配曲线上还可以明显地看到，含沙量越大，絮凝后级配曲线向左偏移越大，说明絮凝程度与含沙量成正比。各级配曲线均交于一点，小于该粒径的泥沙颗粒级配发生了显著增大，而大于该粒径的泥沙颗粒级配则基本无变化，根据絮凝临界粒径的定义可知，三峡水库泥沙絮凝的临界粒径为 0.022mm 左右，与根据絮凝动力学理论分析得到的结果基本一致。小于临界粒径的泥沙颗粒需要考虑絮凝影响，约占所有泥沙总量的 83%，三峡水库中大部分泥沙会受到絮凝作用的影响。

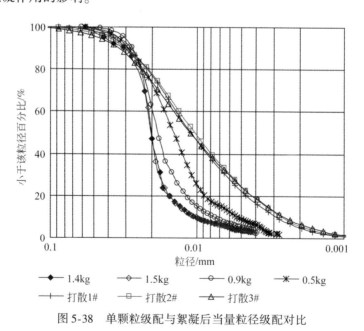

图 5-38　单颗粒级配与絮凝后当量粒径级配对比

5.4.3 絮凝对泥沙沉降的影响及估算

絮凝临界粒径以下的泥沙均会受到絮凝的影响而形成絮团，从而加快泥沙的沉速，但絮凝对不同粒径泥沙的影响程度不尽相同，需要划分为不同粒径组进行讨论。图5-39为各分组粒径占比在絮凝前后的变化。

由图可见，絮凝表现为小颗粒泥沙占比减小、大颗粒泥沙占比增加，且絮凝后与絮凝前分组泥沙占比之比出现了一个明显的峰值，峰值对应的泥沙粒径恰好位于絮凝临界粒径附近，且随着含沙量增加峰值加大，说明随着泥沙相互碰撞结合概率的增加，絮团的当量粒径均向着絮凝临界粒径发展。单颗粒情况下 0.019~0.022mm 的泥沙占比为 6.7%，0.5kg/m³ 含沙量条件下絮凝后该粒径组占比增加到 10.0%，当含沙量为 0.9kg/m³ 时该粒径组占比增加至 21.9%，含沙量为 1.5kg/m³ 时该粒径组占比达到了 34.1%，占所有受絮凝影响泥沙的 40.8%。

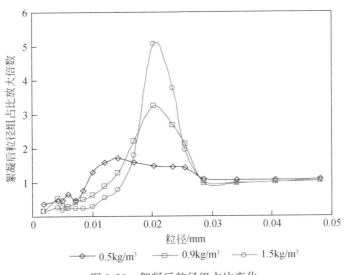

图 5-39 絮凝后粒径组占比变化

絮凝前后泥沙沉速会发生变化，一般采用絮凝因数 F 来量化（关许为等，1996）：

$$F = \omega_f / \omega_0 \tag{5-23}$$

式中，ω_f 为絮团的平均沉速；ω_0 为单颗粒平均沉速。

静水中泥沙的沉积速度可以采用物质沉降通量来表达，其值等于单位时间水体中泥沙质量的变化，即等于含沙量乘以沉速。物质沉降通量更为准确地给出了絮凝对泥沙淤积速度的影响。类似于絮凝因数，定义物质沉降通量因数为

$$R = M_f / M_0 \tag{5-24}$$

表5-7中给出了絮凝对泥沙沉速的影响。由表可以看到，以平均粒径 d_p 作为代表粒径得到的絮凝因数 F 相对较小，而以中值粒径 d_{50} 作为代表粒径得到的 F 相对较大，且随含沙量增加，两者之间差别也逐渐增大，在 1.5kg/m³ 以下的含沙量条件下，两者差别在 50% 以下。絮凝因数 F 随含沙量 S_0 增大而增加，两者之间基本呈对数关系，随着含沙

量增加,絮凝因数的增大幅度逐渐减小,回归得到的 F 与 S_0 的关系分别为

以平均粒径计: $\quad F_p = 1.4959\ln(S_0) + 2.8222 \quad$ (5-25)

以中值粒径计: $\quad F_p = 2.5332\ln(S_0) + 4.0364 \quad$ (5-26)

表 5-7　絮凝对泥沙沉速的影响

特征粒径	原始单颗粒	含沙量 (kg/m³)		
		0.5	1.0	1.5
$d_p/\mu m$	9.6	13.0	15.8	17.7
F_p	1.0	1.79	2.68	3.36
$d_{50}/\mu m$	8.6	12.9	16.9	19.3
F_{50}	1.0	2.24	3.87	5.03
R_{FM}	1.0	1.43	2.01	2.43
R_{TM}	1.0	1.24	1.47	1.66

注:d_p 为平均粒径;d_{50} 为中值粒径;F_p 和 F_{50} 分别为对应的絮凝因素;R_{FM} 为絮凝临界粒径以下悬移质泥沙颗粒的物质沉降通量因数;R_{TM} 为悬沙的物质通量因数。

F_p 及 F_{50} 与含沙量之间的相关系数 R^2 分别为 0.998 和 0.997,说明当其他环境因素基本不变时,泥沙絮凝程度与水体含沙量关系密切,如图 5-40 所示。

物质通量因数也随含沙量增加而增加,含沙量为 0.5kg/m³ 时悬沙物质沉降通量因数 R_{TM} 为 1.24,即絮凝会使泥沙沉积量增加 24%,当含沙量增加到 1.5kg/m³ 时其值为 1.66,相应的泥沙淤积量相对于单颗粒增加 66%,对于水库淤积量影响较为明显。

絮凝因数反映了絮凝对泥沙群体沉速的影响,物质沉降通量则可以大致估算絮凝对泥沙淤积速度的影响。对比絮凝前后絮凝因数和物质沉降通量的因数可以看出以平均粒径作为代表粒径得到的絮凝因数更为准确,物理意义也更明确。

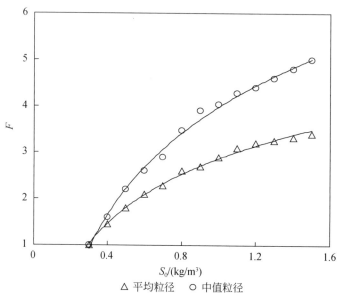

图 5-40　絮凝因数与含沙量关系

5.5 三峡水库泥沙絮凝及影响综合分析

絮凝问题的研究由来已久,取得的成果也很多,但基本以淡海水混合地区或高含沙水流开展的研究为主,以淡水区域较低含沙量水流开展的絮凝研究很少,从而在传统思维里形成淡水区域不存在泥沙絮凝的印象。随着测量技术手段的发展,促进了传统测量技术与现代电子测量技术的结合,淡水泥沙是否存在絮凝的问题也逐渐明朗化。

1) 陈锦山依据 2009 年 9~10 月金沙江石鼓至长江口门徐六泾河段 13 个断面的测量资料进行了较为系统的分析,测量方法采用现场激光粒度仪(LISST-100)与室内离散粒径进行对比,得到了长江干流泥沙絮凝现象的普遍存在和三峡水库蓄水有利于絮团成长的基本结论。

2) 本研究采用与陈锦山教授基本相似的测量方法,进一步论证了三峡水库蓄水区泥沙絮凝的普遍存在。在三峡水库现场 819 个水体取样点中,99.4% 的取样点存在不同程度的絮凝,其中 83.6% 的絮团直径是单颗粒粒径的 2~8 倍,这也是三峡水库泥沙颗粒发生絮凝的主体部分;此外,2013 年 12 月坝前淤积底泥表层的取样分析结果也证实了泥沙絮凝的存在,絮团直径是单颗粒粒径的 2~3 倍。

3) 三峡水库泥沙絮凝的实测资料分析结果表明,流速和含沙量是影响水库泥沙絮凝的主要因素,库区水流流速小于 0.70m/s、含沙量大于 0.3kg/m³ 时有利于库区泥沙絮凝的产生,由实测资料分析得到的泥沙絮凝临界粒径约为 0.022mm。根据三峡水库测量的水体环境因素,即水体主要阳离子为钙离子和镁离子,含量分别为 38.51~47.35 mg/L 和 11.58~14.98 mg/L;非汛期蓄水运用期间壅水河段的水流流速基本都在 0.70m/s 以下;汛期含沙量有时可以达到 0.3kg/m³ 以上,但非汛期含沙量基本都在 0.50kg/m³ 以下,而入库泥沙中粒径小于 0.018mm 部分占 60% 以上。因此,结合三峡水库实测资料分析的泥沙絮凝基本阈值及水体环境要素变化范围,可以确定三峡水库在蓄水期存在泥沙絮凝现象。

4) DLVO 理论是描述泥沙絮凝的基本理论,水体中细颗粒泥沙产生絮凝的动力源于颗粒表面的电化学作用;从 DLVO 理论表达式点绘的综合位能曲线可以看出,颗粒间的综合位能存在三个极值点,由近到远依次为第一极小值、势垒和第二极小值,其中在第一极小值和第二极小值处,颗粒间的合力表现为吸附力,第二极小值处的吸引能相对较小,颗粒在此处形成的聚结不是很稳定,絮团表现为弱絮凝;第二极值区为势垒,颗粒间在此区域的排斥能将达到最大;当颗粒具备的相对动能可以越过势垒所在区域之后,将到达第一极小值处,此区域颗粒间将发生较为稳定的结合,絮团表现为强絮凝。从絮凝动力学和实测资料的分析结果来看,三峡水库泥沙絮凝临界粒径约为 0.02mm,该粒径逃脱第一极小值所需的颗粒间最小相对速度约为 7mm/s,而越过势垒所需的最小相对速度约为 0.12m/s,而当三峡水库蓄水至 160m 以上时,泥沙颗粒间的相对流速绝大部分都是小于 7mm/s 的,基本没有超过 0.12m/s 的。因此,三峡水库泥沙颗粒产生的絮凝主要为弱絮凝。

5) 从试验结果可以看出,在三峡水库水体含沙量的变化范围内,无论含沙量如何变化，水库水体中泥沙粒径大于 0.02mm 的泥沙在沉降过程中基本不产生絮凝；小于 0.02mm 的细颗粒泥沙将受到絮凝影响，絮团沉降效率明显高于单颗粒状态的泥沙沉降效率，含沙量越大，泥沙絮凝也越明显；当含沙量小于 0.3kg/m³ 时，泥沙絮凝现象显著减少；水库泥沙絮凝的临界粒径大小与含沙量浓度无关，在试验选用的泥沙级配中，受絮凝影响的泥沙约占所有泥沙的 83%。此外，反映絮凝前后泥沙沉速变化的絮凝因数以及物质沉降因数均与含沙量成正比，当含沙量小于 1.5 kg/m³ 时，絮凝因数与含沙量成对数关系。

综上所述，三峡水库蓄水期泥沙絮凝具有以下基本特点：①库区泥沙发生絮凝的临界粒径约为 0.02mm，入库泥沙中小于此粒径的颗粒均具备形成絮凝的基本条件；②水库泥沙絮凝形成的有利水沙条件为流速小于 0.7m/s、含沙量大于 0.30kg/m³，此条件下实际产生絮凝的泥沙可能达到 99%，具有普遍性；③三峡库区水体中泥沙颗粒间的相对动能较小，难以越过颗粒间的势垒排斥力而形成稳定的大絮团结构，只能形成相对较小的絮团结构，其中约 85% 的絮团直径位于单颗粒粒径的 2~8 倍。

5.6 小　　结

以三峡水库水流泥沙作为研究对象，从理论分析、现场测量以及室内试验等多方面探讨了泥沙絮凝机理、泥沙絮团沉降规律等方面的问题，取得的主要成果如下。

1）现场观测结果表明，三峡水库存在泥沙絮凝现象，在水库现场 819 个水体取样点中，99.4% 的取样点存在不同程度的絮凝，其中 83.6% 的絮团直径是单颗粒粒径的 2~8 倍，是三峡水库泥沙颗粒发生絮凝的主要部分；从影响絮凝的影响因素来看，流速和含沙量是影响三峡水库泥沙絮凝的主要因素，从现有资料的分析结果来看，库区水流流速小于 0.70m/s、含沙量大于 0.3kg/m³，有利于库区泥沙絮凝的产生。

2）DLVO 理论是描述泥沙絮凝的基本理论，颗粒间的综合位能存在三个极值点，由近到远依次为第一极小值、势垒和第二极小值；在第一极小值处产生弱絮凝，絮团相对较小，越过势垒进入第二极小值处产生稳定絮凝，絮团相对较大。从絮凝动力学和实测资料的分析结果来看，三峡水库产生絮凝的泥沙颗粒间所具有的动能难以越过势垒进入第二极小区域，因此三峡水库泥沙颗粒产生的絮凝主要为弱絮凝，絮团直径相对较小。

3）基于絮凝动力学和水动力学的基本理论推导出了泥沙絮凝的临界粒径，理论分析的三峡水库泥沙絮凝的临界粒径为 0.019mm 与实测资料分析的 0.022mm 接近，论证了理论分析结果的合理性。三峡水库泥沙絮凝的临界粒径大小与含沙量无关，在试验选用的泥沙级配中，受絮凝影响的泥沙约占所有泥沙的 83%，小于絮凝临界粒径的单颗粒泥沙受絮凝影响较为明显，絮凝临界粒径附近泥沙占比增加最多，且含沙量越大絮凝程度越大，形成的絮团当量粒径越向絮凝临界粒径集中。

4）试验结果表明，絮凝因数以及物质沉降因数均与含沙量成正比，当含沙量小于 1.5kg/m³ 时，絮凝因数与含沙量成对数关系，悬沙的物质沉降通量比絮凝前均有所增加，最大增加了 66%，表明絮凝沉降对水库淤积速率存在较为明显的影响。在确定采用絮凝因数来反映絮凝对泥沙沉速的改变之后，提出了以含沙量为基础的絮凝因数的计算方式。

5)三峡库区泥沙发生絮凝的临界粒径约为 0.02mm,入库泥沙中小于此粒径的颗粒均具备形成絮凝的基本条件;库区泥沙形成絮凝的水沙条件为流速小于 0.7m/s、含沙量大于 0.30kg/m³,满足上述水沙条件时基本可发生絮凝;由于库区水体中泥沙颗粒间的相对动能较小,只能形成较小的絮团结构,其中约 85% 的絮团直径位于单颗粒粒径的 2~8 倍。

第 6 章
Chapter 6

三峡水库泥沙数学模型改进与水库淤积预测

第6章 三峡水库泥沙数学模型改进与水库淤积预测

本章利用三峡水库蓄水运用以来的水文泥沙观测资料，特别是175m蓄水以来的资料对三峡水库泥沙数学模型进行验证，分析影响模型精度的因素，并根据三峡水库泥沙输沙规律及泥沙絮凝机理等研究成果，对模型进行改进完善，提高模拟精度。运用改进的数学模型，预测新的水沙条件和优化调度方式下三峡水库的淤积量、排沙比、淤积分布及水库库容的保留等。

6.1 三峡水库泥沙数学模型简介

6.1.1 基本方程与求解方法

（1）基本方程

三峡水库水流泥沙数学模型是我们开发的一维河网水流泥沙数学模型（RNS-1D）（方春明等，2003），所用的一维水流和泥沙运动方程分别为

水流连续方程：
$$\frac{\partial Q}{\partial X} + \frac{\partial A}{\partial t} = 0 \tag{6-1}$$

水流运动方程：
$$\frac{\partial Q}{\partial t} + \frac{\partial (Q^2/A)}{\partial X} + Ag\frac{\partial Z}{\partial X} = -g\frac{n^2 Q^2}{AH^{4/3}} \tag{6-2}$$

悬沙运动方程：
$$\frac{\partial (AS_l)}{\partial t} + \frac{\partial (QS_l)}{\partial X} = \alpha_l B \omega_l (S_l^* - S_l) \tag{6-3}$$

式中，Q为流量；A为断面面积；B为断面河宽；Z为水位；S_l为分组含沙量；S_l^*为分组挟沙力；ω_l为分组泥沙沉速；α_l为恢复饱和系数；n为糙率。

水流挟沙能力公式为

$$S_l^* = k\left(\frac{U^3}{H\omega_l}\right)^{0.9} Pb_l \tag{6-4}$$

式中，k为挟沙能力系数；U为断面平均流速；H为断面平均水深；Pb_l为床沙分组级配。

模型采用的推移质输沙率G_b公式为

$$G_b = 0.95 D^{0.5}(U - U_c)\left(\frac{U}{U_c}\right)^3 \left(\frac{D}{H}\right)^{1/4} \tag{6-5}$$

$$U_c = 1.34\left(\frac{H}{D}\right)^{0.14} \left(\frac{\gamma_s - \gamma}{\gamma} gD\right)^{0.5} \tag{6-6}$$

式中，D为床沙粒径；γ_s、γ分别为床沙容重和水容重，U_c为推移质临界起动流速。

悬移质不平衡输沙会引起河床冲淤变化和床沙级配的变化。根据沙量守恒，悬移质不平衡输沙引起的河床变形为

$$\rho_s \frac{\partial Z_b}{\partial t} = \sum_{k=1}^{l} \omega_l \alpha_l (S_l - S_l^*) + \frac{\partial G_b}{\partial x} \qquad (6-7)$$

式中，ρ_s 为淤积物容重；Z_b 为河床高程。

（2）求解方法

由于洪水波在库区传播速度快，水流运动方程采用全隐式格式离散，使得采用较大的计算时间步长时，仍可满足计算收敛性条件。求解水流运动方程时，水位和流量（流速）采用交替节点布设，如图 6-1 所示。河床变形方程与泥沙运动方程分开求解，因此求解简单。

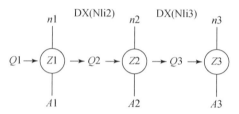

图 6-1　泥沙数学模型求解水流运动方程时变量布设示意图

（3）一些关键问题的处理

模型计算时一些关键问题的模拟方法十分重要，如床沙级配变化、床面糙率变化等。

在河床冲淤变形计算开始前，对可冲床沙厚度进行分层，给定各层厚度和初始床沙级配。当有冲淤发生时，相应调整底层厚度，冲刷时减小，淤积时增加。当冲刷使底层厚度不够时，分层数相应减少。冲刷过程中，床沙分层需要不断调整，相应级配也要相应调整。级配调整的方法是假定各层内部级配是均匀的，冲刷时本层床沙级配与下一层划入本层厚度内的床沙级配混合，顶层要同时考虑冲走的床沙级配；淤积时本层床沙级配与上一层划入本层厚度内的床沙级配混合，顶层与新淤积的床沙级配混合。

由于超出天然洪水位上湿周的糙率难以直接确定，且在水库淤积过程中，床沙级配会发生改变，也有可能出现沙波，引起沙波阻力等，确定水库淤积过程中糙率变化是很困难的考虑到沙波尺度和沙波糙率目前尚难可靠地预报，模型中采用床面沙粒阻力和边壁阻力叠加的方法确定水库淤积过程中的糙率变化。采用能坡分割法（武汉水利电力学院河流泥沙工程学教研室，1980）：

$$n^2 \chi = n_b^2 \chi_b + n_w^2 \chi_w \qquad (6-8)$$

式中，n 为综合糙率；n_b 为床面糙率；n_w 为边壁糙率；χ、χ_b、χ_w 分别为断面、河底和河岸湿周。河道冲淤过程中床沙级配变化引起床面糙率变化：

$$n_b = n_{b0} \left(\frac{D}{D_0}\right)^{1/6} \qquad (6-9)$$

式中，n_{b0} 为初始床面糙率；D_0 为初始床沙平均粒径；D 为冲淤变化后床沙平均粒径。冲淤变化过程中边壁糙率不考虑变化。

6.1.2 模型功能

模型已开发成可视化软件，用 Visual C++编写。计算项目建立时，需要给出河网结构，用户只需用鼠标在屏幕上绘出其示意图，插入各个断面并指定各数据文件即可，使用非常方便。绘制河流示意图时河流包括了以下类型：主河、分流支河、入流支河、支汊、入流点源和分流点源等，如图6-2所示。用户用鼠标在屏幕上绘出河网示意图后软件会自行识别河网结构，无需用户干预。用户对河网结构的修改也很方便，对断面的增减只需点击鼠标就能完成，同时能显示断面图，并对断面数据进行修改。

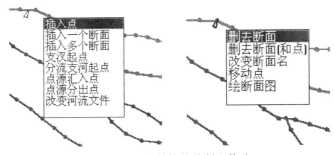

图 6-2　河网结构的绘制和修改

河网泥沙冲淤计算的几个主要参数，如悬沙和床沙级配分组、输出结果时段等在对话框中设定，如图6-3所示。

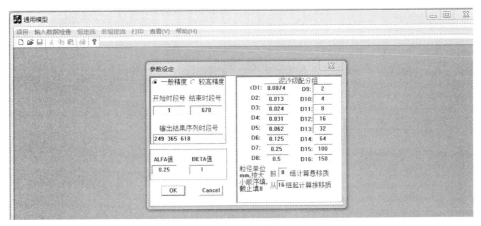

图 6-3　模型参数设定

软件包括了水流泥沙恒定流计算模型和非恒定流计算模型功能，软件在冲淤计算过程中，屏幕上显示有当前时段迭代次数、是否收敛、河网和河流的累计冲淤量、深泓线与水面线。用户可察看各断面的冲淤变化情况。在计算过程中出现错误时还显示错误提示，如图6-4所示。

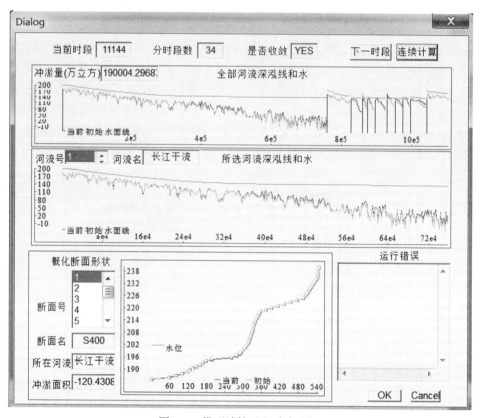

图 6-4 模型计算过程动态监视

6.2 三峡水库泥沙数学模型改进方法

6.2.1 考虑库区支流和区间来水来沙

(1) 考虑库区支流

以往使用恒定流一维水流泥沙数学模型进行三峡水库长系列泥沙计算时[①]（方春明和董耀华，2011），三峡库区只考虑了干流河道和嘉陵江及乌江两条大支流，库区其他支流都未考虑。除嘉陵江和乌江外，库区还有一些支流，如图 6-5 所示。模型改进时考虑了 8 条支流，从上游至下游分别为，小江，流域面积为 $5200km^2$，库容近 7 亿 m^3；汤溪河，流域集水面积为 $1707km^2$，库容约为 1.5 亿 m^3；磨刀溪，流域面积为 $3170km^2$，库容约为 2 亿 m^3；梅溪河，流域面积近 $2000km^2$，库容约为 2.3 亿 m^3；大宁河，流域面积为 $4200km^2$，库容约为 5.5 亿 m^3；沿渡河，流域面积为 $1047km^2$，库容约为 2.4 亿

---

① 参考国务院三峡工程建设委员会办公室泥沙专家组、中国长江三峡集团公司三峡工程泥沙专家组的《长江三峡工程泥沙问题研究 2006~2010（第二卷）》中的《三峡水库淤积观测成果分析与近期（2008~2027）水库淤积计算》。

m³；清港河，流域面积为 780km²，库容约为 1.3 亿 m³；香溪河，流域面积为 3099km²，库容约为 4.1 亿 m³。

图 6-5　三峡库区支流示意图

采用恒定流水流泥沙数学模型进行三峡水库泥沙长系列计算时，不考虑库区支流对泥沙淤积计算的影响不大。但采用非恒定流泥沙数学模型进行三峡水库沙峰调度计算时，库区支流必须考虑，因为它的总库容相对较大，约 25 亿 m³，对洪峰有明显的消减作用。所以，对三峡水库水流泥沙数学模型的改进和完善需要考虑库区其他支流，并完善模型的库容曲线。

不考虑小支流时，模型计算库容在 150m 以下与标准库容曲线比较接近，但 150m 以上偏小较多，如图 6-6 所示。155m 时偏小约 10 亿 m³，165m 时偏小约 17 亿 m³，175m 时偏小约 58 亿 m³。考虑小支流后，模型计算库容在 150m 以下比标准库容偏大 3 亿～7 亿 m³，但 160m 以上偏小程度明显改善，如 165m 时偏小约 10 亿 m³，175m 时偏小约 33 亿 m³。

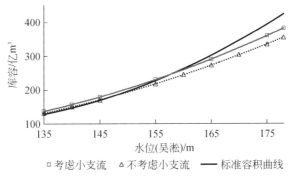

图 6-6　三峡水库考虑和不考虑小支流时模型计算库容比较

由于考虑 8 条小支流后，模型计算库容在 160m 以上仍比标准库容明显偏小，需要进一步修正。因此，选取沿渡河和汤溪河进行断面修正，增加 160m 以上河宽，进一步完善模型库容。进一步完善后，模型库容曲线和标准库容曲线比较如图 6-7 所示，155m 以下计算容积比标准容积略有偏大，160m 以上计算容积与标准容积已基本一致。

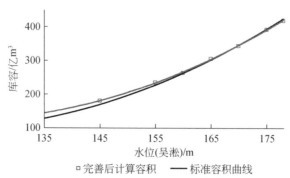

图 6-7 三峡水库完善后模型库容与标准库容比较

(2) 考虑区间来水来沙

模型计算区间,干流上游以朱沱站为起点。以往的计算,区间一般只考虑了嘉陵江和乌江两条支流的来水来沙,区间其他来水来沙都未考虑,与实际情况存在差别,本书进行了完善。

朱沱至寸滩河段,长约为152km,干流有朱沱水文站和寸滩水文站,支流嘉陵江有北碚水文站,见表6-1。受人类活动影响较小的20世纪60年代,朱沱至寸滩河段区间平均流量为462m³/s,占朱沱站流量的5.2%左右。1991~2000年,区间平均流量为550m³/s,占朱沱站流量的6.5%左右。2003~2012年,区间平均流量为301m³/s,占朱沱站流量的3.8%左右。模型对区间流量的处理方法是,把朱沱站每日流量都放大5%,补偿区间流量。

表6-1 三峡库区朱沱至寸滩河段区间来水来沙特征值统计表

时段	项目	朱沱	北碚	寸滩	区间
1961~1970年	平均流量/(m³/s)	8 842	2 387	11 691	462
1991~2000年	平均流量/(m³/s)	8 463	1 637	10 650	550
	年平均沙量/亿t	3.05	0.41	3.55	0.08
2003~2012年	平均流量/(m³/s)	7 994	2 091	10 386	301
	年平均沙量/亿t	1.68	0.29	1.87	-0.1

20世纪60年代,沙量观测不连续,但能反映出区间有少量来沙。90年代,区间年平均来沙量约为0.08亿t。2003~2012年,朱沱站与北碚站沙量之和大于寸滩站沙量,可能是朱沱至寸滩河段存在淤积,但也可能是其他原因所致,因为三峡工程运用对此区间影响很小。现在此区间产沙总体不大,模型不考虑朱沱至寸滩河段区间的来沙量。

寸滩至大坝河段区间,进口为寸滩水文站,出口取大坝下游的宜昌水文站,区间乌江有武隆水文站,见表6-2。20世纪60年代,朱沱至寸滩河段区间平均流量为1116 m³/s,占同期寸滩站流量的10%左右。1991~2000年,区间平均流量为1391m³/s,占同期寸滩站流量的13%左右。2003~2012年,区间平均流量为879m³/s,占同期寸滩站流量的8.5%左右。模型对区间流量的处理方法是,区间年平均流量取900 m³/s,按月分配,各月流量分配见表6-3。

表6-2 三峡库区寸滩至大坝河段区间来水来沙特征值统计表

时段	项目	寸滩	武隆	宜昌	区间
1961~1970年	平均流量/（m³/s）	11 691	1 618	14 425	1 116
	年平均沙量/亿t	4.50	0.29	5.56	0.76
1991~2000年	平均流量/（m³/s）	10 650	1 706	13 747	1 391
	年平均沙量/亿t	3.55	0.22	4.17	0.40
2003~2012年	平均流量/（m³/s）	10 386	1 338	12 603	879

表6-3 三峡库区寸滩至大坝河段区间水沙量年内分配统计表

项目	1~2月	3月	4月	5月	6月	7月	8月	9月	10月	11月	12月	年均
流量/（m³/s）	400	450	800	1200	1400	1600	1400	1200	900	700	400	900
含沙量/（kg/m³）	0.02	0.05	0.5	0.64	0.69	0.71	0.67	0.64	0.5	0.33	0.02	0.35

20世纪60年代，寸滩至大坝河段区间来沙量较大，达0.76亿t，1991~2000年，已减少至0.40亿t，应是人类活动影响的结果。近年来，该区间的10条小支流上进行了大量的梯级小水电开发，进入三峡水库的泥沙应该已大为减少，模型考虑寸滩至大坝河段区间来沙量时，取年平均沙量为0.1亿t。

6.2.2 考虑水库泥沙絮凝影响

泥沙絮凝主要是细颗粒泥沙通过彼此间的引力相互连接在一起，形成外形多样、尺寸明显变大的絮凝体，使细颗粒泥沙沉速增加，水流挟沙能力减小（武汉水利电力学院河流泥沙工程学教研室，1980；周海等，2007），如第5章所述。絮凝对数学模型的影响表现为悬沙运动方程［式（6-10）］右边项中分组泥沙沉速ω_l不同程度变大和分组挟沙能力S_l^*不同程度变小：

$$\frac{\partial(AS_l)}{\partial t} + \frac{\partial(QS_l)}{\partial X} = \alpha_l B \omega_l (S_l^* - S_l) \qquad (6\text{-}10)$$

如前所述，以往泥沙絮凝研究基本都是针对盐度引起的絮凝现象（李九发等，2008），发生速度比较快。三峡水库是淡水水库，水中有少量阳离子和有机物等，第5章的研究说明，其阳离子浓度满足发生絮凝的条件，三峡水库普遍存在絮凝现象[①]（董年虎等，2010；陈锦山等，2011）。由于三峡水库细颗粒泥沙所占比例较大，是否考虑絮凝对水库淤积量影响较大。

模型中考虑三峡水库絮凝作用的方法是通过修正<0.004mm、0.004~0.008mm和0.008~0.016mm三组细颗粒泥沙沉速实现的。参考第5章的有关成果（表5-7），通过模型率定，对细颗粒泥沙的絮凝沉速进行修正，见表6-4。由表可见，最细一组泥沙沉

---

① 参考中国水利水电科学研究院在2015年的《三峡水库泥沙絮凝与水库排沙比变化研究报告》。

速增大8.7倍，3组泥沙沉速修正后相差已较小。絮凝沉速修正时考虑水流流速影响，当水流流速大于2m/s时，修正作用消失。

表6-4　三峡库区絮凝作用悬沙沉速最大修正值统计表

项目	对应值		
移液管法粒径/mm	0.004	0.008	0.016
对应粒径计法粒径/mm	0.0074	0.013	0.024
分组粒径/mm	<0.0074	0.0074~0.013	0.013~0.024
无絮凝沉速/(mm/s)	0.03	0.10	0.36
絮凝修正沉速/(mm/s)	0.26	0.30	0.37

6.2.3　恢复饱和系数取值方法改进

泥沙数学模型基本方程［式（6-3）］中的恢复饱和系数以往采用经验取值的方法，一般淤积时取0.25，冲刷时取1.0。第3章采用泥沙统计理论（韩其为和何明民，1984），对恢复饱和系数计算方法进行了研究①。非均匀悬移质不平衡输沙的恢复饱和系数计算式为

$$\alpha_l = \frac{(1-\varepsilon_{0,l})(1-\varepsilon_{4,l})}{\eta_l + 0.176\eta_l \ln\eta_l} \frac{\overline{U}_{y,u,l}}{\omega_l}\left(1 + \frac{\overline{U}_{y,u,l}}{\overline{U}_{y,d,l}}\right)^{-1} \quad (6\text{-}11)$$

式中，$\varepsilon_{0,l}$、$\varepsilon_{4,l}$、$\overline{U}_{y,u,l}$、$\overline{U}_{y,d,l}$、η_l分别为不止动概率、悬浮概率、悬移质颗粒上升和下降的平均速度及平均悬浮高。

泥沙数学模型改进恢复饱和系数采用第3章研究得出的各级泥沙粒径的平均综合恢复饱和系数，见表3-9。

6.2.4　求解方法改进与提高计算速度

（1）数值计算方法简介

由于洪水波在三峡库区传播速度快，水流运动方程采用全隐式格式离散，采用较大的计算时间步长时，仍可满足计算收敛性条件，缩短了数学模型运算时间。由于泥沙传播速度慢，泥沙运动方程改写成等价式（6-12）的形式，采用迎风显格式离散，见式（6-13）：

$$\frac{\partial S_l}{\partial t} + U\frac{\partial S_l}{\partial X} = \frac{\alpha B \omega_l}{A}(S_l^* - S_l) \quad (6\text{-}12)$$

$$U_2^t(S_2^0 - S_1^0)\Delta t + (S_2^t - S_2^0)Dx_2 = \frac{\alpha B_2^t \omega_l}{A_2}(S_2^* - S_2^t)\Delta t Dx_2 \quad (6\text{-}13)$$

采用迎风显格式离散有其缺点，即要满足计算稳定性要求，计算时间步长受水流运动速度和断面间距的限制，不能取太长，应满足：

---

① 参考中国水利水电科学研究院在2015年的《大水深强不平衡条件下三峡水库输沙规律研究》报告。

$$U\Delta t < Dx \tag{6-14}$$

用于实时调度或长系列计算时,计算速度较慢。

(2)数值计算方法改进

泥沙运动方程求解也改成了隐式离散方法,变量布设如图 6-8 所示,离散式见式(6-15)。

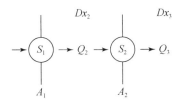

图 6-8 数学模型求解泥沙运动方程时变量布设示意图

$$(Q_3^t S_2^t - Q_2^t S_1^t)\Delta t + (A_2^t S_2^t - A_2^0 S_2^0)(Dx_2 + Dx_3)/2 = \alpha B_2^t \omega_l (S_2^* - S_2^t)\Delta t(Dx_2 + Dx_3)/2 \tag{6-15}$$

(3)提高计算速度

为了在不影响数学模型计算精度的情况下提高数学模型的计算速度,采取了变时间步长和并行计算措施。

变时间步长措施,即根据入库流量大小采用不同的计算时间步长。流量大时,流速大,采用较小时间步长;流量小时,流速小,可采用较大的时间步长。同时,适当调整了库区个别断面位置。隐式离散法理论上计算时间步长不限制,但实际上稳定性也受限制,对于流速较大的变动回水区河段,如果断面间距太小,计算时间步长受限。因而,适当调整库区个别断面位置,提高了模型在步长较大时的稳定性。

河网或河系比较复杂时,泥沙数学模型计算速度往往是比较慢的。如果进行长系列计算,按恒定流进行时,计算时间也是以小时计,若按非恒定流计算,计算时间则要长得多。以往的泥沙数学模型都是基于单 CPU 计算机上开发的串行程序,程序的运行速度和底层的 CPU 处理能力是相关的。随着计算机性能的提高,现在的计算机基本都已经是多 CPU 的,每个 CPU 也都是多核处理器的。并行计算被认为是科学家和工程师用来解决各种科学研究和工程领域问题的标准方法(郭惠芳,2011),近年来,并行计算在水流泥沙数学模型中也开始有所应用(崔占峰和张小峰,2005),是提高模型计算速度的主要手段。目前,根据处理器构架和结构的不同,并行计算可分为分布式并行计算和共享存储并行计算(刘金硕等,2014)。本书中一维河网非恒定流水流泥沙数学模型的并行化计算改进,采用的是共享存储并行计算方式,在原有的 C++编程串行程序基础上进行 OpenMP[①] 并行计算改造。开发环境是 Visual Studio 2011,系统是 Microsoft Windows 7。针对三峡水库水流泥沙的计算,在 Thinkstation D30 工作站上进行(2 个 CPU,每个 CPU 16 核,CPU 主频为 2.6GHz,内存为 32GB),计算速度提高了约 3 倍。

---

① OpenMP APR. OpenMP Application Program Interface. Version 3.0. May 2008. http: www.openmp.org。

6.3 三峡水库泥沙模型单因素改进效果分析

6.3.1 考虑库区支流和区间来水来沙的改进效果

区间来流的考虑主要是使出库年水量与实际一致，汛期使出库流量增加约 2000m³/s，对流量计算结果影响很大，考虑区间流量后，计算的库区沿程各站流量过程与实际总体符合较好，改善效果明显，如表6-5所示。以2003年和2007年为例，模型库容曲线和区间来水来沙改进前计算黄陵庙流量过程与观测结果的比较如图6-9（a）和图6-9（c）所示，计算出库流量普遍比观测结果小，5月和7月差别明显。改进后，计算黄陵庙流量过程与观测结果的比较如图6-9（b）和图6-9（d）所示，计算出库流量与观测结果已没有明显的系统偏小现象，5月和7月差别也明显减小。

表6-5　三峡水库考虑库区支流和区间来水来沙对计算流量改善作用统计表

（单位：%）

年份	项目	寸滩	清溪场	万县	黄陵庙
2003	完善前最大误差	-15.5	-14.0	-24.1	-26.4
	完善后最大误差	-11.8	-6.1	-15.2	-18.4
	完善前平均误差	-2.6	-4.5	-3.5	-5.9
	完善后平均误差	0.9	-1.1	-3.0	-0.2
2004	完善前最大误差	-14.9	-13.1	-15.4	-20.0
	完善后最大误差	-11.9	-10.2	-12.1	-17.7
	完善前平均误差	-3.6	-4.5	-5.3	-9.7
	完善后平均误差	0.3	-1.7	0	0.2
2005	完善前最大误差	-15.3	-13.6	-18.4	-20.1
	完善后最大误差	-11.8	-8.2	-13.1	-13.2
	完善前平均误差	-1.9	-2.3	-2.3	-8.2
	完善后平均误差	1.6	0.6	0.5	1.0
2006	完善前最大误差	-15.7	-10.6	-16.2	-19.0
	完善后最大误差	-13.6	-7.6	-14.1	-14.2
	完善前平均误差	-3.5	-2.3	-3.7	-8.0
	完善后平均误差	0.5	0.6	-0.3	3.8
2007	完善前最大误差	-14.3	-12.6	-19.6	-23.2
	完善后最大误差	-9.7	-5.8	-13.1	-17.5
	完善前平均误差	-2.3	-3.9	-4.3	-1.8
	完善后平均误差	1.4	-0.3	-1.6	0.5
2008	完善前最大误差	-19.1	-15.2	-23.4	-26.6
	完善后最大误差	-13.3	-6.9	-16.8	-18.7
	完善前平均误差	-2.4	-5.1	-3.2	-7.7
	完善后平均误差	1.3	-3.0	1.1	2.3

续表

年份	项目	寸滩	清溪场	万县	黄陵庙
2009	完善前最大误差	−19.0	−14.4	−20.1	−21.2
	完善后最大误差	−12.4	−6.1	−15.1	−16.3
	完善前平均误差	−3.8	−5.1	−2.9	−6.9
	完善后平均误差	−0.2	−2.2	0.2	4.0
2010	完善前最大误差	−19.3	−13.4	−19.8	−21.2
	完善后最大误差	−17.3	−10.0	−15.9	−17.2
	完善前平均误差	−2.7	−1.5	−3.3	−6.6
	完善后平均误差	0.9	1.5	−0.1	2.1
2011	完善前最大误差	−19.4	−9.6	−22.3	−23.0
	完善后最大误差	−17.4	−5.4	−16.0	−22.8
	完善前平均误差	−3.7	−1.6	−0.1	−10.1
	完善后平均误差	−0.4	1.3	2.7	1.1
2012	完善前最大误差	−15.5	−11.4	−16.5	−19.2
	完善后最大误差	−12.4	−7.3	−16.4	−15.3
	完善前平均误差	−2.7	−2.3	−1.5	−9.9
	完善后平均误差	1.1	1.2	1.8	−0.2

(a) 2003年计算出库流量与观测流量比较(改进前)

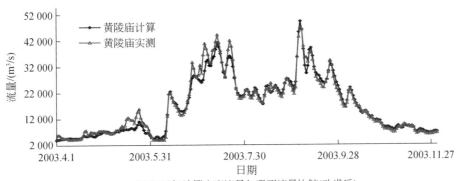

(b) 2003年计算出库流量与观测流量比较(改进后)

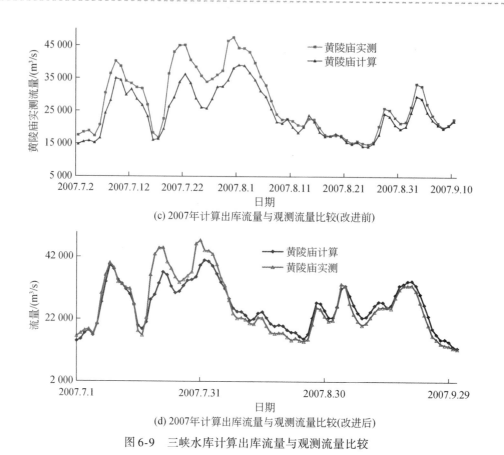

(c) 2007年计算出库流量与观测流量比较(改进前)

(d) 2007年计算出库流量与观测流量比较(改进后)

图 6-9　三峡水库计算出库流量与观测流量比较

2003～2012 年模型计算结果与观测结果比较来看，各年流量平均误差改善幅度基本一致。改进前，寸滩站、清溪场站、万县站和黄陵庙站流量年平均误差分别为 2.9%、3.0%、3.3% 和 7.5%；改进后分别为 0.9%、1.3%、1.1% 和 1.5%。因此，模型库容曲线和区间来水来沙改进使模型计算流量误差减小了 2%～6%。

模型库容曲线对计算出库流量过程的影响明显，对计算出库泥沙影响相对小些。区间支流来沙考虑后，使支流库区产生泥沙淤积。由于支流库区流速很小，支流泥沙难以进入干流，对干流泥沙淤积和出库泥沙基本没有影响。

6.3.2　考虑水库泥沙絮凝影响的改进效果

絮凝作用的考虑直接提高库区沿程含沙量模拟精度，如图 6-10 和表 6-6 所示，改进后模拟三峡水库出库含沙量过程与观测结果相符程度明显改善。其中，水库上段由于流速大，受絮凝作用影响小，考虑絮凝作用改进效果也小，如寸滩站年平均含沙量计算精度提高不到 4%，清溪场站改善作用也较小；水库下段万县站和庙河站由于受絮凝作用影响大，考虑絮凝作用改进效果也大，以出库庙河站提高作用最大，年平均含沙量计算精度提高幅度为 20%～83%。

第6章 三峡水库泥沙数学模型改进与水库淤积预测

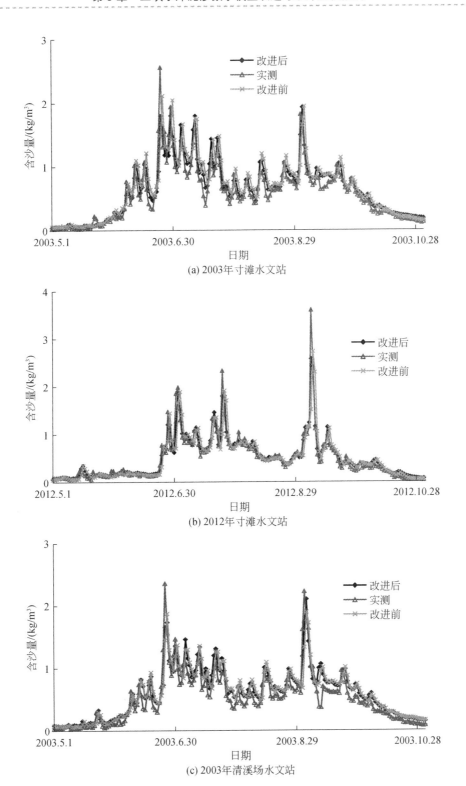

(a) 2003年寸滩水文站

(b) 2012年寸滩水文站

(c) 2003年清溪场水文站

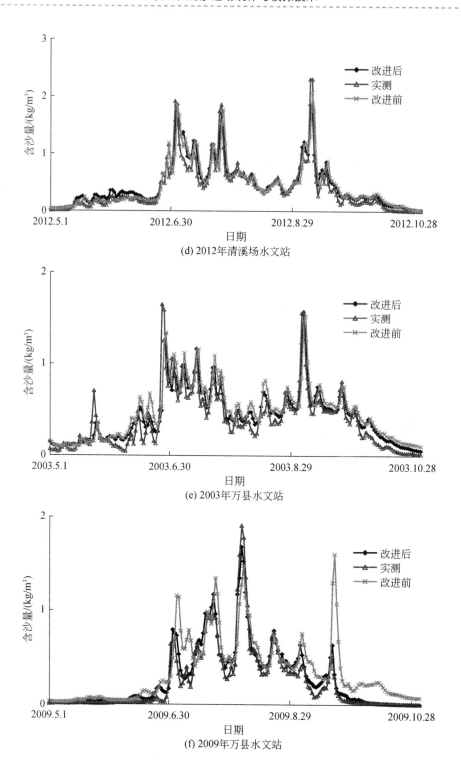

(d) 2012年清溪场水文站

(e) 2003年万县水文站

(f) 2009年万县水文站

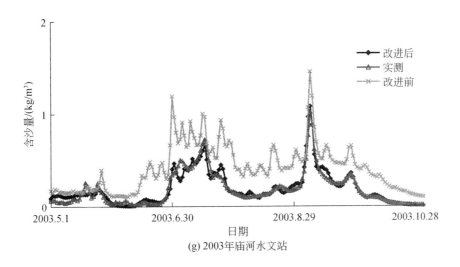

(g) 2003年庙河水文站

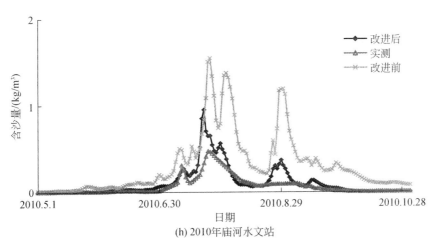

(h) 2010年庙河水文站

图 6-10　三峡水库考虑水库泥沙絮凝对提高含沙量模拟精度效果比较

表 6-6　三峡水库考虑泥沙絮凝对汛期含沙量计算精度改善作用统计表（单位：%）

年份	项目	寸滩	清溪场	万县	庙河
2003	完善前汛期最大误差	46	41	33	48
	完善后汛期最大误差	31	29	19	27
	完善前年平均误差	14	16	18	39
	完善后年平均误差	10	14	10	2.2
2004	完善前汛期最大误差	39	38	28	33
	完善后汛期最大误差	29	26	22	9.6
	完善前年平均误差	5.8	18	17	35
	完善后年平均误差	4.0	13	8.6	−0.8

续表

年份	项目	寸滩	清溪场	万县	庙河
2005	完善前汛期最大误差	28	31	19	39
	完善后汛期最大误差	16	24	14	26
	完善前年平均误差	-1.8	9.2	3.7	37
	完善后年平均误差	-0.5	7.2	0.8	-8.9
2006	完善前汛期最大误差	34	29	61	127
	完善后汛期最大误差	21	24	30	26
	完善前年平均误差	2.1	15	50	84
	完善后年平均误差	1.1	12	18	-0.9
2007	完善前汛期最大误差	39	38	52	56
	完善后汛期最大误差	19	28	29	13
	完善前年平均误差	5.5	7.1	40	65
	完善后年平均误差	5.2	6.2	24	18
2008	完善前汛期最大误差	43	31	52	62
	完善后汛期最大误差	34	28	16	18
	完善前年平均误差	5.0	19	36	83
	完善后年平均误差	4.5	15	17	14
2009	完善前汛期最大误差	45	44	56	34
	完善后汛期最大误差	28	27	21	25
	完善前年平均误差	7.1	11	23	55
	完善后年平均误差	6.3	8.3	8.7	3.1
2010	完善前汛期最大误差	40	36	42	51
	完善后汛期最大误差	23	21	19	23
	完善前年平均误差	4.4	15	34	49
	完善后年平均误差	2.3	9.0	13	29

从年内分时段看，考虑絮凝作用后非汛期出库含沙量明显减小，改善作用较大。但由于非汛期入库沙量少，出库沙量占全年比例很小，考虑絮凝作用后对出库沙量影响不是很大。从分年看，大水年或汛期流量大时计算精度提高较少，如2010年，庙河站年平均含沙量计算精度提高了20%；小水年或汛期流量小时计算精度提高较多，如2006年，庙河站年平均含沙量计算精度提高了83%。但由于小水年入库沙量也少，沙量在系列年中占比较小，考虑絮凝作用后对系列年总出库沙量影响并不十分显著。

6.3.3 恢复饱和系数取值方法的改进效果

恢复饱和系数新取值方法也主要是对含沙量计算精度有一定的提高作用，但不如絮凝作用改进效果显著。对比计算表明，寸滩站、清溪场站、万县站和庙河站含沙量计算精度提高基本都小于6%，如图6-11所示。

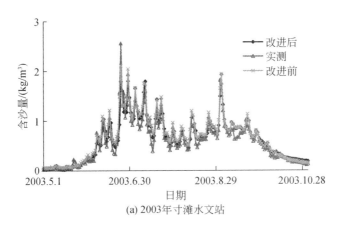

(a) 2003年寸滩水文站

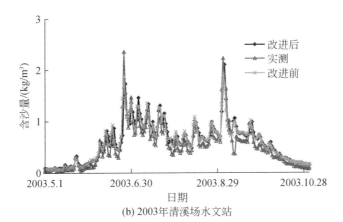

(b) 2003年清溪场水文站

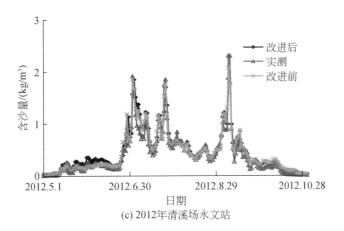

(c) 2012年清溪场水文站

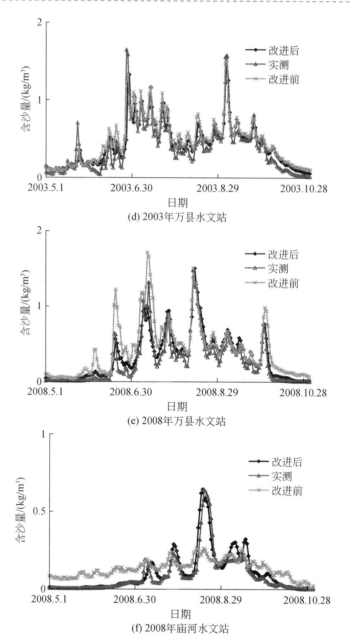

图 6-11 三峡水库恢复饱和系数取值方法改进对提高含沙量模拟精度的作用比较

6.4 三峡水库泥沙模型验证与综合改进效果分析

6.4.1 模型验证条件

(1) 基本条件

经过改进和完善后的一维非恒定流不平衡输沙水流泥沙数学模型,采用三峡水库

2003年蓄水运用开始至2012年的观测资料进行了详细的验证，验证计算基本条件如下：

1）泥沙按非均匀沙计算，床沙级配共分16组，即<0.004mm、0.004~0.008mm、0.008~0.016mm、0.016~0.031mm、0.031~0.062mm、0.062~0.125mm、0.125~0.25mm、0.25~0.50mm、0.50~1mm、1~2mm、2~4mm、4~8mm、8~16mm、16~32mm、32~64mm、>64mm。前面8组计算悬移质，后面8组计算推移质。床沙组成分层计算，共分5层。

2）验证计算进出口水沙条件：干流进口流量和含沙量采用朱沱站实测日平均流量与含沙量，悬沙级配采用月平均级配。支流嘉陵江和乌江，进口水沙分别采用北碚站和武隆站观测资料。区间流量和沙量，按前面模型改进部分介绍的方法确定。出口由坝前水位控制，采用庙河站观测日平均水位。

3）计算河段干流长约为758km，采用了364个断面。支流嘉陵江和乌江段河长分别为64km和68km，采用断面数分别为26个和36个。其他8条小支流采用其全部的观测断面，河长共计约215km，断面共128个。模型计算河长总约1105km，断面总计554个，平均断面间距约为2km。计算初始断面，干流、嘉陵江和乌江为2002年实测断面，其他8条小支流为2007年观测断面。

（2）糙率率定

以三峡水库蓄水前2002年和蓄水初期2003年各站实测水位流量关系，对糙率进行率定，整个河段划分成若干段率定糙率，率定结果见表6-7。8条小支流由于没有水位观测资料用于糙率率定，其糙率是根据经验给定的。

表6-7 三峡水库河道分段综合糙率成果统计表

河段		项目	流量级/（m³/s）						
长江干流	朱沱-寸滩	流量	2 000	5 000	10 000	20 000	40 000	70 000	
		糙率	0.07	0.05	0.04	0.036	0.035	0.033	
	寸滩-清溪场	流量	2 000	5 000	10 000	20 000	30 000	70 000	
		糙率	0.045	0.045	0.045	0.046	0.047	0.047	
	清溪场-忠县	流量	2 000	5 000	10 000	20 000	30 000	40 000	70 000
		糙率	0.031	0.035	0.038	0.042	0.044	0.044	0.044
	忠县-万州	流量	1 000	3 000	5 000	10 000	20 000	40 000	70 000
		糙率	0.045	0.042	0.041	0.040	0.045	0.045	0.045
	万州-奉节	流量	2 000	5 000	10 000	20 000	30 000	40 000	70 000
		糙率	0.044	0.041	0.042	0.05	0.060	0.060	0.060
	奉节-大坝	流量	2 000	5 000	10 000	20 000	30 000	40 000	70 000
		糙率	0.048	0.048	0.050	0.055	0.068	0.073	0.073
嘉陵江	北碚-汇口	流量	500	1 000	2 000	5 000	10 000	20 000	30 000
		糙率	0.020	0.02	0.032	0.042	0.048	0.053	0.053
乌江	武隆-汇口	流量	100	500	1 000	2 000	5 000	10 000	
		糙率	0.065	0.060	0.055	0.050	0.050	0.050	

由于超出天然洪水位上的湿周的糙率难以直接确定，且在水库淤积过程中，床沙级配会发生改变，确定水库淤积过程中的糙率变化是很困难的，模型中采用床面沙粒阻力

和边壁阻力叠加的方法确定水库淤积过程中的糙率变化。

根据率定的糙率,计算各水文站水位流量关系与实测值的比较,如图 6-12 所示。

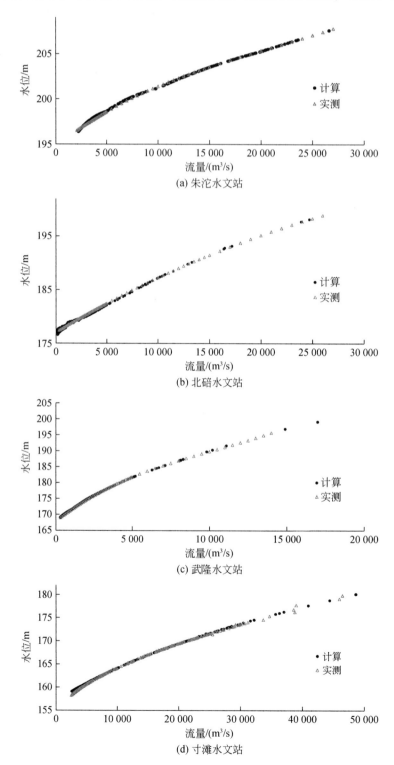

(a) 朱沱水文站

(b) 北碚水文站

(c) 武隆水文站

(d) 寸滩水文站

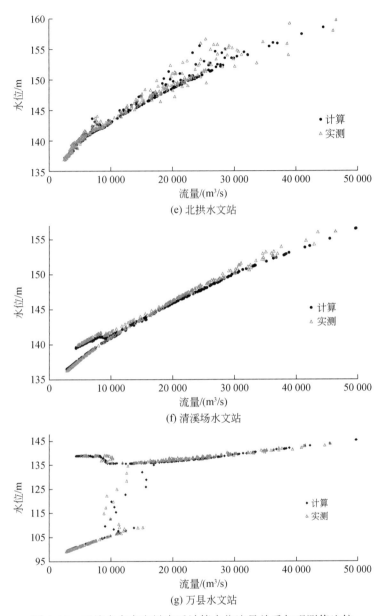

图 6-12 三峡水库率定糙率后计算水位流量关系与观测值比较

6.4.2 逐日水沙过程验证与误差分析

三峡水库蓄水运用后 2003~2012 年，对库区寸滩站、清溪场站、万县站和出库庙河站的水位流量过程和含沙量过程进行了连续模拟，对悬沙级配与冲淤等也进行了验证，验证结果如下。

（1）水位、流量与含沙量过程验证

由图 6-13 和表 6-8 可见，水位和流量计算结果与观测结果总体都符合良好，局部有时出现一定的偏差，应该主要是由区间流量汇入带来的。改进前，寸滩站、清溪场站、万县站和庙河站流量年平均误差分别为 2.9%、3.0%、3.3% 和 7.5%；改进后分别为 0.9%、1.3%、1.1% 和 1.5%。

含沙量验证结果总体也都符合良好，个别验证点出现一定的偏差，多是由模型以外的客观条件限制带来的，在误差原因中有分析。模型改进前水库上段计算含沙量精度已经较高，改进后提高不多，如寸滩站年平均含沙量计算精度提高不到 4%；水库下段计算含沙量精度提高较多，多在 20%~50%。改进后，各站年平均含沙量计算误差都小于 14%。

从 2003~2012 年逐日水流过程验证误差范围分布来看，各站水位误差在 ±0.4m 区间的置信度为 80% 左右，各站流量误差在 ±10% 区间的置信度为 90% 左右。寸滩站汛期含沙量误差在 ±30% 区间的置信度为 92%、清溪场站为 79%、万县站为 71%、庙河站为 69%。

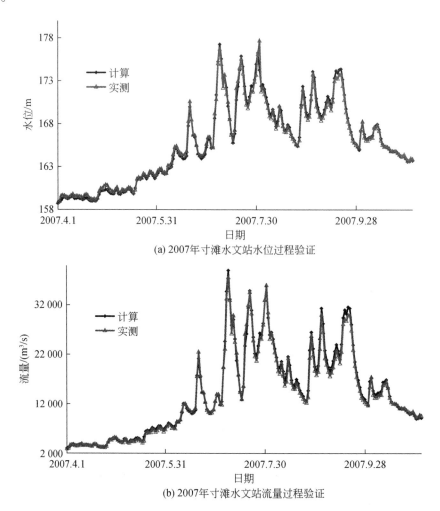

(a) 2007年寸滩水文站水位过程验证

(b) 2007年寸滩水文站流量过程验证

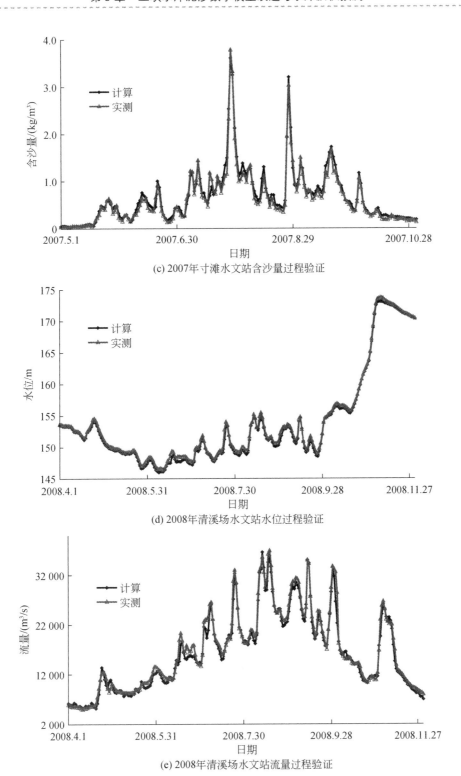

(c) 2007年寸滩水文站含沙量过程验证

(d) 2008年清溪场水文站水位过程验证

(e) 2008年清溪场水文站流量过程验证

(f) 2008年清溪场水文站含沙量过程验证

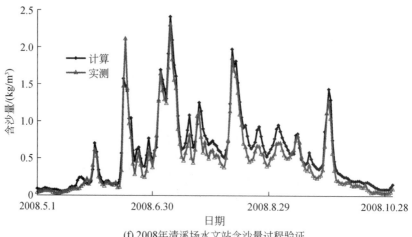

(g) 2010年万县水文站水位过程验证

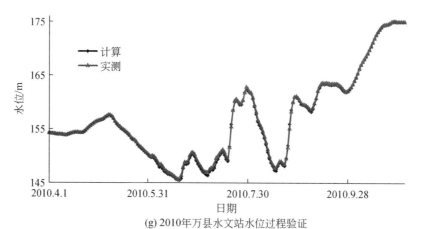

(h) 2010年万县水文站流量过程验证

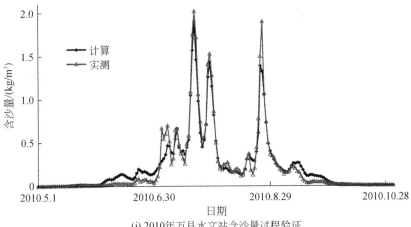
(i) 2010年万县水文站含沙量过程验证

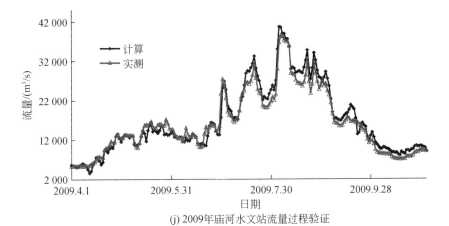
(j) 2009年庙河水文站流量过程验证

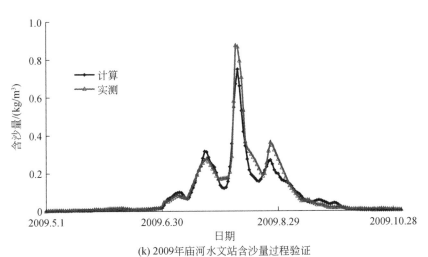
(k) 2009年庙河水文站含沙量过程验证

图 6-13 三峡水库各水文站水位流量与含沙量过程验证

表6-8 三峡水库2003~2012年逐日水流过程验证误差范围分布统计表

站名	水位		流量		含沙量	
	误差范围/m	置信度/%	误差范围/m	置信度/%	误差范围/m	置信度/%
寸滩	±0.1	41	±2	47	±10	54
	±0.2	63	±5	88	±20	76
	±0.4	84	±10	100	±30	92
清溪场	±0.1	21	±2	29	±10	34
	±0.2	51	±5	58	±20	50
	±0.4	73	±10	87	±30	79
万县	±0.1	35	±2	23	±10	34
	±0.2	63	±5	57	±20	56
	±0.4	80	±10	84	±30	71
庙河			±2	15	±10	30
			±5	42	±20	52
			±10	84	±30	69

（2）悬沙级配验证

由于计算时进口悬沙采用的是月平均级配资料，所以级配也验证月平均级配。图6-14为寸滩站、清溪场站、万县站和出库庙河站计算悬沙级配和观测值比较。寸滩站、清溪场站和万县站计算级配与观测值符合良好，没有明显系统性偏差。出库庙河站计算悬沙级配总体比观测有所偏细，其中汛期各月计算级配偏细较少，非汛期系统性偏细明显。

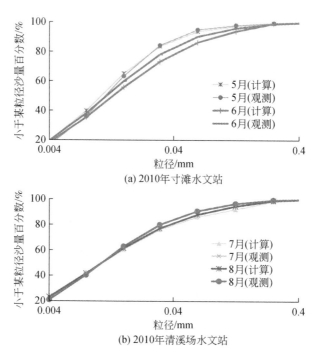

(a) 2010年寸滩水文站

(b) 2010年清溪场水文站

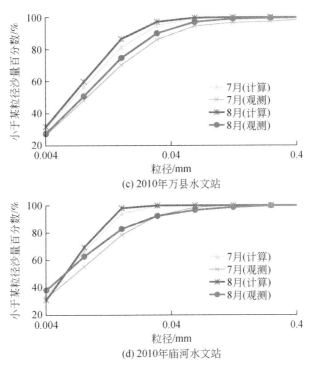

(c) 2010年万县水文站

(d) 2010年庙河水文站

图 6-14 三峡水库计算悬沙级配和观测值比较

6.4.3 冲淤验证与误差分析

1. 冲淤验证结果

表 6-9 为三峡水库 2003~2012 年数学模型计算水库分段冲淤量与观测值的比较。

表 6-9 三峡水库 2003~2012 年干流库区计算冲淤量与观测值比较统计表

河段		寸滩—清溪场/万 t	清溪场—万县/万 t	万县—庙河/万 t	寸滩—庙河/万 t	误差/%
2003 年	改进前	-462	4 280	5 487	9 306	-21.8
	改进后	-771	6 131	8 174	13 534	13.8
	观测	-566	4 713	7 746	11 893	
2004 年	改进前	611	4 519	4 539	9 668	-12.0
	改进后	463	5 011	6 626	12 100	10.1
	观测	745	3 720	6 524	10 989	
2005 年	改进前	1 785	5 549	5 867	13 201	-10.3
	改进后	1 274	6 551	8 614	16 439	11.7
	观测	1 623	4 869	8 231	14 723	

续表

河段		寸滩—清溪场/万t	清溪场—万县/万t	万县—庙河/万t	寸滩—庙河/万t	误差/%
2006年	改进前	835	4 158	3 354	8 347	-14.0
	改进后	1 035	4 982	3 922	9 939	2.4
	观测	1 240	4 796	3 669	9 705	
2007年	改进前	378	6 491	4 969	11 847	-21.6
	改进后	-467	10 428	6 891	16 852	11.5
	观测	-682	9 610	6 185	15 113	
2008年	改进前	2 490	7 114	5 313	15 216	-12.5
	改进后	1 701	10 660	6 409	18 770	8.0
	观测	2 329	8 427	6 630	17 386	
2009年	改进前	589	6 244	4 042	10 875	-16.4
	改进后	-613	9 509	5 591	14 487	11.4
	观测	-911	7 688	6 224	13 001	
2010年	改进前	1 820	7 588	3 819	13 227	-25.8
	改进后	1 257	9 510	6 853	17 620	9.9
	观测	1 685	7 918	8 230	17 833	
2011年	改进前	544	4 986	2 535	8 065	-4.0
	改进后	195	5 807	3 020	9 022	7.4
	观测	334	5 737	2 326	8 397	
2012年	改进前	1 903	7 029	3 861	12 793	-22.3
	改进后	1 579	8 693	5 756	16 028	9.7
	观测	2 029	7 585	6 843	16 457	
合计	改进前	10 502	58 257	43 786	112 545	-16.9
	改进后	5 653	77 282	61 856	144 791	6.9
	观测	7 826	65 063	62 608	135 497	

2003~2012年，分为寸滩至清溪场、清溪场至万县、万县至庙河3个河段统计计算淤积量误差分布，共30个点。结果表明，淤积量误差在±10%区间的置信度为30%、误差在±20%区间的置信度为51%、误差在±30%区间的置信度为77%。各年冲淤量对比表明，清溪场至万县河段和万县至庙河河段计算冲淤量与观测符合较好；寸滩至清溪场河段，由于受水库影响相对较小，有的年份冲刷、有的年份淤积，基本处于微冲微淤状态，验证符合相对较差。

2003~2012年，干流库区实测淤积总量为13.5亿t，改进前，相应计算淤积总量为11.25亿t，相对误差为-16.9%；改进后，计算淤积总量为14.5亿t，与观测符合较好，相对误差为6.9%，误差缩小了10%。分年度看，改进前，相对误差最大的年份为2010年，相对误差为-25.8%；改进后，相对误差最大的年份为2003年，相对误差为13.8%，年最大误差缩小了12%。分河段看，精度提高最大的是万县至庙河段，改进前，2003~2012年计算误差为-30.1%，改进后，计算误差为-1.2%，误差缩小了28.9%。

因此，多角度比较表明，模型改进后三峡水库淤积量计算精度提高了10%~28.9%。

2. 误差其他原因分析

造成数学模型计算误差的原因较多，除模型本身外，入库水沙观测资料不够详细和观测资料本身的误差等也是重要影响因素。

（1）区间入流的影响

验证结果中，水位和流量都有个别偏离较多的点。由于水位和流量关系密切，水位偏离点基本都是其流量偏离或糙率率定不准确的结果。对于糙率率定不准的情况，通过细致率定即可改善，在此不进行分析。因此，水位偏离点不需单独分析，只分析流量偏离点。

由于计算区间的平均来流量占水库总径流量的10%以上，比例较大，且缺少详细的观测资料，在汛期区间发生大水时，区间流量比平均情况可能偏大很多，造成计算水位与流量可能偏小较多。如图6-15中，2004年7月17日万县观测日平均流量与前一日变化不大，但日平均水位急涨了0.91m，而其间坝前水位基本控制在135.5m，未发生变化。说明7月17日万县水位急涨0.91m是由于万县至大坝间入流流量急涨造成的。由于模型中区间入流没有逐日观测数据，入流流量急涨是直接造成数学模型个别计算点偏离观测值较多的重要原因之一。

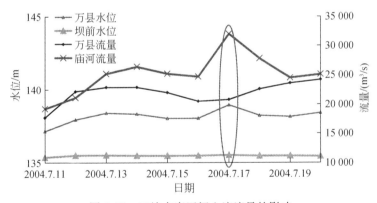

图6-15 三峡水库区间入流流量的影响

与区间来流对水位和流量的影响一样，区间来沙也是造成计算含沙量偏离观测值的原因之一。不同的是，整个计算区间的来流对水位流量计算结果都有影响，而区间来沙的影响主要是清溪场以上区间，清溪场以下区间来沙基本都淤积在支流库区，难以进入干流库区。

图6-16为朱沱、寸滩和北碚三个水文站观测含沙量过程比较，图中5月11日和5月31日寸滩站都出现含沙量急增，而同期朱沱站和北碚站含沙量并没有增加。5月11日寸滩流量增加不大，河道冲刷不大，说明寸滩站含沙量急增主要是朱沱至寸滩区间来沙的结果。5月31日寸滩站流量增加较多，河道可能出现一定冲刷，寸滩站含沙量急

增,除朱沱至寸滩区间来沙外,可能与河道冲刷也有一定关系。由于模型未能考虑朱沱至寸滩区间来沙,造成 5 月 11 日和 5 月 31 日寸滩计算含沙量明显偏离观测值,如图 6-17 所示。

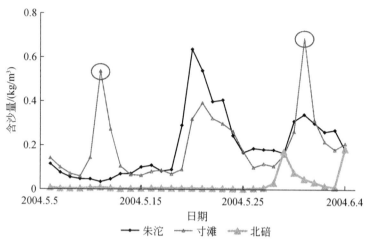

图 6-16 三峡水库朱沱、寸滩和北碚水文站观测含沙量过程

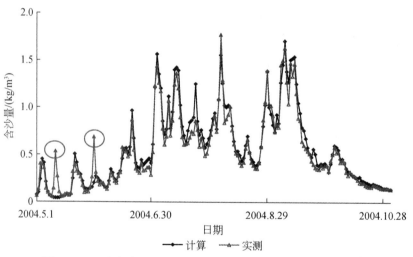

图 6-17 三峡水库区间来沙使寸滩水文站计算含沙量明显偏离

(2) 日平均水位与流量资料转换成过程线的影响

模型计算时采用的原始出入库水位、流量和含沙量都是日平均资料,而非恒定计算时要根据计算时间步长转换成过程线资料,如图 6-18 所示,图中横线表示日平均值,而连续曲线为转换后的过程线,圆点为转换后日初和日末值。不论采用什么方法转换,转换后的过程线都不容易与真实过程完全一致。一般情况下,这一差别对计算结果影响不大,但当水沙过程急涨急落时,这一差别对计算结果的影响有可能比较大。如 2010 年 8 月 24~26 日,坝前日平均水位分别为 152.97m、156.73m 和 158.89m。要得到 8 月 25 日初时刻和末时刻的水位,如果转换得到的水位与真实水位相差 0.2m,则 8 月 25 日计

算水库调蓄量与真实相差约 1.4 亿 m^3,使计算出流流量偏离实际约 $1600m^3/s$,影响也是不能忽视的。

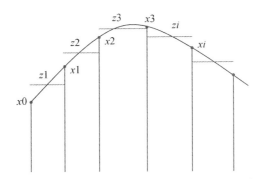

图 6-18 日平均水沙资料转换成过程线的影响示意图

模型计算时采用的进口含沙量也是日平均资料,当含沙量急涨急落时,日平均资料转换成过程线对沙峰值的影响有时也比较大。

(3) 悬沙级配影响

每次洪水入库泥沙级配都是不一样的,有时变化还很大。而泥沙级配观测次数相对较少,数学模型采用的是按月平均的泥沙级配,也是造成模型计算误差的原因之一。如朱沱站 2005 年 8 月 14~15 日的沙量过程,8 月 14 日观测悬沙平均粒径为 0.028mm,明显小于 8 月平均粒径 0.043mm,更小于沙峰前 8 月 11 日观测悬沙平均粒径 0.052mm,如图 6-19 所示。8 月 14 日观测悬沙平均沉速为 0.22mm/s,而 8 月 11 日观测悬沙平均沉速为 0.50mm/s,减小超过一半。由于朱沱站 8 月 14~15 日的沙量过程级配明显偏细,模型计算采用月平均级配时,计算挟沙能力只有实际的一半,造成计算沿程泥沙不断淤积,寸滩站、清溪场站、万县站和出库庙河站计算含沙量都比观测明显偏少,如图 6-20 所示。

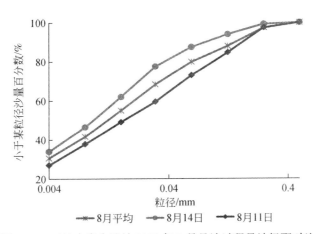

图 6-19 三峡水库朱沱站 2005 年 8 月悬沙过程悬沙级配对比

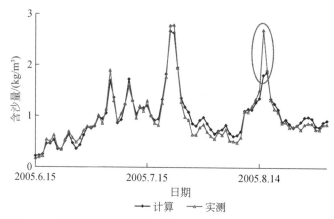

图 6-20　三峡水库悬沙级配造成寸滩水文站计算含沙量明显偏小

6.5　新水沙条件下三峡水库泥沙淤积预测

6.5.1　入库新水沙条件与计算方案

（1）入库水沙条件

采用三峡水库上游干、支流建库后新的水沙条件，进行了水库淤积的长系列计算，计算时间是 50 年，相应干流入库水沙系列由"十二五"国家科技支撑计划项目其他研究课题提供①，见表 6-10。新水沙系列考虑了雅砻江梯级、金沙江中游梯级及下游的溪洛渡和向家坝水库的拦沙作用。考虑到溪洛渡、向家坝水库运用 10 年后，上游再修建乌东德、白鹤滩梯级水库，则前 30 年向家坝水库年平均出库沙量为 0.261 亿 t，50 年年平均出库沙量为 0.254 亿 t，100 年年平均出库沙量为 0.278 亿 t。向家坝水库下游支流上，水库的拦沙作用也进行了适当考虑。三峡入库朱沱站和嘉陵江及乌江的水沙情况见表 6-10，第 1 个 10 年，干流入库沙量为 1.069 亿 t；第 2 个 10 年开始，因考虑了乌东德和白鹤滩梯级水库的拦沙作用，沙量有所减少，第 2 个 10 年至第 5 个 10 年入库沙量分别为 0.883 亿 t、0.918 亿 t、0.955 亿 t、0.995 亿 t。此外，三峡库区除嘉陵江和乌江外的小支流年平均入库泥沙总量按 1000 万 t 考虑。

表 6-10　三峡水库数学模型方案计算入库水沙条件

运用年数	朱沱		嘉陵江		乌江		合计	
	径流量/亿 m³	输沙量/亿 t	径流量/亿 m³	输沙量/亿 t	径流量/亿 m³	输沙量/亿 t	径流量/亿 m³	输沙量/亿 t
10	2669	0.82	552	0.191	538	0.058	3759	1.069
20	2669	0.61	552	0.211	538	0.062	3759	0.883

---

① 参考清华大学、中国水利水电科学研究院在 2015 年的《上游梯级水库对三峡入库水沙变化影响研究》报告。

续表

运用年数	朱沱		嘉陵江		乌江		合计	
	径流量/亿 m³	输沙量/亿 t	径流量/亿 m³	输沙量/亿 t	径流量/亿 m³	输沙量/亿 t	径流量/亿 m³	输沙量/亿 t
30	2669	0.62	552	0.232	538	0.066	3759	0.918
40	2669	0.63	552	0.254	538	0.071	3759	0.955
50	2669	0.64	552	0.279	538	0.076	3759	0.995

(2) 计算方案

计算方案分为方案 1（初步设计方案①）、方案 2（现行方案②）和方案 3（综合优化方案③），见表 6-11。考虑到三峡入库径流的减小和汛后长江上游干、支流水库的拦蓄作用，初步设计方案中的 10 月 1 日开始蓄水已不可能实行，方案 1 按 9 月 10 日开始蓄水，9 月底控制蓄水位不超过 165m 计。现行方案基本为现在的实际运行方案，9 月 10 日开始蓄水，但汛期实行中小洪水调度，汛期控制下泄流量不超过 45 000m³/s，汛后水位与蓄水相衔接。方案 3 为综合优化方案，即汛期水位为 150m；8 月中旬入库平均流量小于 40 000m³/s 时，8 月 21 日开始蓄水，8 月底水位为 155m；8 月中旬入库平均流量大于 40 000m³/s 时，9 月 1 日开始蓄水，9 月底水位为 165m；汛期采取先减小流量、后加大流量、再减小流量的沙峰调度方式；三峡水库为城陵矶补偿调度水位 158m。

表 6-11 三峡水库数学模型计算方案

蓄水方案	起蓄时间	控制条件
方案 1	9 月 10 日	汛期水位为 145m；9 月底水位为 165m
方案 2	9 月 10 日	汛期水位为 145m，实行中小洪水调度；9 月底水位为 165m
方案 3	提前蓄水	汛期水位为 150m；为城陵矶补偿调度水位 158m；汛期沙峰调度方式为先减小流量、后加大流量、再减小流量；9 月底水位为 165m

6.5.2 水库淤积与分布预测

(1) 淤积量

不同方案运用 50 年计算淤积量见表 6-12 和图 6-21。由表和图可见，计算 50 年内，三峡水库泥沙淤积基本呈线性增加，说明水库离淤积平衡还相差很远，淤积速率没有明显变化。累积淤积量以方案 1 最少，为 32.08 亿 t，年平均淤积约 0.64 亿 t；方案 3 累积淤积量最多，为 38.96 亿 t，年平均淤积约 0.78 亿 t。

---

① 参考水利部长江水利委员会在 1992 年的《三峡水利枢纽初步设计报告》。
② 参考三峡水利枢纽梯级调度通信中心分别在 2009 年、2010 年、2011 年、2012 年水库调度工作总结的报告。
③ 参考中国长江三峡集团公司等在 2015 年的《三峡水库泥沙调控与多目标优化调度》。

表 6-12　三峡水库不同方案计算干支流总淤积量统计表

运用年数/年	方案 1/亿 t	方案 2/亿 t	方案 3/亿 t
10	7.69	8.42	9.07
20	13.73	15.07	16.36
30	19.84	21.81	23.79
40	25.98	28.60	31.33
50	32.08	35.41	38.96
年平均	0.64	0.71	0.78

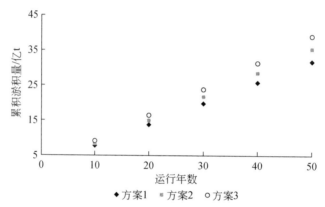

图 6-21　三峡水库不同运用方案计算干支流总淤积量变化过程

与方案 1 相比，方案 2 在 50 年内累积淤积量增加了 3.33 亿 t，年平均淤积量增加了 664 万 t，增幅为 10%；方案 3 累积淤积量增加了 6.88 亿 t，年平均淤积量增加约 1376 万 t，增幅为 21%。可见，与方案 1 相比，方案 2 及方案 3 增加淤积比率都较大，增加淤积量较多。

（2）淤积沿程分布

表 6-13 为不同方案计算干流分段累积淤积量。由表可见，不同方案淤积都主要出现在坝址以上约 440km 范围内，即丰都至坝址库区。丰都以上至重庆河段略有冲刷，重庆以上至朱沱河段基本稳定。不同方案计算沿程累积淤积量分布是相似的，如图 6-22 所示。

表 6-13　三峡水库不同运用方案计算干流河段分段淤积量统计表

运用年数/年	蓄水方案	朱沱—寸滩/亿 m³	寸滩—清溪场/亿 m³	清溪场—万县/亿 m³	万县—大坝/亿 m³	朱沱—大坝/亿 m³
10	方案 1	−0.012	−0.13	2.39	3.36	5.61
	方案 2	−0.012	−0.13	2.91	3.37	6.13
	方案 3	−0.012	−0.14	3.82	3.01	6.67

续表

运用年数/年	蓄水方案	朱沱—寸滩/亿 m³	寸滩—清溪场/亿 m³	清溪场—万县/亿 m³	万县—大坝/亿 m³	朱沱—大坝/亿 m³
20	方案1	-0.039	-0.22	3.93	6.30	9.96
	方案2	-0.039	-0.22	4.84	6.33	10.9
	方案3	-0.041	-0.25	6.51	5.71	11.9
30	方案1	-0.063	-0.30	5.15	9.59	14.4
	方案2	-0.063	-0.30	6.44	9.69	15.8
	方案3	-0.067	-0.34	8.56	8.81	17.3
40	方案1	-0.084	-0.36	6.08	13.2	18.8
	方案2	-0.084	-0.36	7.96	13.4	21.0
	方案3	-0.090	-0.41	10.5	12.3	22.7
50	方案1	-0.10	-0.42	6.69	17.1	23.3
	方案2	-0.10	-0.41	8.66	17.5	25.6
	方案3	-0.11	-0.47	12.6	16.3	28.3

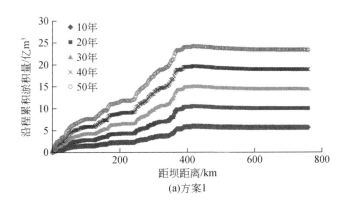

(a)方案1

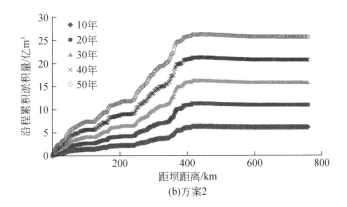

(b)方案2

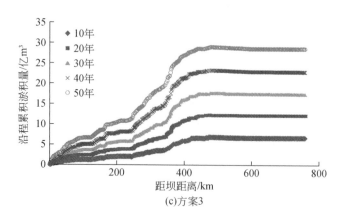

图 6-22　三峡水库不同运用方案计算干流沿程累积淤积量分布

图 6-23 为方案 3 库区干流河段沿程各断面冲淤面积情况。由图可见，即使运用至 50 年，库区淤积仍具有间断性，淤积主要出现在宽阔段，窄深段淤积较小，甚至略有冲刷。

为了进一步反映不同方案对库区泥沙淤积分布的影响，以方案 1 为比较对象，图 6-24 给出了其他两个方案与方案 1 相比沿程冲淤差值的分布情况。可见，与方案 1 相比，方案 2 及方案 3 在坝前约 60km 库段内淤积有所减少，运用 50 年时，方案 2 减小了约 0.28 亿 m^3，方案 3 减少了约 1.6 亿 m^3。

与方案 1 相比，方案 2 在坝前 60~490km 库段内，淤积是增加的，运用 50 年时，淤积增加了约 2.6 亿 m^3。方案 3 则在坝前 250~490km 库段内，淤积是增加的，运用 50 年时，淤积增加了约 6.7 亿 m^3。淤积分布变化说明，方案 3 由于汛限水位升高，淤积位置明显上移。

以方案 1 为基准，其他两个方案库区干流河段沿程断面冲淤面积与方案 1 的差值如图 6-25 所示。由图可见，断面淤积减小和增加的位置都比较集中，坝前 250km 内以淤积减少为主，而淤积增加主要集中在坝前 250~490km 库段内。

6.5.3　库容损失情况预测

表 6-14 为运用 50 年时，不同方案计算干支流库区 145~175m 高程和 145m 以下库容损失情况。由表可见，新水沙条件下，不同方案库区泥沙淤积主要在 145m 高程以下，145~175m 高程范围淤积较少。其中，运用 50 年时，方案 1 在 145~175m 高程范围基本没有累积淤积，方案 2 累积淤积为 0.80 亿 m^3，方案 3 累积淤积为 2.15 亿 m^3。由于 145~175m 高程范围淤积直接减小了水库的有效库容，方案 3 提高汛限水位后对有效库容的影响值得注意。

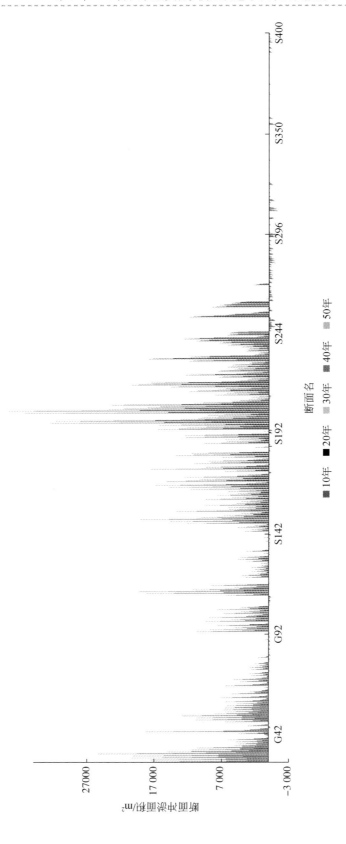

图6-23 三峡水库方案3库区干流河段沿程各断面冲淤面积沿程变化

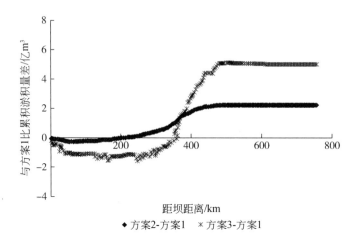

图 6-24　三峡水库不同运用方案对库区干流河段沿程冲淤的影响（运用 50 年）

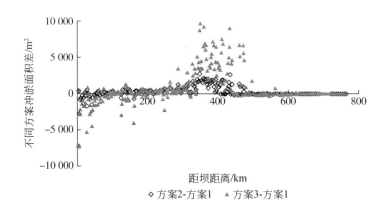

图 6-25　三峡水库不同运用方案对库区干流河段沿程断面冲淤面积的影响（运用 50 年）

表 6-14　三峡水库运用不同方案 50 年时干支流总库容损失统计表

项目	方案 1/亿 m³	方案 2/亿 m³	方案 3/亿 m³
145m～175m	0.09	0.80	2.15
145m 以下	25.4	27.2	28.7
合计	25.5	28.0	30.9

6.5.4　出库泥沙变化预测

（1）出库沙量与排沙比

表 6-15 为三峡水库运用不同时期，不同方案计算得到的出库沙量。各方案出库沙量随时间的变化过程都基本是一致的，如图 6-26 所示。由于前几年未考虑白鹤滩和乌东德的拦沙作用，三峡水库入库沙量较大，因而出库沙量也较大。从第 2 个 10 年开始，三峡水库出库沙量呈增加趋势，第 3 个 10 年出库沙量比第 2 个 10 年增加了约 7%，第 4 个 10 年出库沙量比第 3 个 10 年增加了约 8%，第 5 个 10 年出库沙量比第 4 个 10 年增加了

约11%，第5个10年出库沙量比第1个10年增加了约18%。

表6-15 三峡水库不同运用方案计算出库沙量变化情况统计表

运用年数/年	方案1		方案2		方案3	
	沙量/万t	排沙比	沙量/万t	排沙比	沙量/万t	排沙比
1~10	42 297	0.362	35 623	0.305	28 836	0.247
11~20	38 987	0.397	33 150	0.337	26 785	0.272
21~30	41 739	0.410	36 112	0.355	29 317	0.288
31~40	45 174	0.428	39 279	0.372	32 297	0.306
41~50	50 114	0.458	43 695	0.399	35 778	0.326
年平均	4 366	0.410	3 757	0.353	3 060	0.288

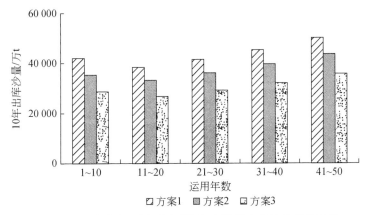

图6-26 三峡水库不同运用时期方案计算出库沙量变化过程

不同方案对三峡水库排沙比的影响也列在表6-15中。由表可见，从随时间变化来看，各方案排沙比都是随时间增加的，50年内增幅约为30%；从各方案比较看，方案1、方案2和方案3，排沙比依次减小，方案2与方案1间差别在14%左右，出库年沙量少约600万t；方案3与方案1间差别在30%左右，出库年沙量少约1300万t。

需要说明的是，计算的方案2排沙比大于三峡水库最近10年的实际排沙比，原因主要有两方面。一是方案计算入库沙量是新水沙条件下的沙量，明显小于三峡水库近10年的实际入库沙量，而入库水量较近10年水量大。二是方案计算中中小洪水调度是按出库 45 000m³/s控制的，而近几年三峡水库实际中小洪水调度出库洪水经常按40 000m³/s控制，汛期库水位经常高于方案计算中的对应水位。

（2）出库泥沙级配

表6-16为三峡水库运用不同时期各方案计算出库泥沙级配组成。出库泥沙粒径基本都在0.062mm以下，平均粒径在0.008mm左右。<0.004mm、0.004~0.008mm、0.008~0.016mm和0.016~0.031mm四组粒径泥沙所占比例较大，0.031~0.062mm和0.062~0.125mm粒径组泥沙依次明显减少。从出库泥沙随时间的变化来看，各方案出库泥沙都随时间略有粗化趋势，但变化幅度较小。从不同方案比较来看，计算50年内，不同方案

对出库泥沙量虽然有一定影响，但对出库泥沙年平均组成影响很小，各粒径组出库泥沙所占比例基本相同。

表 6-16 三峡水库不同运用方案计算出库分组泥沙组成统计表

项目	粒径组/mm					
	<0.004	0.004~0.008	0.008~0.016	0.016~0.031	0.031~0.062	0.062~0.125
运用年数/年	方案1/万 t					
1~10	14 640	6 748	10 170	7 920	2 685	135
11~20	14 392	5 418	8 740	7 387	2 913	138
21~30	15 573	5 665	9 217	7 895	3 224	162
31~40	16 924	6 077	9 967	8 496	3 519	189
41~50	18 776	6 740	11 070	9 340	3 953	230
年平均	1 606	613	983	821	326	17
运用年数/年	方案2/万 t					
1~10	12 793	5 792	8 469	6 605	1 910	54
11~20	12 676	4 694	7 360	6 234	2 129	56
21~30	13 922	4 993	7 909	6 789	2 432	68
31~40	15 171	5 382	8 619	7 350	2 677	78
41~50	16 871	5 985	9 599	8 113	3 028	100
年平均	1 429	537	839	702	244	7.1
运用年数/年	方案3/万 t					
1~10	10 877	4 836	6 662	5 229	1 209	22
11~20	10 824	3 842	5 771	4 944	1 384	19
21~30	11 869	4 151	6 295	5 423	1 559	20
31~40	13 103	4 533	6 947	5 944	1 746	23
41~50	14 525	5 029	7 704	6 536	1 955	28
年平均	1 224	448	668	562	157	2.0

6.5.5 入库沙量对三峡水库泥沙淤积的影响

作为敏感性分析，计算了不同入库沙量对三峡水库泥沙淤积的影响。前面是采用新水沙系列，计算了三峡水库泥沙淤积。中国水利水电科学研究院曾采用 1991~2000 年 10 年水沙系列作为三峡水库入库水沙条件[①]计算了水库泥沙淤积，该系列三峡水库年平均入库水量 3756 亿 m^3，前 10 年平均入库沙量为 2.99 亿 t，10 年后平均入库沙量为 2.16 亿 t。

敏感性分析计算方案只有现行方案，与新水沙条件下水库淤积计算的现行方案相

---

① 参考三峡工程泥沙专家组在 2005 年的三峡工程 2007 年蓄水位泥沙专题研究报告和建议。

同，只是入库沙量不同。敏感性分析计算方案为9月10日开始蓄水，限制水位为150m（旧现行方案），该方案在蓄水时间上与新水沙条件下的现行方案基本一致，限制水位比现行方案高些。但由于该方案没有中小洪水调度，而新水沙条件下现行方案是有中小洪水调度的，因而两者汛期平均水位接近。因此，对比计算的旧现行方案与新水沙条件下计算的现行方案具有一定的可比性，主要的不同在于入库沙量，见表6-17。后面将把这两种水沙系列计算的水库泥沙淤积结果进行比较，以反映入库泥沙不同时对水库泥沙淤积影响的差别。

表6-17 三峡水库不同入库泥沙条件下的计算方案对比

方案	起蓄时间	限制水位	汛期控制	年平均入库沙量/亿t
现行方案	9月10日	145m	实行中小洪水调度	0.96
旧现行方案	9月11日	150m	不实行中小洪水调度	2.33
方案1	9月1日	145m	实行中小洪水调度	0.96
旧方案1	9月1日	150m	不实行中小洪水调度	2.33
方案3	8月21日	145m	实行中小洪水调度	0.96
旧方案3	8月21日	150m	不实行中小洪水调度	2.33

（1）对水库淤积量的影响

不同入库泥沙系列计算水库淤积量对比见表6-18。由于对比水沙系列比新水沙系列沙量大，且汛期水位也略高，水库淤积量也相应要大。运用至30年时，与现行方案比，旧现行方案累积淤积增加了40.3亿t，年平均增加约1.34亿t。可见旧水沙系列由于入库泥沙多，且泥沙级配粗些，计算的水库泥沙淤积量增加很多。

表6-18 三峡水库两种入库泥沙系列对水库淤积量的影响对比

运用年数/年	对比水沙系列 旧现行方案/亿t	新水沙系列 现行方案/亿t	差值/亿t
10	21.5	8.42	13.08
20	42.6	15.1	27.5
30	62.1	21.8	40.3
年平均	2.07	0.73	1.34

（2）对淤积沿程分布的影响

表6-19为三种入库泥沙系列对淤积分布的影响比较。由表可见，不同来沙条件下，水库淤积范围是相似的，主要淤积在清溪场以下的常年回水区。但不同来沙条件下沿程累积淤积量分布有一些差别，主要表现在清溪场以上变动回水区淤积上。新水沙条件下，丰都以上至重庆河段略有冲刷，重庆以上至朱沱河段基本稳定。但1991～2000年水沙系列条件下，清溪场以上库段存在累积性淤积。如运用至30年时，新水沙条件下清溪场以上库段总体冲刷量为0.36亿m^3，而1991～2000年水沙系列条件下淤积了5.34亿m^3，两者年平均相差0.19亿m^3，增加量较大。

表 6-19　三峡水库入库泥沙对淤积分布的影响比较

运用年数/年	入库水沙	朱沱—清溪场/亿 m³	差值/亿 m³	清溪场—大坝/亿 m³	差值/亿 m³
10	新水沙	-0.14	3.03	6.28	12.37
	旧水沙	2.89		18.65	
20	新水沙	-0.26	4.57	11.17	27.09
	旧水沙	4.31		38.26	
30	新水沙	-0.36	5.70	16.13	40.59
	旧水沙	5.34		56.72	

6.6　小　　结

1）通过考虑水库泥沙絮凝作用、改进恢复饱和系数取值方法、考虑库区支流和区间来水来沙、完善模型库容曲线等提高了泥沙数学模型精度。通过改进和完善数值计算方法，采取并行计算等措施，提高了模型计算速度，满足了三峡水库泥沙模拟计算的需要。

2）从水位、流量、含沙量和级配等方面全面验证了泥沙数学模型，验证结果良好，三峡水库总淤积量计算误差为 7%。多角度比较说明，模型改进后，淤积量计算精度提高了 10%~28.9%。对水沙过程验证中个别明显偏离的点，详细分析了误差原因。结果表明未控区间的突发洪水影响、采用的日平均水沙数据和月平均悬沙级配数据对峰值的削平作用及计算误差等都是重要影响因素。

3）采用改进完善后的数学模型和新的水沙条件，进行了三峡水库运行 50 年的泥沙淤积过程预测计算。由于入库泥沙大幅减少，新水沙条件下三峡水库泥沙淤积减轻。与基本方案比，现行方案及综合优化方案虽然增加的淤积量不是很大，但增加的淤积比率都较大。运用 50 年时，淤积仍主要位于常年回水区，综合优化方案有效库容损失 2.15 亿 m³。

4）模拟分析了三峡水库长期运用的泥沙淤积和不同入库泥沙条件下水库淤积情况。采用来沙量较多的 1991~2000 年水沙系列，水库淤积明显加快，入库泥沙对水库淤积影响大。

第 7 章
Chapter 7

三峡水库下游河道泥沙数学模型改进与河道冲淤预测

本章通过在非均匀沙挟沙力、混合层厚度计算方法和三口分流分沙模式等方面的改进，对三峡水库下游河道泥沙数学模型进行改进。利用三峡水库蓄水运用以来的实测资料进行验证，分析不足之处并加以完善，以提高数学模型的模拟精度。运用改进后的三峡水库下游河道泥沙数学模型，预测新的水沙条件和优化调度方式下，三峡水库下游河道的冲刷调整过程、冲淤分布、水位流量关系变化等。

7.1 三峡水库下游河道泥沙数学模型简介

7.1.1 基本方程

三峡水库下游河道一维泥沙数学模型基本方程与水库泥沙数学模型基本相同（谢鉴衡，1988；彭杨和张红武，2006）。

水流连续方程：

$$\frac{\partial Q}{\partial x} + B\frac{\partial Z}{\partial t} = q_l \tag{7-1}$$

水流运动方程：

$$\frac{\partial Q}{\partial t} + \frac{\partial}{\partial x}\left(\alpha'\frac{Q^2}{A}\right) + gA\frac{\partial Z}{\partial x} + gAJ_f = 0 \tag{7-2}$$

悬移质连续方程：

$$\frac{\partial(QS)}{\partial x} + \frac{\partial(AS)}{\partial t} = -\alpha B\omega(S - S_*) \tag{7-3}$$

水流挟沙力方程：

$$S_* = S_*(U, H, \omega \cdots) \tag{7-4}$$

推移质输沙率方程：

$$G_b = G_b(U, H, d \cdots) \tag{7-5}$$

河床变形方程：

$$\gamma'\frac{\partial A_S}{\partial t} + \frac{\partial(AS)}{\partial t} + \frac{\partial(QS)}{\partial x} = 0 \tag{7-6}$$

式中，Z 为水位；Q 为流量；A 为过水断面面积；B 为水面宽度；q_l 为单位流程上的侧向入流量；J_f 为水力坡度；α' 为动量修正系数；S 和 S_* 分别为含沙量和水流挟沙力；α 为恢复饱和系数；ω 为沉速；A_S 为断面变形面积。

7.1.2 节点连接方程

三峡水库下游长江干流与洞庭湖和鄱阳湖组成了复杂的河网，河网中的节点不再满足 N-S 方程组，应该单独提水力连接条件，对于交汇节点而言，应满足以下三个条件。

（1）流量守恒

对任意一个节点，与其相连接河段流入、流出流量之和为零，有

$$\sum_{i=1}^{l(m)} Q_i^{n+1} - Q_{cx}^{n+1} = Q_m^{n+1} \quad (i = 1, 2, 3, \cdots, I) \tag{7-7}$$

式中，$l(m)$ 为某节点连接的河段数目；Q_i^{n+1} 为 $n+1$ 时刻各河段进（或出）节点的流量，其中流入该节点为正，流出该节点为负；Q_m^{n+1} 为 $n+1$ 时刻连接河段以外的流量（如源汇流等）；Q_{cx}^{n+1} 为 $n+1$ 时刻节点槽蓄流量，当节点可以概化为几何点时，Q_{cx}^{n+1} 为 0。

（2）动量守恒

有两种情况：一是将节点概化为一个几何点，且假定各相连接河段端点处水流平缓，不存在水位发生突变情况，即与节点相连河段端点处断面的水位应相等，等于该节点的平均水位，即

$$Z_{i,1}^{n+1} = Z_{i,2}^{n+1} = \cdots Z_{i,l(m)}^{n+1} = Z_i^{n+1} \tag{7-8}$$

式中，$Z_{i,1}^{n+1}$ 表示 $n+1$ 时刻与节点 i 相连的第 1 条河段近端点的水位，Z_i^{n+1} 表示 $n+1$ 时刻节点 i 的水位。

二是将节点概化为一个几何点，若各相连接河段端点处断面面积相差较大，则按照 Bernouli 方程，略去汊点局部水头损失时，汊点周围各断面的能量水头应该相等。

$$E_i = Z_i + \frac{Q_i^2}{2gA_i^2} = E_j = \cdots = E_{jd} \tag{7-9}$$

（3）节点输沙平衡

节点输沙平衡是指进出每一节点的输沙量必须与该节点的泥沙冲淤变化情况一致，也就是进出各节点的沙量相等，即

$$\sum Q_{i,\,in} S_{i,\,in} = \sum Q_{j,\,out} S_{j,\,out} + A_0 \frac{\partial Z_0}{\partial t} \tag{7-10}$$

式中，$Q_{i,\,in}$、$S_{i,\,in}$ 分别为流进节点的第 i 条河道的流量、悬移质含沙量；$Q_{j,\,out}$、$S_{j,\,out}$ 分别为流出节点的第 j 条河道的流量、悬移质含沙量；Z_0 为节点处的淤积或冲刷厚度；A_0 为节点处的面积。

在计算中，可根据实际情况将节点当做可调蓄节点和几何点，若为后者，则 $A_0 = 0$，式（7-10）变为

$$\sum Q_{i,\,in} S_{i,\,in} = \sum Q_{j,\,out} S_{j,\,out} \tag{7-11}$$

河网中有多少个节点，就可以列出多少个同式（7-11）的节点连接方程。

7.1.3 求解方法

三峡水库下游河道一维河网水沙数学模型的求解采用三级联解算法（将河网计算分为微段、河段、汊点三级计算）。这种方法较直接解法所需求解的代数方程组的阶数低得多，且更为准确快捷。

河网水流模型是将问题归结于关于节点水位（或水位增量）的方程组，然后再求解节点连接河段的首尾断面、中间其他断面的水位和流量。河网泥沙模型求解时，借用河网水流分级解法的思想，利用递推关系消去河段中间各断面的未知量，使河段进口和出口断面直接发生联系，结合节点输沙平衡方程与分沙模式，将问题归结到关于各河段进口断面（水流方向）含沙量的方程组，求解可得各河段进口断面含沙量，进而求解出各断面的含沙量；然后在此基础上，计算河段的冲淤变形及调整河床组成。

7.1.4 其他处理方法

（1）往复流计算

长江中下游河网区内因不同洪水典型组合而引起某些河道（如七里湖官垸河段、藕池水系尾闾等）的双向水位差，产生往复流。圣维南方程一般采用线性化 Preissmann 四点隐式偏心格式差分求解；能准确实现汊点流量按各分汊河道的过流能力自动分流，更重要的是它能适应双向流特征的复杂河网计算。

相应于水流运动，泥沙也表现出复杂的往复输运特征（冯小香等，2005）。由河网水流运动情况，可将某计算河段内的水流运动方向概括为正向流、逆向流、面向流、分离流四种类型，可根据不同的类型选择不同的泥沙计算公式，进行往复流的计算。

（2）河段季节性过流计算

在枯水期干流流量较小、水位较低的时候，荆江至洞庭湖河网内的某些河段，其河道高程或河道中的沙坎高于水位，河段出现断流现象，此时常规的水流计算将无法进行。为了进行长时段的水流模拟，最好在维持河网结构不变的前提下，通过模型处理自动模拟河道枯季断流、洪季过流的过程。

本模型借鉴了平面二维模型中常用的"窄缝法"，即假定河网区各河道内存在一窄缝，且最低点高程较低，满足各河段任何情况下均有水流流过，使动边界问题化为固定边界问题。

（3）动床阻力计算

三峡水库蓄水运用后，清水下泄河床冲刷，床面粗化，糙率变大，为反映这种现象，采用式（7-12）和式（7-13）对糙率进行调整[①]：

$$n = \frac{n_b}{n_{b0}} n_0 \tag{7-12}$$

$$n_b = \frac{d_{50}^{1/6}}{K\sqrt{g}} \tag{7-13}$$

式中，n_{b0} 和 n_0 分别为初始床面糙率和初始综合糙率；n_b 和 n 分别是床面糙率和综合糙率；d_{50} 为床沙中值粒径（m）；K 为系数，对于卵石河床床面平整的取 7.3，砾石河床有沙纹的取 6.3，沙质河床沙波较明显的取 4.0，沙质河床沙波发展的取 3.65，对于卵石夹沙或沙夹卵石河床取卵石河床床面平整与砾石河床有沙纹两种情况的平均值，沙质河床取沙波较明显与沙波发展两种情况的平均值。

（4）非均匀沙挟沙力计算

由于水沙运动的复杂性，对于分组挟沙力的研究还存在不足（韦直林等，1997；赵志贡和孙秋萍，2000），有待于进一步研究。本书所建立的模型采用窦国仁模型，该模型描述如下。

[①] 参考长江水利委员会长江科学院的黄煜龄、梁栖蓉在 1990 年关于三峡工程泥沙和航运关键技术，"七五"国家重点科技攻关（16-1-2-6）的三峡水库泥沙冲淤计算分析报告；长江水利委员会长江科学院的黄悦等在 2006 年关于"十五"三峡工程泥沙问题研究：专题 2 三峡水库泥沙淤积研究（105-2-01）子题 1 的水库淤积计算分析报告。

由张瑞瑾挟沙力公式可得断面总挟沙力：

$$S_* = k \left(\frac{U^3}{gh\overline{\omega}} \right)^m \tag{7-14}$$

式中，k、m 为挟沙力系数和指数；U 为断面平均流速；$\overline{\omega}$ 为泥沙平均沉速。

分组挟沙力级配：

$$P_{*j,k} = \left(\frac{p_{j,k}}{\omega_k} \right)^\beta / \sum_k \left(\frac{p_{j,k}}{\omega_k} \right)^\beta \tag{7-15}$$

分组挟沙力：

$$S_{*j,k} = P_{*j,k} S_{*j} \tag{7-16}$$

式中，$P_{j,k}$ 为悬沙级配；ω_k 为第 k 组沙对应的沉速；β 为指数，取 1/6。

7.2 三峡水库下游河道泥沙数学模型改进

7.2.1 非均匀沙挟沙能力计算方法改进

对于天然河流，无论是水流中的泥沙还是河床上的泥沙，其组成一般为非均匀沙，因此针对天然河流的非均匀泥沙数学模型，非均匀沙分组挟沙力的计算是其关键问题之一。目前，针对非均匀沙挟沙力已展开了相当多的研究（韩其为，2006；韩其为和陈绪坚，2008），根据研究的出发点和研究思路的不同，大体上可以分为四类：直接分组计算法、力学修正法、床沙分组法和输沙能力级配法。由于研究思路的不同，上述研究所得到的结果差异也比较大。因此，对于非均匀沙挟沙能力的再研究，应在充分理解其概念——河床冲淤平衡条件下的水流临界含沙量的基础上进行，计算时应充分考虑水流条件、泥沙自身特性和河床组成的影响。本节基于泥沙运动统计理论的泥沙上扬与沉降通量（张一新和张斌奇，1996；史传文和罗全胜，2003），建立了非均匀沙挟沙能力的计算公式，并与其他公式进行了比较。

1. 非均匀沙挟沙力一般计算方法

如上所述，下面分别介绍直接计算法、力学修正法、床沙分组法和输沙能力级配法（王新宏等，2003；吴钧等，2008）四类非均匀挟沙力计算方法。

（1）直接分组计算法

直接分组计算法是依据非均匀沙的运动规律，直接计算不同粒径级泥沙的输沙能力。这种计算方法以 Einstein 的床沙质函数、Laursen 公式和 Toffaleti 公式等为典型代表。在这类计算方法中，Einstein 的床沙质函数在理论上已经得到了国内外学术界的广泛认可。他首先认识到了非均匀沙中不同粒径级泥沙的存在对某一特定粒径级泥沙输移过程的影响，并通过引入隐蔽系数来对其进行考虑。Misri 等曾利用大量的实验室资料对 Einstein 方法进行了检验，根据他们的粗沙水槽实验发现了 Einstein 方法存在的不足，指出 Einstein 方法中隐蔽系数的计算结果与实测资料相去较远。此外，曾鉴湘和张凌武从悬移质泥沙与河床质泥沙的交换规律出发，也提出了直接计算悬移质各粒径组泥沙输沙能力的计算方法，此方法的物理概念比较清晰，但其研究中对泥沙沉降通量的考虑相对比较简单，挟沙能力计算结果随水流强度的变化规律与定性分析存在一些不符之处。

(2) 力学修正法

力学修正法是通过水流作用于床面的剪切力进行修正，将适用于均匀沙的输沙能力公式延伸到非均匀沙的分组输沙能力计算中，基于这一概念的研究成果也比较多。Patel 和 Ranga Raiju 根据大量的水槽实验和野外实测推移质输沙资料，建立了推移质分组输沙能力的计算方法，并对基于同一类研究方法的研究成果，如 Ashida 和 Michiue、Proffit 和 Sutherland、Bridge 和 Bennett 等提出的计算方法进行了检验，发现所有的计算结果均不能令人满意。最近，Wilcock 和 McAredll 及 Wilcock 也对泥沙的部分输移现象和分组输沙能力进行了研究。他们将分组输沙能力表示成空间掺混、位移概率和位移长度的乘积，强调了分组输沙中的部分输移现象。虽然部分输移现象在卵石河床上普遍存在，但在沙质河床上却并不重要。

(3) 床沙分组法

床沙分组法是假定非均匀沙分组输沙能力由可能挟沙力与相应粒径组泥沙在河床上所占百分比相乘得到。由于床沙分组法概念简单，且在一定条件下计算结果的精度也基本可以接受，因此在泥沙数学模型中得到了较广泛的应用，如 HEC-6 模型、GSTARS 模型、CARICHAR 模型以及 BRI-STRAS 模型。床沙分组法的不足是没有考虑非均匀沙中不同粒径组泥沙之间的相互影响。Hsu 和 Holly 曾指出，该方法得到的分组输沙能力精度较差，相应的总输沙能力也与实际值相去甚远。为了弥补床沙分组法忽略颗粒之间相互作用的缺陷，Karim 和 Kennedy 曾将隐蔽系数引入到床沙分组法中，以此来反映非均匀沙中其他粒径组泥沙的存在对给定粒径组泥沙输沙能力的影响。

(4) 输沙能力级配法

输沙能力级配法是通过建立输沙能力级配函数，计算出总的床沙质输沙能力以后，利用输沙能力级配函数将输沙能力分配到各粒径组。此方法的关键是确定输沙能力级配函数，如韩其为、窦国仁等根据来沙级配建立了输沙能力级配的计算公式，Karim 和 Kennedy 建立了输沙能力级配与相对粒径及水深的函数关系，Hsu 和 Holly 在对非均匀沙水槽实验分析的基础上，假定输移泥沙中某粒径组泥沙所占比重，与该组泥沙的相对可动性和床面补给率的联合概率成正比，建立了输沙能力级配函数。最近，Wu 等基于输沙能力级配法的概念，建立了一种分组输沙能力计算方法，并选用实测资料对计算公式中的参数进行了率定和验证。李义天等则根据泥沙运动的统计理论，建立了床沙质泥沙的输沙能力级配函数，该方法可同时反映水流条件及河床组成对挟沙能力级配的影响，并且具有比较明确的物理意义。

2. 基于泥沙交换的非均匀沙挟沙力

从上述研究成果来看，对于非均匀沙挟沙能力，由于研究思路不同，所得到的结果差异较大。对于非均匀沙挟沙能力的研究，应在明确其物理意义的基础上确定进一步的研究思路。从含沙量与河床冲淤的关系来看，当含沙量大于某一临界水平时，河床将发生淤积，而当其小于某一临界水平时，河床将发生冲刷，同时由于冲泄质泥沙基本不参与河床冲淤，因此，所谓挟沙力是指在一定的水流和泥沙综合条件（水流流速、过水面积、水力半径、水流比降、泥沙粒径、水流密度、泥沙密度和床面泥沙组成条件等）下，水流能够携带的床沙质临界含沙量。从泥沙运动角度来看，尽管根据运动形式的不同可以把泥沙分为接触质、跃移质、悬移质以及层移质等组成部分，但河床的冲淤归根结底是水体中泥沙的沉降与河床上泥沙的上扬这两种运动的结果。实际观测现象表明，泥沙颗粒在运动过程中的状态并不是一成不变的，而是时而沉降到河床、时而又从河床上冲起。对于河床上的某一位置而言，河床上泥沙的上扬与水体中泥沙的沉降现象是同时存在的，而河床冲淤平衡状态即为对应于沉降通量与上扬通量相等的状态。因此，从泥沙交换和河床冲淤角度而言，挟沙力应为河床泥沙上扬通量与水体中泥沙沉降通量相等、河床不冲不淤时对应的临界含沙量，根据冲淤平衡时两者相等的关系即可推导出挟沙力表达式。因此，基于泥沙交换的非均匀沙挟沙力计算，首先需要确定不同水流条件及河床组成条件下的泥沙沉降与上扬通量。

从水体泥沙与河床泥沙的交换来看，当水体含沙量小于某临界含沙量时，泥沙交换的综合效果是泥沙由河床进入到水体中，河床将发生冲刷；当水体含沙量大于某临界含沙量时，泥沙交换的综合效果则是泥沙由水体落淤到河床上，河床发生淤积。而所谓水流挟沙力，即在一定的来水来沙条件和河床组成条件下，当河床冲淤平衡时对应的床沙质临界含沙量。因此，基于挟沙力的物理含义，在河床冲淤平衡条件下，当泥沙沉降通量与上扬通量相等时，根据选取的韩其为（1984）基于泥沙运动统计理论的泥沙沉降通量与上扬通量表达式即可推导出非均匀沙挟沙力表达式：

$$S_{b,i}^* = \frac{2}{3} m_0 \rho_s P_{b,i} \frac{\beta_i}{1-(1-\varepsilon_{1,i})(1-\beta_i)+(1-\varepsilon_{0,i})(1-\varepsilon_{4,i})} \frac{\dfrac{1}{\sqrt{2\pi}\varepsilon_{4,i}} \dfrac{u_*}{\omega_i} e^{-\frac{1}{2}\left(\frac{\omega_i}{u_*}\right)^2} - 1}{\dfrac{1}{\sqrt{2\pi}(1-\varepsilon_{4,i})} \dfrac{u_*}{\omega_{0,i}} e^{-\frac{1}{2}\left(\frac{\omega_{0,i}}{u_*}\right)^2} + 1} \tag{7-17}$$

式中：ρ_s 为泥沙密度，$\varepsilon_{0,i}$，$\varepsilon_{1,i}$ 和 $\varepsilon_{4,i}$ 分别为静止、起动和悬浮概率，w_i 为分组泥沙沉速，u_* 为水流摩阻流速。式（7-17）即为冲淤平衡时河床底部附近挟沙力表达式。在平衡条件下，选取合适的含沙量沿垂线分布公式，并沿垂线进行积分，即得出垂线平均含沙量与河床底部含沙量的关系，代入式（7-17）可求得垂线平均挟沙力表达式。选择形式比较简单的莱恩公式，经过积分后，垂线平均含沙量与底部含沙量的关系可表示为

$$s = s_b \frac{\kappa u_*}{6\omega}(1-e^{-\frac{6\omega}{\kappa u_*}}) \tag{7-18}$$

代入上式后可得到垂线平均挟沙能力公式：

$$S_i^* = \frac{2}{3} m_0 \rho_s P_{b,i} \frac{\kappa u_*}{6\omega_i}(1-e^{-\frac{6\omega_i}{\kappa u_*}}) \frac{\beta_i}{1-(1-\varepsilon_{1,i})(1-\beta_i)+(1-\varepsilon_{0,i})(1-\varepsilon_{4,i})} \frac{\dfrac{1}{\sqrt{2\pi}\varepsilon_{4,i}} \dfrac{u_*}{\omega_{0,i}} e^{-\frac{1}{2}\left(\frac{\omega_i}{u_*}\right)^2} - 1}{\dfrac{1}{\sqrt{2\pi}(1-\varepsilon_{4,i})} \dfrac{u_*}{\omega_{0,i}} e^{-\frac{1}{2}\left(\frac{\omega_{0,i}}{u_*}\right)^2} + 1} \tag{7-19}$$

3. 合理性分析

(1) 与其他公式比较

由式（7-19）可以看出，非均匀沙挟沙力与床沙组成、水流条件以及泥沙自身特性相关。基于同一物理概念（泥沙交换）的非均匀沙挟沙力研究还包括张凌武公式和李义天公式。其中张凌武公式对于泥沙沉降通量的计算，仅简单的表示为近河床底部含沙量与静水沉降速度的乘积。根据上述分析，泥沙沉速除了受到泥沙颗粒本身特性的影响以外，还受到泥沙颗粒形状、边界条件、含沙浓度及水流紊动的影响，显然其计算公式过于简单。由于在上述因素影响下，泥沙有效沉速将有所减小，故其沉降通量计算值将有所偏大、挟沙力将偏小。李义天（1994）公式给出了分组挟沙力级配，但总挟沙力的计算还需要通过假定，根据挟沙力级配加权平均求出平均粒径后，再依据均匀沙挟沙力公式计算得到。为分析本书公式的合理性，将本书公式与上述两公式分别就总挟沙能力和挟沙力级配进行比较。

a. 总挟沙能力计算值比较

根据张凌武研究，非均匀沙挟沙力可根据式（7-20）计算：

$$S_{b,i}^{*} = \psi_{*}\rho_{s}P_{b,i}\left[1 - \phi\left(\frac{\omega_{i}}{u_{*}}\right)\right]\frac{D_{i}}{k_{s}}\frac{u_{*}}{\omega_{i}} \tag{7-20}$$

式中，ψ_{*} 为系数，需要根据经验关系拟合，$\psi_{*} = \exp(0.72\ln Re_{*} - 6.6)$；$k_{s}$ 为粗糙高度，$k_{s} = 11He^{-\frac{\kappa U}{u_{*}}}$；$U$ 为断面平均流速；H 为断面平均水深；κ 为卡门常数。

图 7-1 给出了一定水流条件（$U=2\text{m/s}$，$H=10\text{m}$）及河床级配条件下，本书公式和张凌武公式计算的河底总挟沙力比较情况。由图可见，本书公式较张凌武公式计算值偏大，符合上述定性分析。同时也可以看出，本书公式中挟沙力计算值随水流强度的增大而增大，符合水流输沙的一般规律，而张凌武公式中，挟沙力随水流强度先减小后增大，这与水流实际输沙规律不符。

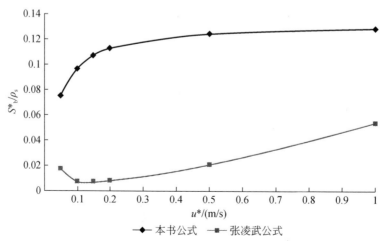

图 7-1　近底河床总挟沙能力计算比较

b. 挟沙能力级配计算值比较

图 7-2 给出了 $u_*=0.05\mathrm{m/s}$ 时，本书公式与其他公式计算的非均匀沙挟沙能力级配比较。由图可见，本书公式与李义天公式计算值比较接近，而与张凌武公式的差别比较大。

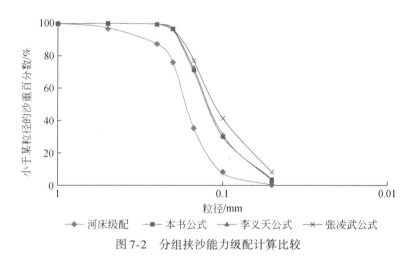

图 7-2　分组挟沙能力级配计算比较

（2）公式改进

本书公式中，床沙起悬概率的计算与床面松动条件有关，不能简单地等同于悬浮概率。由于不同河流其河床组成、泥沙特性都有所不同，因此河床泥沙的松动条件也有显著差异，而对于相关问题的研究目前尚不充分。

同时，上述公式是根据近底河床附近泥沙交换而得出的，模型中床面层厚度数量级与泥沙颗粒直径相当，需要引进含沙量沿垂线分布公式才能应用到垂线平均情况，而这本身就是泥沙运动的一个难点问题，目前尚不能给出非常满意的研究成果，选用不同的含沙量沿垂线分布公式得到的计算结果也有所不同。

从本书公式与其他公式比较情况来看，本书公式在定性上是比较合理的，能够反映出水流输沙强度随水流强度增大而增大的基本规律。为反映不同河流泥沙特性及床沙组成特性的影响，在实际应用中可通过引入经验参数对公式进行修正。从定性规律及公式的结构形式来看，一方面可对起悬概率进行修正，另一方面可对垂线平均含沙量与近底河床附近含沙量的相互关系进行修正，因此本书引入系数 K、M 对上述挟沙力公式进行修正为

$$S_i^* = \frac{2}{3} m_0 \rho_s P_{b,i} \left[\frac{\kappa u_*}{6\omega_i}(1-e^{-\frac{6\omega_i}{\kappa u_*}}) \right]^M \frac{K\varepsilon_{4,i}}{1-(1-\varepsilon_{1,i})(1-K\varepsilon_{4,i})+(1-\varepsilon_{0,i})(1-\varepsilon_{4,i})} \frac{\frac{1}{\sqrt{2\pi}\varepsilon_{4,i}}\frac{u_*}{\omega_{0,i}}e^{-\frac{1}{2}\left(\frac{\omega_i}{u_*}\right)^2}-1}{\frac{1}{\sqrt{2\pi}(1-\varepsilon_{4,i})}\frac{u_*}{\omega_{0,i}}e^{-\frac{1}{2}\left(\frac{\omega_{0,i}}{u_*}\right)^2}+1} \tag{7-21}$$

修正后，不同 K、M 对总挟沙力能力和级配的影响如图 7-3 和图 7-4 所示。其中，

系数 K 主要用于调整计算总挟沙力的大小，对级配影响很小。系数 M 不仅影响挟沙力大小，还对挟沙力级配有一定的影响。因此，在实际应用中，可根据不同河道的实测资料，对系数 K、M 进行率定后使用。

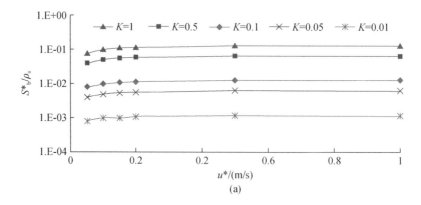

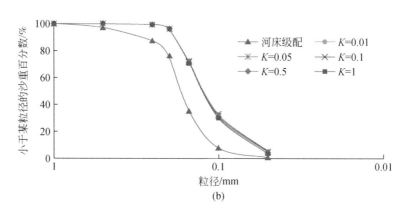

图 7-3　系数 K 对挟沙能力及级配影响示意图

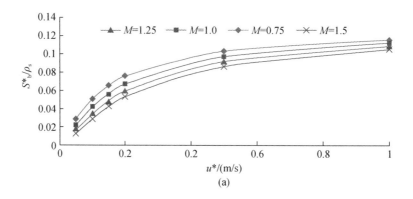

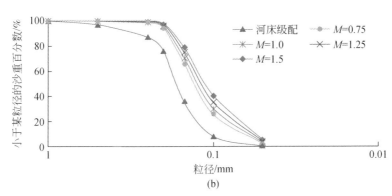

图 7-4 系数 M 对挟沙能力及级配影响示意图

此外，由于河床组成为非均匀沙，就不同粒径组泥沙的相互作用而言，相关研究表明，相对于同样粒径大小的均匀沙，非均匀沙河床中较粗颗粒泥沙往往受到暴露作用而更加易于起动，较细颗粒泥沙则常常受到隐蔽作用而难于起动。从不同学者对非均匀沙的起动研究成果来看，在一定河床组成条件下，不同粒径级泥沙都存在着某等效粒径，其中大于某特征粒径的泥沙其等效粒径要小于其真实粒径，而小于某特征粒径的泥沙其等效粒径则大于其真实粒径，这也是河床粗化现象中，卵石不需要覆盖完整的一层河床抗冲保护层即可形成现象的重要原因之一。因此，对于受到粗细颗粒间相互作用的非均匀沙河床，以等效粒径代替泥沙的真实粒径代入上述公式中可获得更高的精度。

7.2.2 混合层厚度计算方法改进

所谓混合层厚度是在非均匀沙数学模型中引入的一个物理量，其含义为，在河床的冲淤变化过程中，参与河床冲淤变形的那一层床沙的厚度。在这一厚度范围内，所有的泥沙均感受到水流的作用，并不同程度的发生运动。同时，这一层中的泥沙不断混合，床沙级配将不断进行调整[①]。

1. 混合层厚度的意义

混合层厚度的确定在非均匀沙数学模型中具有极其重要的意义，直接决定了数学模型计算结果的可靠性和准确性。特别是在水库下游的冲刷计算中，混合层厚度的大小不仅决定着河道冲刷量的大小，还影响着河道的冲刷速度与冲刷趋势。

首先，从非均匀沙的起动条件来看，非均匀沙起动不仅取决于水流条件和泥沙颗粒自身的物理特性，同时受制于床沙组成。不同床沙组成条件下，不仅床面附近阻力特性的不同将导致床面流速及床面剪切力的不同，而且近底水流结构的不同也将导致粗细颗粒之间的隐蔽与暴露作用不同，从而影响非均匀沙的起动条件。因此，混合层的级配将

---

① 参考长江水利委员会长江科学院的黄悦等在 2000 年关于"九五"三峡工程泥沙问题研究：专题 1 三峡水库拦沙泄水对下游河道冲淤影响及对策研究（95-1-3）子题 1 的三峡水库下游宜昌至大通河段冲淤一维数计算报告。

在很大程度上影响非均匀沙的起动情况,从而决定不同粒径组泥沙的冲刷强度。其次,混合层的厚度直接决定了计算时段内参与冲刷交换的泥沙数量,从而制约了单位时间内的最大冲刷量,进而影响到整个计算时段内的冲刷速度。再次,由于混合层的厚度决定了参与冲淤交换的泥沙数量,在冲刷量或淤积量一定的情况下,混合层厚度的大小将直接影响混合层厚度范围内床沙级配的调整情况,从而进一步影响泥沙的起动与冲刷强度。最后,混合层厚度的大小还决定着河床的极限冲刷量的大小。这是因为,当混合层厚度范围内的泥沙均无法起动或者全部为推移质时,河床冲刷将终止或进入以推移质运动为主的调整阶段。此时,混合层厚度的大小决定了无法起动的泥沙的数量,在一定初始床沙级配条件下,这一数量还决定了河道最终的冲刷量。

综上所述,混合层厚度在非均匀沙数学模型中有着举足轻重的地位,合理地确定混合层厚度对准确模拟河床冲淤具有极其重要的意义。

2. 混合层厚度的一般计算方法

目前,从理论上严格定义混合层厚度和公式化还存在很多困难,主要是因为难以给出一个不受水流扰动的原始河床与床面混合层明确的界限。目前,混合层厚度的确定主要有以下三种方法。

(1) 经验确定法

经验确定法主要是根据实际计算过程的冲刷厚度,根据经验进行取值,如韩其为(1974)认为,床沙活动层的厚度应比实际冲刷厚度多1m,钱宁等(1983)在黄河下游的河床粗化研究中认为,河床的可动层厚度为 $2.5 \sim 3.5 \text{m}$。经验取值强烈地依赖于河床冲刷厚度,而模型中河床冲刷厚度本身即与混合层厚度有着密切的关系,显然前者不能作为决定后者取值的依据。目前,许多模型都是在计算中根据经验,结合具体情况确定活动层厚度取值。这些做法具有一定的任意性,也是目前很多数学模型不能较好地模拟河床冲刷问题的主要原因之一。

(2) 沙波运动概化法

由于沙波在运动过程中,迎水面水流顶冲点以上的泥沙不断被水流冲起,经过水流的拣选作用后,可悬浮泥沙直接进入水体中作为悬浮泥沙随水流一起运动,而不可悬浮泥沙则落入沙波的背水面,作为推移质随沙波一起运动。因此,沙波运动中床沙交换造成的这种垂直分选现象,可以作为混合层概念的一个典型实例,众多学者都从沙波运动角度出发以确定混合层厚度的大小。Karim 和 Kennedy (1990) 在分析沙波运动规律之后,建议混合层厚度 (E_m) 取波高的一半,即

$$E_m = \frac{1}{2}H_s \tag{7-22}$$

式中,H_s 为沙波的波高。显然,这一确定方法并没有考虑到非恒定泥沙数学模型中时间步长的影响。实际上,计算时间步长不同,河床中参与交换的泥沙数量应该有所不同,简单地假定混合层厚度等于某一定值是不合理的。赵连军等(1999)从沙波运动入手,将混合层分为两部分,一部分为直接交换层,一部分为床沙调整层。其中,直接交换层的计算方法为

$$E'_m = 0.5H_s C\Delta t/L + \Delta z \tag{7-23}$$

式中，C 为沙波运动的速度；L 为沙波波长；Δt 为计算时段；Δz 为冲刷厚度。从式（7-23）可以看出，直接交换层的厚度仍与计算时段内的冲刷厚度有关。王士强等（1992）根据对沙波运动中床沙交换模式的分析，认为 Δt 时段内的床沙活动交换层厚度大体应为此时段内沙波高度变幅，其计算公式为

$$E_m = \Delta t V_{s,y}, \quad V_{s,y} = H_s/T, \quad T = L/C \tag{7-24}$$

式中，$V_{s,y}$ 为沙波垂向下降速度。式（7-24）中沙波垂向下降速度的计算忽略了沙波背水坡的长度。对于沙纹而言，迎水面与背水面水平长度的比值常在 2~4。对于沙垄而言，实验表明，自波峰至下一个沙波的水流重汇点的距离与沙波波长的比值为水流弗汝德数 Fr 的函数，随着弗汝德数的增大而迅速减小，当 $Fr>0.2$ 以后，s/L 接近一个定常值 0.32。因此，忽略背水坡长度对某一范围内的计算步长可能产生较大的误差。当 Δt 超过沙波运动周期以后，王士强等取混合层厚度等于沙波高度。实际上，当计算步长超过沙波运动周期以后，不仅计算时段初某一沙波高度范围内的泥沙全部参与了床沙交换，而且在超出沙波运动周期以后新形成的沙波部分高度范围内的泥沙也参与了交换，混合层厚度应大于沙波波高。试举一个较极端的例子，当计算时段无限长时，河床受扰动的厚度应为河床冲刷厚度与形成的冲刷保护层厚度之和，显然与沙波波高不是同一个概念。因此，当计算时间步长超出沙波运动周期之后，简单地假定混合层厚度与沙波波高相等是不合适的。

（3）保护层概化方法

保护层概化法是根据混合层的物理意义，认为混合层的下界面即为不受水流波及的床面高程，从形成保护层的角度出发间接得出混合层的厚度。如 Broah 建议以式（7-25）计算混合层的厚度：

$$E_m = \frac{1}{\sum_{i=L}^{K} P_{b,i}} \frac{D_L}{1-P_s} \tag{7-25}$$

式中，D_L 为床面不动颗粒的最小粒径；L 为相应的粒径组序号；P_s 为孔隙率。这里的混合层厚度实际上是形成保护层所必需的下切深度。显然，这一厚度与计算过程中某计算时段内参与床沙调整的混合层厚度不是同一概念。此外，也有文献认为可利用挟沙力为零时的平衡水深作为活动层与非活动层之间的界线。平衡水深的求法为根据曼宁公式、Strickler 阻力公式和 Einstein 公式进行推导，最后得到的混合层厚度表达式为

$$E_m = \left[\frac{q}{6.87D^{1/3}}\right]^{7/6} - H \tag{7-26}$$

式中，D 为粗化粒径；q 为单宽流量；H 为水深。从式（7-26）的物理意义可以看出，根据其计算的混合层厚度实际是河床冲刷发展至极限的整个过程中参与冲淤交换的床沙厚度，显然与某一时间步长内的混合层厚度不是同一概念。李义天等（1994）在给定床沙组成和水力条件下，分析了不同输沙条件及冲刷时间或冲刷厚度条件下混合活动层下界面的确定问题。其中，冲刷时间足够长情况下下界面的确定为有限时间步长的冲刷计算提供了一些极限条件，这实际上是床沙形成抗冲保护层时的下界面，与上述平衡水深基本思想一致。而冲刷时间有限情况下下界面的确定则是根据相应的冲刷厚度和河床初

始级配确定，计算式为

$$E_m = \text{Max}\left(\frac{\Delta z_i}{P_{b,i}}\right) \tag{7-27}$$

式中，Δz_i 为第 i 粒径组泥沙的冲刷量；$P_{b,i}$ 为相应粒径组在初始床沙中的含量。显然，式（7-27）在计算混合层厚度时强烈地依赖于计算时段内的冲刷厚度，而模型中计算的冲刷厚度实际在一定程度上是受制于混合层厚度的。

3. 基于沙波运动的混合层厚度计算

沙波作为河流的一种重要的河床形态，由于其在运动过程中，伴随着不断的床沙交换现象，其运动形式可以作为混合层计算的一个物理背景。以下将从沙波运动的物理背景出发，推导混合层厚度的计算方法。

沙波一般可概化为图 7-5（a）所示形态。图中两个沙波波峰 A、D 之间的距离为波长 L，B 点至 D 点的垂直距离为沙波波高 H_s。对于沙波而言，床沙交换既发生在迎水坡，又发生在背水坡，因此混合层厚度应指一个波长范围内的平均值。假定计算时段长度小于沙波运动周期，且在计算时段内，相邻两个沙波的形状不发生变化，则根据沙波的形态，可将沙波运动进行概化，如图 7-5（b）所示。

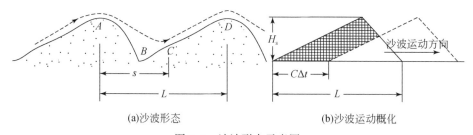

(a)沙波形态　　　　　　　　　　(b)沙波运动概化

图 7-5　沙波形态示意图

根据上述概化图形，在 Δt 时段内，一个沙波波长范围内参与泥沙交换的面积如图 7-5（b）所示的阴影部分，其面积可表示为

$$A = \frac{1}{2}LH_s - \frac{1}{2}\frac{(L - C\Delta t)^2}{L}H_s \tag{7-28}$$

式中，C 为沙波运动速度。因此，波长范围内的平均交换厚度，即平均混合层厚度可表示为

$$E_m = \frac{A}{L} = \frac{1}{2}H_s\left[1 - \left(\frac{L - C\Delta t}{L}\right)^2\right] = \frac{1}{2}H_s\left[1 - \left(1 - \frac{\Delta t}{T}\right)^2\right] \tag{7-29}$$

式中，T 为沙波运动周期，$T = L/C$。当计算时间步长 Δt 大于沙波运动周期时，从上述概化图形中可以看出，对于某一固定波长范围内的沙波运动来说，假定计算时段范围内沙波形态保持不变，则其参与交换的床沙厚度应为计算时段范围内厚度的累加值。此时，混合层厚度可表示为

$$E_m = \frac{1}{2}nH_s + \frac{1}{2}H_s\left\{1 - \left[1 - \frac{\Delta t - nT}{T}\right]^2\right\} \tag{7-30}$$

式中，n 为计算时段范围内包含的完整的沙波运动周期数。从式（7-30）可以看出，当

时间步长恰好等于沙波周期时，混合层厚度为半波高，与早期部分研究的简单假定一样，而王士强公式则为一个波高，这是由于其采用的是某一点的沙波垂向运动速度，而不是波长范围内的平均值。当计算时间步长小于沙波运动周期时，混合层厚度小于半波高，与计算步长大小有关。

根据 van Rijn 通过大量的实测资料分析给出沙波尺度与水流泥沙条件的关系，沙波波长约为水深的 7.3 倍。根据张柏年等整理的长江实测资料，沙波运动速度与水流泥沙条件的关系式为

$$\frac{C}{U} = 0.012 \frac{U^2}{gH} - 0.043 \frac{gD}{U^2} - 0.000091 \quad (7-31)$$

式中，U 为水流流速；H 为水深；D 为床沙粒径。根据长江中游荆江沙质河床 2002 年的实测地形资料计算结果表明，流量为 40 000m³/s 时，平均水深约为 12.5m，平均流速约为 1.7m/s，以床沙粒径 0.125mm 计，可估算沙波的运动周期约为 85.5h。对于一般的非恒定泥沙数学模型而言，计算时间步长一般远小于这一数值。因此，在实际计算中考虑时间步长对混合层厚度的影响是非常有必要的。

式（7-30）表明，混合层厚度的大小与沙波波高 H_s、计算时间步长 Δt 和沙波运动周期 T 有关。在计算时间步长一定的条件下，沙波波高越大、沙波运动周期越小，则混合层厚度越大。一般情况下，冲积河流的沙波随着水流强度的增加，一般要经历平整→沙纹→沙垄→过渡状态→平整→沙浪→碎浪→急滩与深潭几个阶段。这一过程中，在沙垄阶段以前，H_s 和 $\Delta t/T$ 都是随水流强度增加而增加的，混合层厚度也随水流强度的增加而增加。沙垄阶段以后，H_s 则随水流强度增加而减小至动平床，最后发展为沙浪。虽然在上述过程中 $\Delta t/T$ 仍随水流强度增加而增加，两者作用下混合层厚度仍可能在一定范围内仍保持增加的趋势，但随着 H_s 的进一步减小直至变为零，按照上式计算的混合层厚度将随水流强度的增加而减小直至为零。然而，天然河道的实测资料表明，一般流量越大，水流的冲刷能力也就越大，相应的单位时间内参与冲淤交换的床沙厚度也应该越大，显然在根据上式计算混合层厚度时是有一定适应范围的。相关研究表明，沙垄过渡到沙浪阶段一般发生在高速流区。其中，Grade 和 Albertson（1959）提出的沙垄→平整→沙浪区的床面形态判别准则中，由沙垄继续发展为平整河床的临界水流弗汝德数为 0.6~0.8。

根据张柏英（2009）收集不同的野外沙波波形资料及室内水槽试验资料绘制的相对起动流速与相对波高的关系图（图7-6）可知，这一转折发生在相对起动流速约为 3.2 时。对于天然冲积河流而言，水流弗汝德数和相对起动流速一般都在沙垄范围以内，图7-7 为根据 2002 年长江中游荆江沙质河段地形资料和相应的水流过程，计算的不同流量级下河段的平均相对起动流速与平均弗汝德数。由图可见，水流强度范围基本处于沙垄阶段以前。因此，上述混合层厚度计算方法具有广泛的适用范围。图7-8 为依据上述公式计算的长江荆江河段在 2002 年流量过程下混合层厚度的变化情况，其中时间步长取 4h。

当沙波运动发展到沙垄阶段以后，根据以上分析，上述的混合层厚度计算方法已不适用，此时应对计算方法进行补充定义。由于此时各种其他形式的床沙交换和沿横断面上流速和床面形态的变化以及逆行沙波的发育，床沙交换非常复杂，单从沙波运动的角度出发已经无法得出混合层厚度的计算公式。原则上来讲，当水流强度大于某一特定值

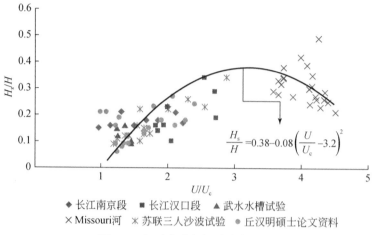

图 7-6 相对流速与相对波高关系

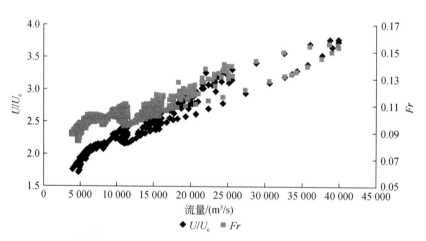

图 7-7 长江中游荆江沙质河段流量与水流参数关系

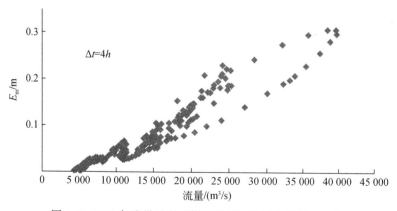

图 7-8 2002 年流量过程下荆江沙质河段混合层厚度变化

后，虽然沙波高度随水流强度的增大而减小，但混合层厚度仍应具有随水流强度增大而增大的趋势。作为一种近似，王士强在计算黄河下游山东河段时，当水流强度大于某一特征值时，则把水流强度取为特征值进行处理。此种方法可以作为一种近似处理的简单办法，作为一种趋势的延伸，也可以根据沙垄阶段水流强度与混合层厚度的关系对沙垄阶段以后的相应关系进行外延插值处理。此外，由于天然河流中推移质运动一般处于饱和输沙状态，推移质输沙率既表征水流实际挟运的推移质数量，又反映水流挟运推移质的能力，而推移质的输移过程与床沙的交换过程是有密切联系的，推移质输沙强度的大小可在一定程度上反映床沙参与交换的范围。假定推移质全部由床沙交换而产生，则单位时间内床沙的活动层厚度可表示为

$$E_m = \max\left(\frac{G_{b,i}\Delta t}{m_0 \rho_s P_{b,i}}\right) \tag{7-32}$$

式中，$G_{b,i}$ 为推移质输沙强度，单位为 kg/(m·s)；$P_{b,i}$ 为推移质在床沙中的含量；i 为推移质粒径组编号；m_0 为床沙静密实系数；ρ_s 为泥沙密度。当沙波运动在沙垄阶段以后，在根据水流强度进行趋势性插值的同时，可根据式 (7-32) 对混合层厚度进行估算，综合比较下取较合理的值。

7.2.3 三口分流分沙模式改进

(1) 节点能头三级解法

前述以节点水位增量为未知量的三级解法采用的汊点连接方程为式 (7-33)，即认为各时刻连接节点的各汊道断面的水位 (Z) 及增量与节点的平均水位及增量相同，该方程成立的条件是各分汊道断面面积、流量相差不是特别大，出入各汊道的水流平缓，不存在水位突变的情况：

$$Z_{i,1}^{n+1} = Z_{i,2}^{n+1} = \cdots Z_{i,l(m)}^{n+1} = Z_i^{n+1} \tag{7-33}$$

但是在荆江至洞庭湖河网中，各交汇断面的过水面积相差很大，尤其是三口分流处，流速也有很明显的差别，采用式 (7-33) 的节点连接方程并不合适。

按照 Bernouli 方程，略去节点局部水头损失时，节点周围各断面的能量水头应该相等，即

$$E_i = Z_i + \frac{Q_i^2}{2gA_i^2} = E_j = \cdots E_{jd} \tag{7-34}$$

为了更符合实际情况，本节采用式 (7-34) 和式 (7-35)，形成以汊点能头增量为未知量的节点方程组，具体做法如下：

$$\sum_{i=1}^{l(m)} Q_i^{n+1} - Q_{ex}^{n+1} = Q_m^{n+1} \tag{7-35}$$

将式 (7-34) 化为增量形式，对某节点 jd 有

$$\Delta E_{jd} = \Delta E_i = \Delta E_j = \cdots \tag{7-36}$$

对各河段在节点 jd 周围的断面有

$$\Delta E_j = \alpha_j \Delta Z_j + \beta_j \Delta Q_j + \gamma_j \tag{7-37}$$

式中，$\alpha_j = 1 - \dfrac{Q_j^{n2} B_j^n}{gA_j^{n3}}$；$\beta_j = \dfrac{Q_j^n}{gA_j^{n2}}$；$\gamma_j = Z^n + \dfrac{Q_j^{n2}}{2gA_j^{n2}} - E_j^n$。将式 (7-37) 变形后可得

$$\Delta Z_j = \frac{1}{\alpha_j(\Delta E_j - \beta_j \Delta Q_j - \gamma_j)} \quad (7\text{-}38)$$

将式（7-38）分别带入河段首尾断面的水位流量关系式，整理后可得到河段首尾断面的能头流量关系式：

$$xx_1 \Delta Q(N1) + yy_1 \Delta Q(N2) = dd_1 \Delta E(N1) + ee_1 \Delta E(N2) + ff_1 \quad (7\text{-}39)$$

$$xx_2 \Delta Q(N1) + yy_2 \Delta Q(N2) = dd_2 \Delta E(N1) + ee_2 \Delta E(N2) + ff_2 \quad (7\text{-}40)$$

将式（7-39）和式（7-40）联立，分别消去 $\Delta Q(N_1)$，$\Delta Q(N_2)$，得到首尾断面的能头增量与流量增量的关系：

$$\Delta Q(N_1) = g_{11}(N_2) \Delta E(N_1) + g_{12}(N_2) \Delta E(N_2) + g_{13}(N_2) \quad (7\text{-}41)$$

$$\Delta Q(N_2) = g_{21}(N_2) \Delta E(N_1) + g_{22}(N_2) \Delta E(N_2) + g_{23}(N_2) \quad (7\text{-}42)$$

同样，结合汊点连接条件，得到河网节点方程组：

$$A' \times \Delta E_{jd} = B' \quad (7\text{-}43)$$

式中，A' 为系数矩阵，其各元素与递推关系的系数有关；ΔE_{jd} 为节点的能头增量；B' 中各元素与河网各河段的流量及其增量，以及其他流量（如边界条件、源、汇等）及其增量有关；N_1，N_2 为河段的首尾断面编号。通过求解方程组，结合定解条件，可以求出河网各节点的能头增量，进而可以推导出各河段各计算断面的流量和水位的增量。

虽然节点能头三级解法比节点水位三级解法在计算上稍微复杂一些，但前者更能符合物理意义，特别在各交汇断面的过水面积相差很大时，计算结果会比后者更准确。

(2) 节点分沙模式

汊点是河网中水流、泥沙的分汇点，流出汊点的河段之间存在水量、沙量的分配比例问题。一般来说，在糙率确定的情况下，分流比可以通过水流模拟得到，但沙量的分配要复杂得多。汊点分沙模式欠合理，将难以保证进入主、支汊泥沙总量，具体数值模拟过程中若某一支流分沙模拟偏大，而与该汊点联结的另一支流分沙模拟偏小，进而导致模拟失真。因此，汊点分沙模式对河网水沙计算精度尤为关键。

如何确定河网内各节点交汇处（节点或湖泊）的分沙情况，是河网计算中的关键性技术问题之一。汊道分沙主要受三方面因素影响：分汊口附近的水流条件、分汊口的边界条件及泥沙因子。

目前，汊点分沙模式已有一些半理论半经验的处理方法，丁君松等（1982）根据长江白沙洲、梅子洲、八卦洲等主支汊纵剖面，将主支汊鞍点的水深作为引水深，根据分汊口各级配悬沙浓度沿垂线的分配规律计算汊道分沙比。韩其为（1992）引入由汊道分流比决定的当量水深作为引水深，同时提出了在分汊前干流断面上引水形态，根据流速和含沙量沿垂线分布，求出悬沙分沙比与分流比的关系及含沙量级配，避免丁君松模式须给出主支汊鞍点处高程的弊端。此后丁君松（1998）、秦文凯等（1996）又对上述模型进行了改进。这些分沙模式都是建立在简单分汊河道基础上的，且要求具有较详细的汊点局部的水文和地形资料，在河网中应用往往受到限制。由于影响分沙比的因素十分复杂，完全考虑这些影响因素建立一个统一模式是不可能的。

1) 方法一：分流比模式。这是一种简单的模式，其思想是分沙比等于分流比，即认为各分流口门含沙量是汊点平均含沙量，可表述为

$$S_{j,\text{out}} = \frac{\sum Q_{i,\text{in}} S_{i,\text{in}}}{\sum Q_{i,\text{in}}} \tag{7-44}$$

式中，$S_{j,\text{out}}$ 为分流口门含沙量；$Q_{i,\text{in}}$，$S_{i,\text{in}}$ 为入流口门流量和含沙量；以上处理办法是一种比较粗糙的方法，实际中由于各分流河段的比降、糙率、口门形态、高程及口门附近的河势等不同，其水力要素各异，挟沙能力也不尽相同。因此有必要采用更合理的分沙模式。

2）方法二：丁君松模式。对于单一河道的分汊问题，已有研究提出了考虑地形因素的分沙模式，丁君松等认为主支汊河床上存在一鞍点，造成主支汊引水深度存在差别，由于含沙量沿垂线分布的不均匀，引起主支汊含沙量不同。将这一思想应用于河网汊点，假设含沙量沿垂线分布符合张瑞瑾公式：

$$\frac{S}{S_{\text{pj}}} = \frac{\beta(\beta+1)}{(\beta+\xi)^2} \tag{7-45}$$

式中，S_{pj} 为垂线平均含沙量；β 为含沙量分布不均匀程度，β 越大，分布越均匀；ξ 为相对水深，河底为 0，水面为 1；S 为 ξ 处的含沙量（适用于全沙、分组沙）。

沿垂线积分：

$$S_{ni} = \frac{1}{1-\xi} \int_{\xi}^{1} S_{\text{pj}i} \frac{\beta(1+\beta)}{(\beta+\xi_1)^2} d\zeta = S_{\text{pj}i} \frac{\beta}{\beta+\xi_1} \tag{7-46}$$

式中，β 与粒径大小有关，取 $\beta = 0.2Z^{-1.15} - 0.11$，其中 $Z = \frac{\omega_k}{\kappa u_*}$；$S_{\text{pj}}$ 为 m 点到水面的平均含沙量。

假设在汊点 m 对应所有的分流河道中，第 1 条河道进口口门高程最低，其参考点为 n_1，n_1 点至水面的相对水深为 1，此进口含沙量为 S_{m1}，其余分流河段中任一河段的口门高程参考点为 n_i，n_i 相对 n_1 的相对水深 ξ_i，则可以导出各分流河道进口含沙量 S_{mi} 与 S_{m1} 关系：

$$\frac{S_{mi}}{S_{m1}} = \frac{c}{c+\xi_i} \tag{7-47}$$

此模式关键是出流河段口门高程参考点的确定，一般取进口断面水位以下的平均高程，也可取距离入口一定距离内的河床最高点，因此该模式的运用对资料要求较高。当分流口门高程比较接近时，此模式与分流比模式是相同的。

3）方法三：挟沙力模式。由于河网计算范围涉及广，地形资料收集不易，而且河网中的汊点往往连接多个分流河道，这要求汊点分沙模式既能够反映物理实质，又简洁而并能满足精度。造成分流口门含沙量不同的主要原因是水流条件的不同，而反映一定条件下水流挟沙能力指标为 S_*，影响分沙比的各种因素的综合作用很大程度上就体现在 S_* 的大小。

对于任意粒径组，根据各分流河段进口断面挟沙力 S_* 确定汊点分沙比，认为各分流河道进口含沙量存在式（7-48）的关系：

$$S_{1j} : S_{2j} : \cdots : S_{lj} = S_{*1j} : S_{*2j} : \cdots S_{*lj} \tag{7-48}$$

此模式形式简单，物理意义清晰。由于挟沙力与流速的高次方成正比，该模式实际是以流速为主分配沙量的，当各分流口门流速相近时，就变成分流比模式。

由以上三种分沙模式可以看出，分流比模式是丁君松模式和挟沙力模式的一种特列，处理比较粗糙，当对泥沙模拟的精度要求不高，或者分流口门水力要素相近、口门高程相差不大时，可以考虑此种模式。丁君松模式主要考虑含沙量沿垂线分布的不均匀和分流口门地形的差别，造成含沙量的不同，而挟沙力模式注重了水力条件不同导致含沙量的区别，这两种模式注重了问题的两个方面。天然情况下，水流、泥沙的相互作用影响，河流发生自调整作用。分流口门挟沙力的调整通常是通过口门附近河段的淤积或冲刷来实现的，而这种调整过程又表现为河床的泥沙冲淤、口门高程的变化。因此，从某种角度来讲，两者本质上是统一的。在实际运用中，可根据要求和实测资料情况选用不同的分沙模式。

7.3 三峡水库下游河道泥沙数学模型改进效果分析

7.3.1 模型改进前计算结果

采用 2002 年 10 月~2012 年 10 月的实测水文资料，分别采用改进前后的模拟技术，进行三峡水库下游河道冲淤计算，并与干流各河段实测冲淤量进行对比，分析在其他计算条件相同的情况下改进的各因素对计算精度的影响。

据长江水利委员会水文局实测资料统计：2002 年 10 月~2012 年 10 月，宜昌至湖口河段累计冲刷量为 11.88 亿 m^3（含采砂量），其中宜昌至藕池口河段冲刷量为 4.77 亿 m^3，藕池口至城陵矶河段冲刷量为 2.90 亿 m^3，城陵矶至汉口河段冲刷量为 1.59 亿 m^3，汉口至湖口河段冲刷量为 2.62 亿 m^3。

由于缺乏湖口至大通同时段的冲淤数据，此处重点针对干流的宜昌至湖口段进行比较。

模型改进前，非均匀沙挟沙力采用窦国仁方法，混合层厚度根据经验确定，分流模式采用常用的节点水位法，分沙模式采用分流比模式。

由于前期已对该模型进行了初步的验证，率定了相关的水流、泥沙参数，计算预测精度已在合理范围之内。

采用改进前的模型模拟 2002 年 10 月~2012 年 10 月三峡水库下游河道的冲淤计算成果见表 7-1。由表可见，宜昌至湖口河段冲淤量计算值为 10.97 亿 m^3，较实测值偏小，相对误差为−7.6%；但部分河段误差相对较大，其中误差相对较大的是城陵矶至武汉河段，计算冲刷量为 1.33 亿 m^3，较实测值偏小 16.3%；其次是宜昌至枝城河段，计算冲刷量为 1.22 亿 m^3，较实测值偏小 15.9%。另外，武汉至湖口河段冲淤量有所偏大，偏差约为 9.4%。

表 7-1 2002 年 10 月~2012 年 10 月三峡水库下游河道冲淤验证表（模型改进前）

河段	实测值/亿 m^3	计算值/亿 m^3	相对误差/%
宜昌—枝城	−1.46	−1.22	−15.9
枝城—藕池口	−3.31	−2.92	−11.9

续表

河段	实测值/亿 m³	计算值/亿 m³	相对误差/%
藕池口—城陵矶	-2.90	-2.63	-9.2
城陵矶—武汉	-1.59	-1.33	-16.3
武汉—湖口	-2.62	-2.87	9.4

7.3.2 非均匀沙挟沙能力计算方法的改进效果

改进前的模型中非均匀沙挟沙力采用窦国仁方法[式(7-14)~式(7-16)]，改进后的模型采用本书介绍的方法[式(7-21)]。

模型改进非均匀沙挟沙力计算方法后的三峡水库下游河道冲淤成果见表7-2。由表可知，改进非均匀沙挟沙力计算方法后，宜昌至湖口河段长河段的计算误差由改进前的-7.6%减小到改进后的-5.6%，误差减少2个百分点；但部分河段仍然有较大误差，如宜昌至枝城河段、城陵矶至武汉河段，相对误差分别为15.7%和15.1%。

从模型改进的影响来看：藕池口至城陵矶河段的影响相对较大，计算误差由改进前的9.2%减小到改进后的5.2%；城陵矶至武汉河段的计算误差略有减小，武汉至湖口河段计算误差有所增加；宜昌至枝城河段、枝城至藕池口河段与模型改进前的差别不大。

表7-2 2002年10月~2012年10月三峡水库下游河道冲淤验证表（改进非均匀沙挟沙力后）

河段	实测值/亿 m³	计算值/亿 m³	相对误差/%
宜昌—枝城	-1.46	-1.23	-15.7
枝城—藕池口	-3.31	-2.90	-12.3
藕池口—城陵矶	-2.90	-2.75	-5.2
城陵矶—武汉	-1.59	-1.35	-15.1
武汉—湖口	-2.62	-2.99	13.8

7.3.3 混合层厚度计算方法的改进效果

改进前的模型中，混合层厚度采用经验值；改进后的模型部分河段采用本节介绍的方法，部分河段对经验值进行调整。

模型改进混合层厚度计算方法后的三峡水库下游河道冲淤成果见表7-3。由表可知，改进混合层厚度计算方法后，宜昌至湖口河段冲淤量计算值为11.32亿 m³，较实测值偏小，计算误差由改进前的-7.6%减小到改进后的-4.6%，误差减少3个百分点。但部分河段仍然有较大误差，如宜昌至枝城河段相对误差为12.2%。

从模型改进的影响来看：藕池口以下河段的计算精度有所提高，如藕池口至城陵矶河段计算误差由改进前的9.2%减小到改进后的2.8%；武汉至湖口河段的计算误差由改进前的9.2%变化为改进后的-5.4%；宜昌至枝城河段、枝城至藕池口河段计算精度略有减小，差别不大。

表 7-3　2002 年 10 月～2012 年 10 月三峡水库下游河道冲淤验证表（改进混合层厚度后）

河段	实测值/亿 m³	计算值/亿 m³	相对误差/%
宜昌—枝城	-1.46	-1.28	-12.2
枝城—藕池口	-3.31	-2.96	-10.7
藕池口—城陵矶	-2.90	-2.98	2.8
城陵矶—武汉	-1.59	-1.63	2.6
武汉—湖口	-2.62	-2.48	-5.4

7.3.4　三口分流分沙模式的改进效果

改进前的模型中，三口分流模式采用常用的节点水位法，分沙模式采用分流比模式；改进后的模型中，分流模式采用本书介绍的节点能头法，分沙模式根据河道边界和水沙条件采用挟沙力模式。

分流分沙计算方法后的三峡水库下游河道冲淤成果见表 7-4。由表可见，改进三口分流分沙计算方法后，宜昌至湖口河段冲淤量计算值为 10.97 亿 m³，较实测值偏小，相对误差为 -7.6%，但部分河段仍然有较大误差，例如宜昌至枝城河段相对误差为 15.9%。

从模型改进的影响来看：与改进前相比，宜昌至枝城河段、武汉至湖口河段计算精度差别不大；由于三口分流分沙模拟的改变，枝城至藕池口河段、藕池口至城陵矶河段冲刷量略有减少，城陵矶至武汉河段冲刷量略有增加。

总体来看，荆江三口分流分沙模式的改进对长江干流河段总体冲淤量的计算精度影响不大，其变化主要对三口口门河段的局部冲淤及三口洪道的冲淤等有一定的影响，有待进一步的深入研究。

表 7-4　2002 年 10 月～2012 年 10 月三峡水库下游河道冲淤验证表（改进分流分沙计算模式后）

河段	实测值/亿 m³	计算值/亿 m³	相对误差/%
宜昌—枝城	-1.46	-1.23	-15.9
枝城—藕池口	-3.31	-2.91	-12.0
藕池口—城陵矶	-2.90	-2.63	-9.4
城陵矶—武汉	-1.59	-1.34	-15.6
武汉—湖口	-2.62	-2.87	9.3

7.3.5　模型改进综合效果分析

模型经上述各因素的综合改进后的河道冲淤成果见表 7-5。在上述非均匀沙挟沙力计算方法、混合层厚度计算方法、河网分流模式和分沙模式改进的基础上，同时还根据最新实测资料，对床沙级配和钻孔资料进行了更新。综合改进后，宜昌至湖口河段冲淤量计算值为 11.33 亿 m³，较实测值偏小，各分段误差均在 12% 以内。

表 7-5　2002 年 10 月～2012 年 10 月三峡水库下游河道冲淤验证表（综合改进后）

河段	实测值/亿 m³	计算值/亿 m³	相对误差/%
宜昌—枝城	-1.46	-1.28	-11.9
枝城—藕池口	-3.31	-2.97	-10.3
藕池口—城陵矶	-2.90	-2.99	3.1
城陵矶—武汉	-1.59	-1.62	1.8
武汉—湖口	-2.62	-2.46	-6.1

非均匀沙挟沙力决定着水流理论上的挟沙能力，一定程度上影响着河段的冲淤量；而在以冲刷为主的下游河道模拟中，实际的冲淤量也与混合层的厚度有很大的关系，混合层不仅决定着河道冲刷量的大小，还影响着河道的冲刷速度与冲刷趋势。从上述各因素对比情况来看，本书混合层厚度的改进对宜昌至湖口干流河段模拟精度的提高影响相对较大，本书非均匀沙挟沙力的改进影响次之，各因素改进效果对比如图 7-9 所示。

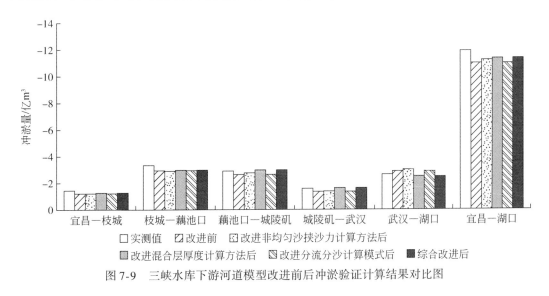

图 7-9　三峡水库下游河道模型改进前后冲淤验证计算结果对比图

总体看来，模型改进后各河段冲淤量计算值与实测值相比，误差进一步减少，精度有了一定程度的提高，宜昌至湖口全河段计算精度提高了 3%。

7.4　三峡水库下游河道泥沙数学模型验证

7.4.1　模型验证

（1）验证计算条件

研究范围包括长江干流宜昌至大通河段、洞庭湖区及四水尾闾、鄱阳湖区及五河尾闾，区间汇入的主要支流为清江、汉江。

进口水沙条件：长江干流进口水沙采用宜昌站 2002 年 10 月～2012 年 10 月相应时

段的实测逐日流量、逐日含沙量过程；干流区间支流、湖区尾闾入汇水沙均采用同期各控制站的实测逐日流量和含沙量过程。

下游出口控制水位：计算河段下游水位控制为大通站断面，出口边界采用大通站同时期水位过程。

(2) 水流验证成果

通过对 2003～2007 年实测资料的演算，率定出干流河道糙率的变化范围为 0.015～0.034，三口洪道和湖区糙率的变化范围为 0.02～0.05，采用率定的糙率，对 2008～2012 年各主要水文站的水文实测资料进行验证计算。

各水文站水位流量关系、流量过程、水位过程验证成果如图 7-10～图 7-12 所示。由干流枝城、沙市、监利、汉口、九江等站的验证成果可知，计算结果与实测过程能较好地吻合，峰谷对应、涨落一致，模型算法能适应长江干流丰、平、枯不同时期的流动特征。

由三口洪道的新江口、沙道观、弥陀寺、康家港、管家铺等控制站的计算结果可知，计算分流量与实测分流量基本一致，可以反映洪季过流、枯季断流的现象，能准确模拟出三口河段的断流时间和过流流量，说明该模型能够较好的模拟出三口的分流现象。

由上述分析可知，模型所选糙率基本准确，计算结果与实测水流过程吻合较好，能够反映长江中下游干流河段、复杂河网以及各湖泊的主要流动特征，具有较高精度，可用于长江中下游河道水流特性的模拟。

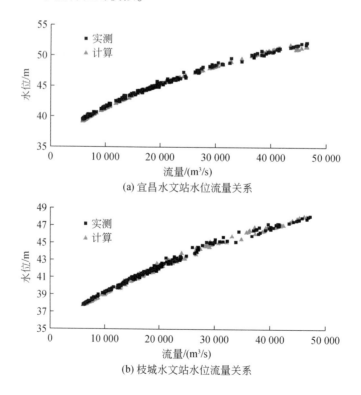

(a) 宜昌水文站水位流量关系

(b) 枝城水文站水位流量关系

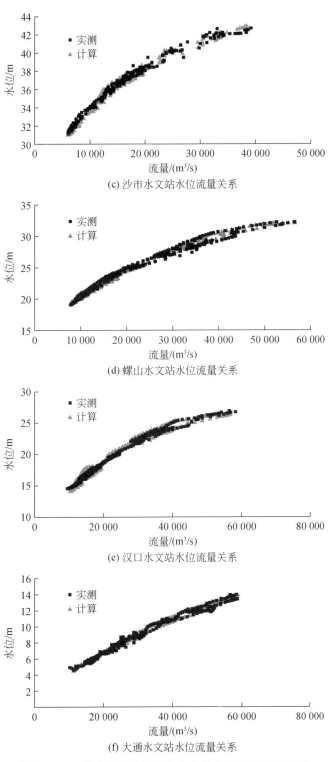

(c) 沙市水文站水位流量关系

(d) 螺山水文站水位流量关系

(e) 汉口水文站水位流量关系

(f) 大通水文站水位流量关系

图 7-10 三峡水库下游河道各水文站水位流量关系验证

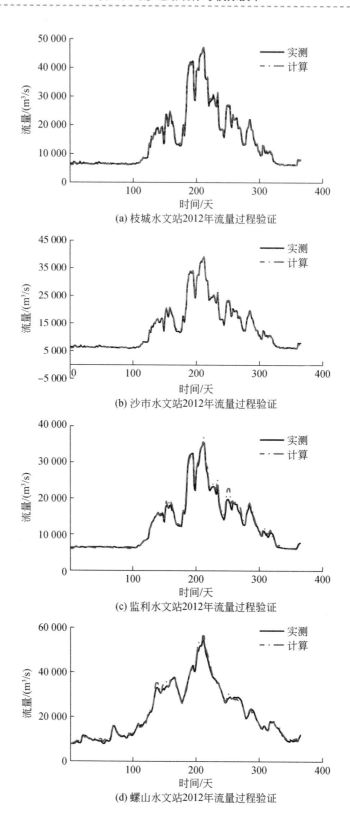

(a) 枝城水文站2012年流量过程验证

(b) 沙市水文站2012年流量过程验证

(c) 监利水文站2012年流量过程验证

(d) 螺山水文站2012年流量过程验证

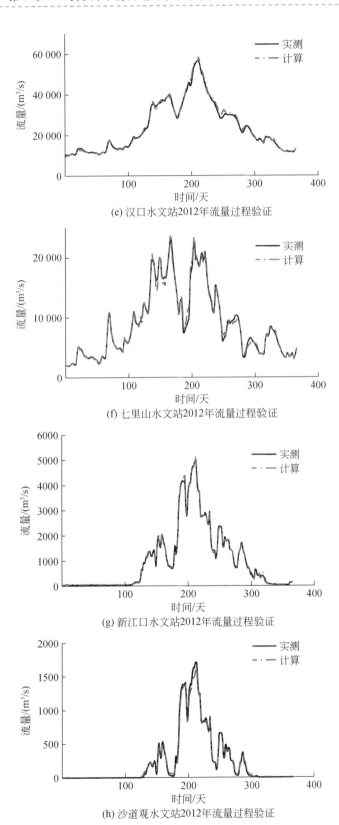

(e) 汉口水文站2012年流量过程验证

(f) 七里山水文站2012年流量过程验证

(g) 新江口水文站2012年流量过程验证

(h) 沙道观水文站2012年流量过程验证

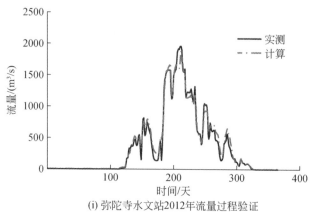

(i) 弥陀寺水文站2012年流量过程验证

图 7-11　三峡水库下游河道 2012 年流量过程验证

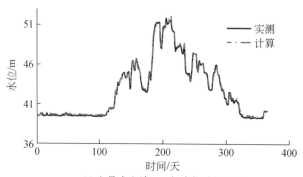

(a) 宜昌水文站2012年水位过程验证

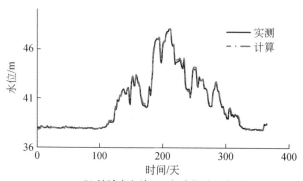

(b) 枝城水文站2012年水位过程验证

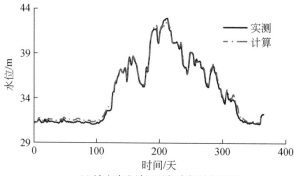

(c) 沙市水文站2012年水位过程验证

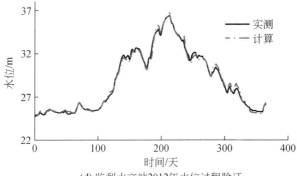
(d) 监利水文站2012年水位过程验证

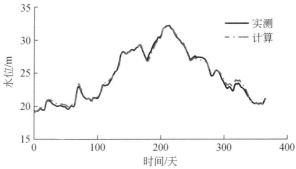
(e) 螺山水文站2012年水位过程验证

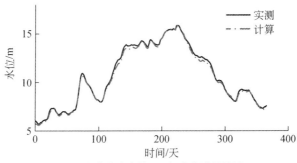
(f) 安庆水文站2012年水位过程验证

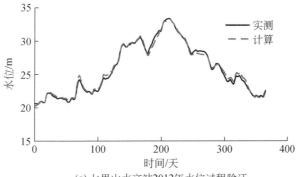
(g) 七里山水文站2012年水位过程验证

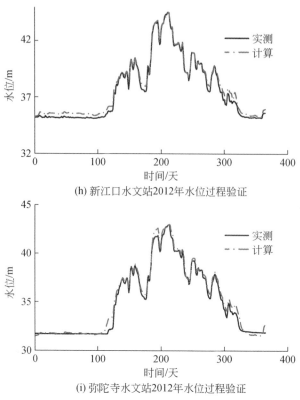

(h) 新江口水文站2012年水位过程验证

(i) 弥陀寺水文站2012年水位过程验证

图 7-12 三峡水库下游河道 2012 年水位过程验证

(3) 冲淤验证成果

据长江水利委员会水文局实测资料统计,2002 年 10 月~2012 年 10 月,宜昌至湖口河段累计冲刷量为 11.88 亿 m³(含采砂量),其中宜昌至藕池口河段冲刷量为 4.77m³,藕池口至城陵矶河段冲刷量为 2.90 亿 m³,城陵矶至汉口河段冲刷量为 1.59 亿 m³,汉口至湖口河段冲刷量为 2.62 亿 m³。

采用本书改进的模型进行同时期三峡水库下游河道的冲淤计算,如图 7-13 所示,由图

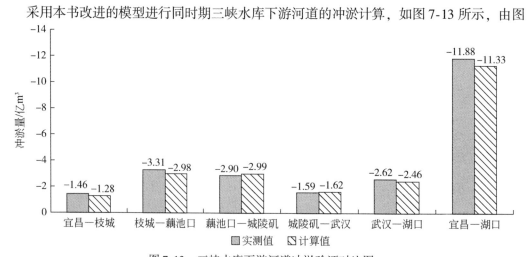

图 7-13 三峡水库下游河道冲淤验证对比图

可见，各分段计算冲淤性质与实测一致，宜昌至湖口河段冲淤量计算值为 11.33 亿 m^3，较实测值略小。

除了宜昌至枝城河段、枝城至藕池口河段计算误差约为 12%，其他各分段误差均在 7% 以内，计算误差均在合理范围之内，具有较高的精度。

7.4.2 误差与原因分析

由上述验证成果可知，宜昌至湖口的大部分河段的相对误差可控制在 7% 以内，但是仍有个别河段的冲淤量相对误差较大，如宜昌至枝城河段冲刷量计算值比实测值偏小 11.9%。

数学模型的计算误差，除模型本身的因素外，观测资料本身的误差也是重要影响因素。例如，河段实测冲淤量作为泥沙模型验证的重要数据，其准确性也极大的影响着模型的精度。一方面，目前对下游河道来说，河段冲淤量的统计有输沙量法和地形法，这两种方法统计的结果本身就有很大差距，部分河段甚至达到 3 倍；另一方面，长江中下游部分河段存在采砂现象，冲淤量实测值中包含了采砂量，而这部分没有一个相对准确的数据，很难将其与真实发生的冲淤量割离出来，从而导致计算结果看起来有所偏差。

7.5 新水沙条件下三峡水库下游河道冲淤预测

7.5.1 水沙条件与计算方案

（1）计算范围和地形

计算范围：包括长江干流宜昌至大通河段、洞庭湖区及四水尾闾、鄱阳湖区及五河尾闾，以及区间汇入的主要支流清江和汉江。三峡水库下游河道示意图如图 7-14 所示。

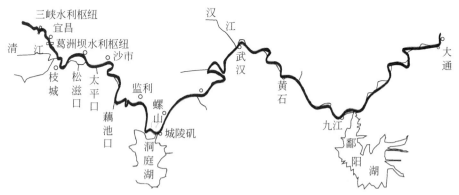

图 7-14　三峡水库下游宜昌至大通河道示意图

计算地形：长江干流宜昌至大通河段计算断面取自 2011 年实测地形图，荆江三口分流道及洞庭湖区、鄱阳湖区计算断面取自 2011 年实测地形图，该地形资料均由长江水利委员会水文局施测并提供。其中宜昌至大通全长约为 1123km，剖分计算断面为 823 个，其中干流有 714 个，支汊有 109 个，平均断面间距为 1.57km。

(2) 计算方案和计算年限

采用考虑上游干、支流建库拦沙影响后的 1991~2000 年水沙系列，进行新的水沙条件和优化调度方式下三峡水库运行 50 年库区泥沙冲淤计算，其下泄水沙作为下游河道冲淤计算的进口边界条件。上游主要考虑了金沙江梯级、雅砻江梯级、岷江梯级、嘉陵江梯级、乌江梯级等水库群的建库拦沙影响。

为研究三峡水库调度方式的影响，拟订方案 1（初步设计）、方案 2（试验性蓄水期方案）、方案 3（综合优化方案）。

同时在本书中，三峡水库干流进口水沙条件考虑了两个系列：系列 1 为金沙江下游乌东德、白鹤滩、溪洛渡、向家坝四库考虑絮凝影响，该系列为推荐使用的标准系列；系列 2 为金沙江下游乌东德、白鹤滩、溪洛渡、向家坝四库不考虑絮凝影响。与系列 1 相比，系列 2 三峡水库干流朱沱站入库沙量要偏大一些，前 50 年年均入库沙量偏大 0.17 亿 t，相对偏大 25.6%。

方案 1、方案 2、方案 3 采用标准系列；同时增加方案 4，即在方案 2 基础上采用大沙系列。

三峡水库进口水沙边界条件采用由第 6 章提供的干流朱沱站、嘉陵江北碚站、乌江武隆站水沙过程；采用三峡水库干、支流水沙模型，进行三峡水库泥沙淤积计算，在此基础上，开展三峡水库下游河道冲淤计算研究。以下重点研究方案 2、方案 3 和方案 4。

方案 2（试验性蓄水期方案）：该方案三峡水库汛末蓄水时间和蓄水进程均有所优化，具体为，9 月 10 日正式开始蓄水，起蓄水位为 150.0m，9 月底库水位控制在 162.0m，10 月下旬库水位逐步上升至 175m 水位；汛前 6 月上旬末降至防洪限制水位，一般汛期按 145~146.5m 运行。本方案三峡入库水沙采用水沙系列 1，即金沙江下游乌东德、白鹤滩、溪洛渡、向家坝四库考虑絮凝影响。

方案 3（综合优化方案）：在方案 2 的基础上，该方案将汛限水位由 145m 抬高到 150m，汛期对城陵矶补偿调度控制水位为 158m，9 月 1 日开始蓄水，9 月底控制蓄水位为 165m。

方案 4（大沙方案）：本方案三峡水库调度方式与方案 2 相同，但入库水沙系列采用入库沙量相对更大的水沙系列 2，即金沙江下游乌东德、白鹤滩、溪洛渡、向家坝四库不考虑絮凝影响。

(3) 水沙条件

上边界干流水沙过程由三峡水库相应方案的下泄水沙提供；河段内沿程支流、洞庭湖区四水等的入汇水沙均采用 1991~2000 年相应时段的实测值。

下游水位控制为大通站断面。根据三峡工程蓄水前后大通水文站流量、水位资料分析可知，20 世纪 90 年代以来大通站水位流量关系比较稳定。因此，大通站水位可由大通站 1993 年、1998 年、2002 年、2006 年、2012 年的多年平均水位流量关系控制。

(4) 河床组成

干流河床组成以已有的河床钻孔资料、江心洲或边滩的坑测资料及固定断面床沙取样资料等综合分析确定[①]。本次计算补充了 2009 年宜昌至螺山河段坑测资料，对局部河段的河床组成进行了调整。

7.5.2 下游河道冲淤量与分布预测

选取典型系列年，采用三峡水库库区泥沙淤积数学模型，进行了三峡水库不同调控方式下的泥沙淤积计算，得出三峡水库下泄到下游的水沙变化过程；在此基础上，采用三峡水库下游河道一维水沙数学模型，进行不同方案下游河道的冲淤计算，从 2014 年开始起算，研究下游河道的冲淤变化趋势。以下重点分析方案 2 的计算成果（表 7-6）。

（1）方案 2 成果

三峡水库 2003 年蓄水运用至今已近 10 年，考虑金沙江及支流近期已建水库的拦沙作用后，三峡水库出库泥沙大幅度减少，河床发生剧烈冲刷。对于卵石或卵石夹沙河床，冲刷使河床发生粗化，并形成抗冲保护层，促使强烈冲刷向下游转移；对于沙质河床，因强烈冲刷改变了断面水力特性，水深增加、流速减小、水位下降、比降变缓等各种因素都将抑制本河段的冲刷作用，使强烈冲刷向下游发展。

数学模型计算结果表明，水库联合运用至 2033 年年末，长江干流宜昌至大通河段悬移质累计总冲刷量为 23.30 亿 m^3，其中宜昌至城陵矶河段冲刷量为 14.58 亿 m^3；至 2063 年年末，宜昌至大通河段悬移质累计冲刷量为 43.92 亿 m^3，其中宜昌至城陵矶段累积最大冲刷量为 21.91 亿 m^3，城陵矶至武汉段 14.09 亿 m^3，武汉至大通段 8.90 亿 m^3。

由于宜昌至大通段跨越不同地貌单元，河床组成各异，各部分河段在三峡水库运用后出现不同程度的冲淤变化。

宜昌至枝城河段，河床由卵石夹沙组成，表层粒径较粗。三峡水库运用初期本段悬移质强烈冲刷基本完成，2063 年年末最大冲刷量为 0.43 亿 m^3。

表 7-6 三峡水库下游河道宜昌至大通分段悬移质累积冲淤量统计表（方案 2）

（单位：亿 m^3）

河段	河段长度/km	2023 年	2033 年	2043 年	2053 年	2063 年
宜昌—枝城	60.8	-0.42	-0.42	-0.43	-0.43	-0.43
枝城—藕池口	171.7	-3.83	-4.63	-4.9	-5.06	-5.19
藕池口—城陵矶	170.2	-4.94	-9.53	-13.08	-15.24	-15.29
城陵矶—武汉	230.2	-2.82	-5.9	-9.86	-13.2	-14.09
武汉—湖口	295.4	-1.03	-1.81	-3.05	-3.83	-5.36
湖口—大通	204.1	-0.57	-1.01	-1.34	-1.72	-3.54
宜昌—大通	1132.4	-13.59	-23.3	-32.66	-39.48	-43.92

---

① 参考长江水利委员会长江科学院的黄悦等在 2000 年关于"九五"三峡工程泥沙问题研究：专题 1 三峡水库拦沙泄水对下游河道冲淤影响及对策研究（95-1-3）子题 1 的三峡水库下游宜昌至大通河段冲淤一维数模计算报告；长江水利委员会水文局在 2014 年的 2013 年三峡水库进出库水沙特性、水库淤积及坝下游河道冲刷分析研究。

枝城至藕池口河段（上荆江）为弯曲型河道，弯道凹岸已实施护岸工程，险工段冲刷坑最低高程已低于卵石层顶板高程，河床为中细沙组成，卵石埋藏较浅。该河段在水库运用至2033年年末，冲刷量为4.63亿 m^3，至2063年年末冲刷量为5.19亿 m^3。

藕池口至城陵矶河段（下荆江）为蜿蜒型河道，河床沙层厚达数十米。三峡水库初期运行时，本河段冲刷相强度相对较小；2023年年末和2033年年末本段冲刷量分别为4.94亿 m^3和9.53亿 m^3；三峡及上游水库运用后河床发生剧烈冲刷，至2063年年末，本河段冲刷量为15.29亿 m^3，是冲刷量及冲刷强度最大的河段。

三峡水库运行初期，由于下荆江的强烈冲刷，进入城陵矶至汉口段水流的含沙量较近坝段大，待荆江河段的强烈冲刷基本完成后，强冲刷下移，加之上游干、支流水库拦沙效应，三峡及上游水库运用20～50年，城陵矶至汉口河段冲刷强度也较大，水库运用至2023年年末、2033年年末，本段冲刷量分别为2.82亿 m^3、5.90亿 m^3；三峡及上游水库运用2053年年末本段冲刷量为14.09亿 m^3。

武汉至大通河段为分汊型河道，当上游河段冲刷基本完成，武汉至湖口河段开始冲刷，至2033年年末、2063年年末冲刷量分别为1.81亿 m^3、5.36亿 m^3；湖口至大通段，至2033年年末、2063年年末冲刷量分别为1.01亿 m^3、3.54亿 m^3。

总体看来，三峡水库下游宜昌至大通河段将发生长距离长时间冲刷，冲刷强度由上游向下游逐步发展。由于宜昌至大通段跨越不同地貌单元，河床组成各异，各分河段在三峡水库运用后出现不同程度的冲淤变化，其中宜昌至枝城段在三峡水库运用初期10年内本段悬移质强烈冲刷基本完成，枝城至藕池口河段在水库运用30年末冲刷基本完成，藕池口以下在三峡水库运用50年末尚未冲刷完成。

（2）方案对比成果

由三峡水库泥沙淤积计算可知，2014～2023年，方案2、方案3和方案4年平均出库沙量分别为0.368亿t、0.293亿t和0.404亿t；随着水库运行时间的延长，各方案出库沙量均呈逐步增大趋势。2044～2053年年末，方案2、方案3和方案4年平均出库沙量分别为0.464亿t、0.405和0.604亿t。

表7-7为方案3的三峡水库下游河道冲淤成果。由表可见，方案3各河段总体均呈冲刷趋势，从宜昌至大通河段总体情况来看，与方案2相比，方案3冲刷量有所增加，2023年年末和2063年年末分别增加约0.29亿 m^3和0.27亿 m^3，增幅约为2.2%和0.6%。

表7-7 三峡水库下游河道宜昌至大通分段悬移质累积冲淤量统计表（方案3）

（单位：亿 m^3）

河段	河段长度/km	2023年	2033年	2043年	2053年	2063年
宜昌—枝城	60.8	-0.43	-0.43	-0.44	-0.43	-0.43
枝城—藕池口	171.7	-3.89	-4.67	-4.95	-5.1	-5.21
藕池口—城陵矶	170.2	-5.27	-9.89	-13.19	-15.3	-15.34
城陵矶—武汉	230.2	-2.72	-6.05	-10.17	-13.21	-14.07
武汉—湖口	295.4	-1.01	-1.79	-3.21	-3.9	-5.31
湖口—大通	204.1	-0.57	-0.96	-1.35	-1.83	-3.78
宜昌—大通	1132.4	-13.89	-23.78	-33.31	-39.77	-44.14

从各分段来看,与方案 2 相比,方案 3 的宜昌至城陵矶河段冲刷量略有增加,城陵矶至湖口河段冲刷量有所减少。其中,藕池口至城陵矶冲刷量略有增加,2023 年年末增加约 6.8%,城陵矶至武汉河段冲刷量略有减小,约为 3.3%,其他河段差异不大。分析其原因,方案 3 出库泥沙减少,在抗冲性较差的藕池口至城陵矶河段的冲刷能力变大,导致冲刷量增加,受到上游河段冲刷减少的影响,下游的城陵矶至武汉河段冲刷量有所减少。

表 7-8 为方案 4 三峡水库下游河道冲淤成果。由表可见,方案 4 各河段总体均呈冲刷趋势。从宜昌至大通河段总体情况来看,与方案 2 相比,方案 4 冲刷量有所减少,2023 年年末和 2053 年年末分别减少约 0.10 亿 m³ 和 0.12 亿 m³,减幅约为 0.7% 和 0.3%。

表 7-8 三峡水库下游河道宜昌至大通分段悬移质累积冲淤量统计表(方案 4)

(单位:亿 m³)

河段	河段长度/km	2023 年	2033 年	2043 年	2053 年	2063 年
宜昌—枝城	60.8	-0.42	-0.42	-0.43	-0.43	-0.43
枝城—藕池口	171.7	-3.8	-4.62	-4.87	-5.06	-5.21
藕池口—城陵矶	170.2	-4.69	-9.17	-12.95	-15.18	-15.25
城陵矶—武汉	230.2	-2.96	-5.97	-9.69	-13.2	-14.13
武汉—湖口	295.4	-1.09	-1.87	-3.02	-3.79	-5.3
湖口—大通	204.1	-0.54	-1.05	-1.36	-1.66	-3.46
宜昌—大通	1132.4	-13.5	-23.11	-32.32	-39.32	-43.78

从各分段来看,与方案 2 相比,方案 4 的藕池口至城陵矶冲刷量略有减少,2023 年年末减幅约为 5.0%;城陵矶至武汉河段冲刷量略有增加,增幅约为 4%,其他河段差异不大,如图 7-15 和图 7-16 所示。随着水库联合运行的时间增长,各方案间的差异也逐渐缩小。

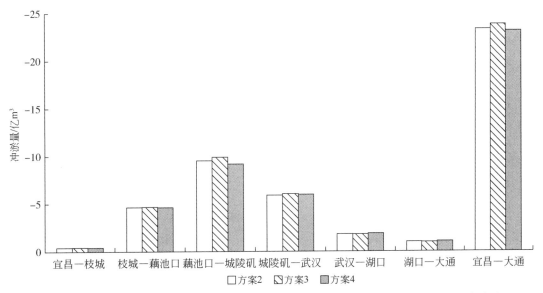

图 7-15 三峡水库下游宜昌至大通河段不同计算方案悬移质累积冲淤量对比图(2033 年年末)

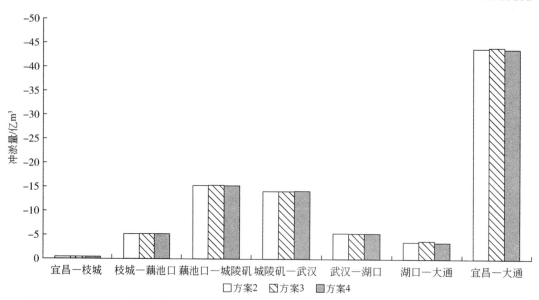

图 7-16　三峡水库下游宜昌至大通河段不同计算方案悬移质累积冲淤量对比图（2063 年年末）

7.5.3　下游河道水位流量关系变化预测

三峡及上游水库群蓄水运用后，由于长江中下游各河段河床冲刷在时间和空间上均有较大的差异，使各站的水位流量关系随着水库运用时期不同而出现相应的变化，沿程各站同流量的水位呈下降趋势。由于各方案间冲淤量差别不大，本书重点分析方案 2 时干流各站的水位变化，且重点分析 2033 年年末和 2053 年年末的水位变化。表 7-9 和表 7-10 分别为 2033 年年末和 2053 年年末干流各站水位变化表。

表 7-9　上游控制性水库运用后三峡水库下游各站水位变化统计表（2033 年年末）

流量/（m³/s）	枝城/m	沙市/m	调弦口/m	监利/m	城陵矶/m
7 000	-1.06	-2.19	-2.09	-2.07	
10 000	-1.00	-1.99	-1.87	-1.85	-1.83
20 000	-0.90	-1.49	-1.28	-1.23	-1.44
30 000	-0.85	-1.12	-0.93	-0.87	-1.10
40 000	-0.72	-0.82	-0.69	-0.62	-0.80

表 7-10　上游控制性水库运用后三峡水库下游各站水位变化统计表（2053 年年末）

流量/（m³/s）	枝城/m	沙市/m	调弦口/m	监利/m	城陵矶/m
7 000	-1.22	-2.82	-2.70	-2.68	
10 000	-1.19	-2.64	-2.51	-2.49	-2.95
20 000	-1.10	-2.18	-2.08	-2.01	-2.40
30 000	-1.02	-1.83	-1.76	-1.66	-1.92
40 000	-0.85	-1.54	-1.45	-1.34	-1.47

枝城站位于宜昌至太平口河段,上距宜昌 58km,下距沙市 180km。三峡水库蓄水运用后,由于宜昌至枝城河段为卵石夹沙,且卵石层顶板较高,表层卵砾石粒径较粗,水库运用后河床粗化,很快形成抗冲保护层,限制该河段冲刷发展。水库运用至 2033 年年末,流量为 7000m³/s 和 20 000 m³/s 时,枝城站水位分别比现状水位(2012 年,下同)下降 1.06m 和 0.90m;水库运用至 2053 年年末,流量为 7000m³/s 和 20 000 m³/s 时,枝城站水位分别比现状水位下降 1.22m 和 1.10m。

沙市站位于太平口至藕池口河段,距宜昌约 148km。由于该河段河床组成为中细沙,卵石、砾石含量不多,冲刷量相对上游段较多,使沙市站水位下降相对较多。同时,受下游水位下降影响,沙市站水位继续下降。当水库运用至 2033 年年末,流量为 7000m³/s 和 20 000m³/s 时,该站水位分别比现状水位下降 2.19m 和 1.49m;水库运用至 2053 年年末,流量为 7000m³/s 和 20 000m³/s 时,该站水位分别比现状水位(2012 年,下同)下降 2.82m 和 2.18m。

调弦口站也位于藕池口至城陵矶河段。受本河段冲刷和下游水位下降的影响,该站水位下降较多。水库运用至 2053 年年末,流量为 7000m³/s 和 20 000m³/s 时,该站水位分别比现状水位下降 2.70m 和 2.08m。

监利站位于藕池口至城陵矶河段。该段河床发生剧烈冲刷,是冲刷量及冲刷强度最大的河段,因此监利站水位下降较多。水库运用至 2053 年年末,流量为 7000m³/s 和 20 000m³/s 时,该站水位分别比现状水位下降 2.68m 和 2.01m。

城陵矶(莲花塘)站位于城陵矶至武汉河段,此处有洞庭湖入汇。水库运用至 2053 年年末,流量为 1000m³/s 和 20 000m³/s 时,该站水位分别比现状水位下降 2.95m 和 2.40m。

表 7-11 为荆江三口口门处水位变化表。三口河道是长江干流向洞庭湖分流分沙的连通道。三峡水库蓄水运用后,长江中下游将发生长时段,长距离的冲刷,河床下切,同流量下沿程水位将出现不同程度的降低。

表 7-11 上游控制性水库运用后三峡水库下游三口口门处水位变化统计表

流量/(m³/s)	2033 年年末			2053 年年末		
	松滋口/m	太平口/m	藕池口/m	松滋口/m	太平口/m	藕池口/m
7 000	−1.11	−1.98	−2.47	−1.42	−2.32	−3.07
10 000	−1.09	−1.79	−2.06	−1.38	−2.21	−2.83
20 000	−1.01	−1.34	−1.88	−1.30	−1.93	−2.49
30 000	−0.94	−1.00	−1.43	−1.20	−1.72	−2.28
40 000	−0.87	−0.74	−0.98	−1.11	−1.55	−1.86

松滋口门段干流河床由卵石夹沙组成,表层粒径较粗,水库运用后,该口段河床发生冲刷,随着下游河床冲刷发展,下游水位下降影响口门段的水位继续下降。水库运用至 2052 年年末,不同流量级下该口门水位比现状水位降低 1.11~1.42m。

太平口门段干流河床为中细沙组成,卵石埋藏较浅,水库运用 2013~2052 年,该口门段河床发生较大冲刷,加之上游粗沙卵石推移质覆盖,限制了该段河床大量冲刷,使本口门段水位下降相对较多。随着下游河床冲刷继续发展,影响本口门段的水位继续下降。水库运用至2052年年末,不同流量级下该口门水位比现状水位降低1.55~2.32m。

藕池口口门段干流河床为细沙,沙质覆盖层较厚,三峡水库运用50年后,该口门段冲刷强度较大,河床平均冲深约为5m,使本口门段水位下降较多。水库运用至2052年年末,不同流量级下该口门水位比现状水位降低1.86~3.07m。

上述结果表明,水位下降除受本河段冲刷影响外,还受下游河段冲刷的影响。三峡及上游水库蓄水运用50年,荆江河道和城汉河段冲刷量较大,故荆江河段各站水位流量关系变化较大,中枯水位下降较多;三口口门中以藕池口门下降最大。

7.6 小　　结

1)以宜昌至大通河段、洞庭湖和鄱阳湖为研究对象,建立了三峡水库下游河道一维水沙数学模型,并对水库下游数值模拟的关键技术进行了研究与改进:基于泥沙运动统计理论的泥沙上扬通量与沉降通量,导出了非均匀沙的挟沙能力表达式;根据混合层厚度的物理意义,推导了基于沙波运动的混合层厚度计算方法;在节点水位三级解法的基础上改进为节点能头三级解法。

2)采用三峡水库蓄水运用后2003~2012年实测资料,分析了模型改进前后对计算精度的影响。经非均匀沙挟沙力、混合层厚度、河网分流分沙模式、床沙级配和钻孔资料更新等综合改进后,宜昌至湖口长河段的冲淤量计算值与实测值的误差,与改进前相比减少约3个百分点,故模型改进后计算精度有了一定程度的提高。

3)采用三峡水库蓄水运用后2003~2012年实测资料对模型进行了验证,验证结果表明:干流和湖区各站水位、流量计算成果与实测过程能较好地吻合,峰谷对应,涨落一致,模型算法能准确模拟出三口河段的断流时间和过流流量,具有较高的精度;冲淤计算能较好地反映各河段的总体变化,各分段计算冲淤性质与实测一致,各分河段冲淤量计算误差在12%以内,计算值与实测值的偏离尚在合理范围内。因此,利用本模型进行长江中下游江湖冲淤演变的预测是可行的。

4)采用改进后的三峡水库下游河道一维水沙数学模型,预测了新的水沙条件和优化调度方式下三峡水库下游河道冲淤变化趋势,结果表明,下游宜昌至大通河段将发生长距离长时间冲刷,冲刷强度由上游向下游逐步发展。由于宜昌至大通段跨越不同地貌单元,河床组成各异,各分河段在三峡水库运用后出现不同程度的冲淤变化,其中宜昌至枝城段在三峡水库运用10年后本段悬移质强烈冲刷基本完成,枝城至藕池口段在水库运用30年末冲刷基本完成,藕池口以下在水库运用50年末尚未冲刷完成。

5)三峡水库下游各站水位下降除受本河段冲刷影响外,还受下游河段冲刷的影响。荆江河段和城汉河段冲刷量较大,故荆江河段的沙市、螺山、监利等站水位流量关系变化相对较大,至2053年年末不同流量下水位下降0.6~2.8m。

参 考 文 献

曹广昌, 王俊. 2015. 长江三峡工程水文泥沙观测与研究. 北京: 科学出版社.
柴朝晖, 杨国录, 陈萌, 等. 2011a. 图像分析粘性细颗粒泥沙絮体孔隙初探. 泥沙研究, (5): 24-29.
柴朝晖, 杨国录, 陈萌. 2011b. 淤泥絮体孔隙分形特性的提出、验证及应用. 武汉大学学报 (工学版), 44 (5): 608-612.
常青, 傅金镒, 郦兆龙. 1993. 絮凝原理. 兰州: 兰州大学出版社.
陈邦林. 1985. 长江口南港南槽地区悬移质絮凝机理研究//上海市城市污水排放背景文献汇编. 上海: 华东师范大学出版社.
陈桂亚, 袁晶, 许全喜. 2012. 三峡工程蓄水运用以来水库排沙效果. 水科学进展, 23 (3): 355-362.
陈洪松, 邵明安, 李占斌. 2001. NaCl 对细颗粒泥沙静水絮凝沉降影响初探. 土壤学报, 38 (1): 131-134.
陈洪松, 邵明安. 2000a. $CaCl_2$ 对细颗粒泥沙静水絮凝沉降的影响. 水土保持学报, 14 (2): 46-49.
陈洪松, 邵明安. 2000b. 细颗粒泥沙絮凝-分散在水土保持中的应用. 灌溉排水, 19 (4): 13-15.
陈洪松, 邵明安. 2001a. 有机质对细颗粒泥沙静水絮凝沉降特性的影响. 泥沙研究, (3): 35-39.
陈洪松, 邵明安. 2001b. $AlCl_3$ 对细颗粒泥沙絮凝沉降的影响. 水科学进展, 12 (4): 445-449.
陈洪松, 邵明安. 2001c. 有机质、$CaCl_2$ 和 $MgCl_2$ 对细颗粒泥沙絮凝沉降的影响. 中国环境科学, 21 (5): 395-398.
陈洪松, 邵明安. 2002. NaCl 对细颗粒泥沙静水絮凝沉降动力学模式的影响. 水利学报, 33 (8): 63-67.
陈霁巍, 徐明权, 姚传江. 1998. 黄河治理与水资源开发利用 (综合卷). 郑州: 黄河水利出版社.
陈锦山, 何青, 郭磊城. 2011. 长江悬浮物絮凝特征. 泥沙研究, (5): 11-18.
陈庆强, 孟翊, 周菊珍, 等. 2005. 长江口细颗粒泥沙絮凝作用及其制约因素研究. 海洋工程, 23 (1): 74-82.
程江, 何青, 王元叶, 等. 2005. 长江河口细颗粒泥沙絮凝体粒径的谱分析. 长江流域资源与环境, 14 (4): 460-464.
崔占峰, 张小峰. 2005. 分蓄洪区洪水演进的并行计算方法研究. 武汉大学学报 (工学版), 38 (5): 24-29.
代文良, 张娜, 王斌. 2010. 三峡库尾重庆河段河道演变分析. 地理空间信息, 8 (6): 129-133.
代文良, 张娜. 2009. 三峡库区重庆主城区河段河床演变分析. 人民长江, 40 (3): 1-3.
丁君松, 丘凤莲. 1981. 汊道分流分沙计算. 泥沙研究, (1): 59-66.
丁君松, 杨国录, 熊治平. 1982. 分汊河段若干问题探讨. 泥沙研究, (4): 41-53.
丁武全, 李强, 李航. 2010. 表面电位对三峡库区细颗粒泥沙絮凝沉降的影响. 土壤学报, 47 (4): 698-702.
董年虎, 方春明, 曹文洪. 2010. 三峡水库不平衡泥沙输移规律. 水利学报, 41 (6): 653-658.
窦国仁. 1963. 潮汐水流中的悬沙运动和冲淤计算. 水利学报, (4): 15-26.
窦国仁. 1963. 泥沙运动理论. 南京水利科学研究所.
窦国仁. 1999. 再论泥沙起动流速. 泥沙研究, (6): 1-9.
窦身堂, 郑邦民, 余欣, 等. 2011. 泥沙随机数学模型分析及其初步应用. 水动力学研究与进展, 26 (4): 453-458.
方春明, 董耀华. 2011. 三峡工程水库泥沙淤积及其影响与对策研究. 武汉: 长江出版社.
方春明, 鲁文, 钟正琴. 2003. 可视化河网一维恒定水流泥沙数学模型. 泥沙研究, (6): 60-64.
冯小香, 张小峰, 谢作涛. 2005. 水流倒灌下支流尾闾泥沙淤积计算. 中国农村水利水电, (2):

54-56.

关许为,陈英祖,杜心慧.1996.长江口絮凝机理的试验研究.水利学报,(6):70-74.

关许为,陈英祖.1995.长江口泥沙絮凝静水沉降动力学模式的试验研究.海洋工程,(1):46-50.

郭惠芳.2011.面向多核的并行模式及编译优化技术研究.郑州:中国人民解放军信息工程大学博士学位论文.

郭玲,武海顺,金志浩.2004.电解质对细颗粒泥沙稳定性的影响研究.山西师范大学学报(自然科学版),18(3):67-71.

韩其为,陈绪坚.2008.恢复饱和系数的理论计算方法.泥沙研究,(6):8-16.

韩其为,何明民,陈显维.1992.汊道悬沙质分沙的模型.泥沙研究,(1):46-56.

韩其为,何明民.1984.泥沙运动统计理论(第一版).北京:科学出版社.

韩其为,何明民.1997.恢复饱和系数初步研究.泥沙研究,(3):32-40.

韩其为,黄煜龄.1974.水库冲淤过程的计算方法及电子计算机的应用//长江水利水电科研成果选编,(1):45-85.

韩其为.1979.非均匀悬移质不平衡输沙的研究.科学通报,24(17):804-808.

韩其为.2006.扩散方程边界条件及恢复饱和系数.长沙理工大学学报(自然科学版),3(3):7-19.

洪国军,杨铁笙.2006.黏性细颗粒泥沙絮凝及沉降的三维模拟.水利学报,37(2):172-177.

胡春宏,惠遇甲.1995.明渠挟沙水流运动的力学和统计规律.北京:科学出版社.

胡春宏,王延贵,郭庆超,等.2005.塔里木河干流河道演变与整治.北京:科学出版社.

胡江,杨胜发,王兴奎.2013.三峡水库2003年蓄水以来库区干流泥沙淤积初步分析.泥沙研究,(1):39-44.

黄建维,孙献清.1983.粘性泥沙在流动盐水中沉降特性的试验研究//第二次河流泥沙国际学术讨论会组织委员会.1983.第二次河流泥沙国际学术讨论会论文集.北京:水利水电出版社:286-294.

蒋国俊,姚炎明,唐子文.2002.长江口细颗粒泥沙絮凝沉降影响因素分析.海洋学报,24(4):51-57.

蒋国俊,张志忠.1995.长江口阳离子浓度与细颗粒泥沙絮凝沉积.海洋学报,17(1):76-82.

金德泽,吴慧文,师福东.1998.泥沙絮凝问题分析.东北水利水电,(11):25-28.

金同轨,高湘,张建锋,等.2003.黄河泥沙的絮凝形态学和絮体构造模型问题.泥沙研究,(5):69-73.

金鹰,王义刚,李宇.2002.长江口粘性细颗粒泥沙絮凝试验研究.河海大学学报,30(3):60-63.

金中武,卢金友,吴华莉.2014.铜锣峡壅水作用机理研究.水动力学研究与进展(A辑),29(5):552-564.

李九发,戴志军,刘启贞,等.2008.长江河口絮凝泥沙颗粒粒径与浮泥形成现场观测.泥沙研究,(3):26-32.

李庆吉,吴慧文,张永胜.2000.泥沙絮凝简析——泥沙酸性程度与其中值粒径的关系.吉林水利,(12):25-27.

李秀文,朱博章.2010.长江口大面积水域絮凝体粒径分布规律研究.人民长江,41(9):60-63.

李义天,胡海明.1994.床沙混合层活动层的计算方法探讨.泥沙研究,(1):64-71.

李英士,丁春毓,吴慧文.2001.酸性泥沙与碱性泥沙的异同.东北水利水电,(12):19-21.

刘德春,樊琪虹,李俊,等.2009.三峡水库影响前重庆主城区河段河床演变分析.水文,29(3):72-76.

刘德春,高焕锦,朱君国,等.1999.三峡水库变动回水区重庆河段走沙规律初探.人民长江,30(8):20-22.

刘金梅,王光谦,王士强. 2003. 沙质河道冲刷不平衡输沙机理及规律研究. 水科学进展, 14 (5): 563-568.

刘金硕,邓娟,周峥,等. 2014. 基于CUDA的并行程序设计. 北京: 科学出版社.

刘宁,江春波,陈永灿. 2006. 三峡蓄水初期水库近坝区水环境特性分析. 水利学报, 37 (12): 1447-1453.

刘启贞,李九发,李为华,等. 2006. $AlCl_3$、$MgCl_2$、$CaCl_2$和腐殖酸对高浊度体系细颗粒泥沙絮凝的影响. 泥沙研究, (6): 18-23.

刘启贞. 2007. 长江口细颗粒泥沙絮凝主要影响因子及其环境效应研究. 上海: 华东师范大学博士学位论文.

娄保锋,蒋静,刘成,等. 2012. 三峡水库蓄水后库区干流泥沙含量时空变化研究. 人民长江, 43 (12): 14-16.

栾春婴,郭继明. 2004. 三峡水库重庆主城区河段走沙规律研究. 人民长江, 35 (5): 9-10.

倪晋仁,惠遇甲. 1991. 嘉陵江入汇对重庆河段水力特性影响的水力学分析. 泥沙研究, (2): 29-38.

彭润泽,吕秀贞. 1990. 长江寸滩站卵石推移质输沙规律. 水利学报, (1): 38-43.

彭万兵,刘德春,刘同宦,等. 2005. 重庆市主城区河段冲淤特性分析. 泥沙研究, 12: 44-50.

彭杨,张红武. 2006. 三峡库区非恒定一维水沙数值模拟. 水动力学研究与进展, 21 (3): 285-292.

钱宁,万兆惠. 1983. 泥沙运动力学 (第一版). 北京: 科学出版社.

钱宁. 1989. 高含沙水流运动. 北京: 清华大学出版社.

秦文凯,府仁寿,韩其为. 1996. 汊道悬沙质分沙模式. 泥沙研究, (3): 21-29.

三峡工程泥沙专家组. 2002. 长江三峡工程泥沙问题研究 (1996-2000) 第1-8卷. 北京: 知识产权出版社.

三峡工程泥沙专家组. 2008a. 长江三峡工程围堰蓄水期 (2003-2006年) 水文泥沙观测简要成果. 北京: 中国水利水电出版社.

三峡工程泥沙专家组. 2008b. 长江三峡工程泥沙问题研究 (2001-2005) 第1-6卷. 北京: 知识产权出版社.

三峡工程泥沙专家组. 2013a. 长江三峡工程试验性蓄水期五年 (2008-2012年) 泥沙问题阶段性总结.

三峡工程泥沙专家组. 2013b. 长江三峡工程泥沙问题研究 (2006-2010) 第1-8卷. 北京: 中国科学技术出版社.

邵学军,王兴奎. 2013. 河流动力学概论. 北京: 清华大学出版社.

史传文,罗全胜. 2003. 一维超饱和输沙法恢复饱和系数 α 的计算模型研究. 泥沙研究, (1): 59-63.

谭万春. 2004. 黄河泥沙絮凝形态学研究——絮体生长的计算机模拟及絮体模型. 西安: 西安建筑科技大学博士学位论文.

王保栋. 1994. 河口细颗粒泥沙的絮凝作用. 海洋科学进展, 12 (1): 71-76.

王党伟,杨国录,余明辉. 2009. 静水中粘性细颗粒泥沙絮凝临界粒径的确定及其影响因素分析. 泥沙研究, (1): 74-80.

王家生,陈立,王志国,等. 2006. 含离子浓度参数的粘性泥沙沉速公式研究. 水科学进展, 17 (1): 1-6.

王家生,陈立,刘林,等. 2005. 阳离子浓度对泥沙沉速影响实验研究. 水科学进展, 16 (2): 169-173.

王龙,李家春,周济福. 2010. 黏性泥沙絮凝沉降的数值研究. 物理学报, 59 (5): 3315-3323.

王士强. 1992. 沙波运动与床沙交换调整. 泥沙研究, (4): 14-23.

王新宏,曹如轩,沈晋. 2003. 非均匀悬移质恢复饱和系数的探讨. 水利学报, 34 (3): 120-124.

王悦,叶绿,高千红. 2011. 三峡库区175 m试验性蓄水期间水温变化分析. 人民长江, 42 (15): 5-8.

韦直林, 赵良奎, 付小平, 等. 1997. 黄河泥沙数学模型研究. 武汉水利电力大学学报, (5): 21-25.
吴均, 刘焕芳, 宗全利, 等. 2008. 一维超饱和输沙法恢复饱和系数的对比分析. 人民黄河, 30 (5): 25-27.
吴荣荣, 李九发, 刘启贞, 等. 2007. 钱塘江河口细颗粒泥沙絮凝沉降特性研究. 海洋湖沼通报, (3): 29-34.
武汉水利电力学院河流泥沙工程学教研室. 1980. 河流泥沙工程学. 北京: 水利出版社.
谢鉴衡. 1988. 河流模拟. 北京: 中国水利水电出版社.
严镜海. 1984. 粘性细颗粒泥沙絮凝沉降的初探. 泥沙研究, (1): 41-49.
杨晋营. 2005. 沉沙池超饱和输沙法恢复饱和系数研究. 泥沙研究, (3): 42-47.
杨铁笙, 熊祥忠, 詹秀玲, 等. 2002. 粘性泥沙悬浮液中颗粒表面滑动层厚度的计算. 水利学报, 33 (5): 20-25.
杨铁笙, 熊祥忠, 詹秀玲, 等. 2003. 粘性细颗粒泥沙絮凝研究概述. 水利水运工程学报, (2): 65-77.
张柏英. 2009. 沙质河床清水冲刷研究. 长沙: 长沙理工大学博士学位论文.
张德茹, 梁志勇. 1994. 不均匀细颗粒泥沙粒径对絮凝的影响试验研究. 水利水运科学研究, (Z1): 11-17.
张金凤, 张庆河, 林列. 2006. 三维分形絮团沉降的格子 Boltzmann 模拟. 水利学报, 37 (10): 1253-258.
张金凤, 张庆河. 2012. 絮团与颗粒不等速沉降碰撞研究. 泥沙研究, (1): 32-36.
张啓舜. 1980. 明渠水流泥沙扩散过程的研究及其应用. 泥沙研究, (1): 37-52.
张瑞瑾. 1998. 河流泥沙动力学. 北京: 中国水利水电出版社.
张晟, 刘景红, 张全宁, 等. 2005. 三峡水库成库初期丰水期水环境化学特征. 水土保持学报, 19 (3): 118-121.
张一新, 张斌奇. 1996. 沉沙池设计中确定泥沙沉降率综合系数 α 的方法. 人民珠江, (3): 29-32.
张志忠, 王允菊, 徐志刚. 1983. 长江口细颗粒泥沙絮凝若干特性探讨//第二届河流泥沙国际学术讨论会论文集. 北京: 水利电力出版社.
张志忠. 1996. 长江口细颗粒泥沙基本特性研究. 泥沙研究, (1): 67-73.
赵慧明, 方红卫, 尚倩倩. 2012. 生物絮凝泥沙的干容重研究. 泥沙研究, (6): 23-28.
赵连军, 张红武, 江恩惠. 1999. 冲积河流悬移质泥沙与床沙交换机理及计算方法研究. 泥沙研究, (4): 49-54.
赵志贡, 孙秋萍. 2000. 恢复饱和系数 α 数学模型的建立. 黄河水利职业技术学院学报, (4): 27-29.
中国工程院三峡工程试验性蓄水阶段评估项目组. 2014. 三峡工程试验性蓄水阶段评估报告. 北京: 中国水利水电出版社.
周海, 阮文杰, 蒋国俊, 等. 2007. 细颗粒泥沙动水絮凝沉降的基本特性. 海洋与湖沼, 38 (2): 124-130.
周建军, 林秉南. 1955. 二维悬沙数学模型——模型理论与验证. 应用基础与工程科学学报, (11): 13-23.
周晶晶, 金鹰, 冯卫兵. 2007. 电解质与粘性细颗粒泥沙絮凝的关系. 武汉理工大学学报 (交通科学与工程版), 30 (6): 1071-1074.
朱中凡, 赵明, 杨铁笙. 2010. 紊动水流中细颗粒泥沙絮凝发育特征的试验研究. 水力发电学报, 29 (4): 77-83.
Ali O M, Rhoades J D, Noaman K I. 1987. Clay dispersion characte-ristics of arid land soils as influenced by exchangeable cation composition, electrolyte concentration, and clay mineralogy. Egypt. J. Soil Sci., 27:

223-234.

Bell G M, Levine S, McCartney L N. 1970. Approximate methods of determining the double-layer free energy of interaction between two charged colloidal spheres. Journal of Colloid and Interface Science, 33 (3): 335-359.

Berhane I, Sternberg R W, Kineke G C, et al. 1997. The variability of suspended aggregates on the Amazon Continental Shelf. Continental Shelf Research, 17 (3): 267-285.

Biggs C A, Lant P A. 2000. Activated sludge flocculation: on-line determination of floc size and the effect of shear. Water Research, 34 (9): 2542-2550.

Bouyer D, Line A, Cockx A, et al. 2001. Experimental analysis of floc size distribution and hydrodynamics in a jar-test. Chemical Engineering Research and Design, 79 (8): 1017-1024.

Colomer J, Peters F, Marrase C. 2005. Experimental analysis of coagulation of particles under low-shear flow. Water Research, 39: 2994-3000.

Dyer K R, Manning A J. 1999. Observation of the size, settling velocity and effective density of flocs, and their fractal dimensions. Journal of Sea Research, 41 (1): 87-95.

Edzwald J K, Upchurch J B, O'Melia C R. 1974. Coagulation in estuaries. Environ. Sci. Technol, 8 (1): 58-63.

Fennessy M J, Dyer K R, Huntley D A. 1994. Inssev: an instrument to measure the size and settling velocity of flocs in situ. Marine Geology, 117 (1): 107-117.

Hopkins D C, Ducoste J J. 2003. Characterizing flocculation under heterogeneous turbulence. Journal of Colloid and Interface Science, 264 (1): 893-901.

Hunter K A, Liss P S. 1979. The surface charge of suspended particles in estuarine and coastal water. Nature, 282 (5741): 823-825.

Mikkelsen O, Pejrup M. 2001. The use of a LISST-100 laser particle sizer for in-situ estimates of floc size, density and settling velocity. Geo-Marine Letters, 20 (4): 187-195.

Prat O P, Ducoste J J. 2006. Modeling spatial distribution of floc size in turbulent processes using the quadrature method of moment and computational fluid dynamics. Chemical Engineering Science, 61: 75-86.

Serra T, Casamitjana X. 1998. Structure of the aggregates during the process of aggregation and breakup under a shearflow. Journal of Colloid and Interface Science, 206: 505-511.

Serra T, Colomer J, Casamitjana X. 1997. Aggregation and breakup of particles in a shear flow. Journal of Colloid and Interface Science, 187 (2): 466-473.

Serra T, Colomer J, Logan B E. 2008. Efficiency of different shear devices on flocculation. Water Research, 42: 1113-1121.

Spicer P T, Pratsinis S E. 1996. Shear-induced flocculation: the evolution of floc structure and the shape of the size distribution at steady state. Water Research, 30 (5): 1049-1056.

Theillier C, Sposito G. 1989. Influence of pH on electrolyte concentration, and exchangeable cation on the flocculation of silliver hill illite. Soil Sci. Soc. Am. J., 53: 711-715.

Yousaf M, Ali O M, Rhoades J D. 1987. Dispersion of clay from some salt-affected, arid land soil aggregates. Soil Sci. Soc. Am. J., 51 (4): 920-924.

Yukselen M A, Gregory J. 2004. The reversibility of floc breakage. International Journal of Mineral Processing, 73 (2): 251-259.